高等学校计算机基础教育教材精选

C语言程序设计

邵兰洁　马　睿　主　编
李丽芬　孙丽云　张秋菊　副主编

清华大学出版社
北　京

<h2 style="text-align:center">内 容 简 介</h2>

本书针对程序设计的初学者,以通俗易懂的语言,由浅入深地讲述了 C 语言程序设计的技术与技巧。全书共 11 章,前 10 章讲述 C 语言的基础语法,每章配有程序示例和常见错误分析,有利于学习者掌握程序设计的基本技巧;第 11 章是项目实战,通过学生成绩管理系统的设计与开发,展示了项目开发的全过程,从需求分析、算法设计到程序编写和调试,以项目实战的形式引导和帮助学习者解决实际问题,提高学习者解决具体问题的能力。

本书的每个示例均配有问题分析、程序代码、运行结果和代码解析,并对程序代码添加尽可能多的注释,容易入门和提高。与本书配套的《C 语言程序设计习题解答与实验指导》一书中提供每章习题解答和相关的实验内容,实验内容按知识点分层次设置,包括验证性实验、设计性实验、扩展训练,可以满足不同层次的学习者的学习需求。

本书适合作为高等院校 C 语言程序设计课程的教材,可以满足不同专业、不同学时的教学需要,对计算机相关专业和电子信息类专业可以讲授本书的全部内容,其他专业可以讲授本书的部分内容。本书也适合计算机水平考试培训及各类成人教育教学使用。

图书在版编目(CIP)数据

C 语言程序设计/邵兰洁、马睿主编. —北京:清华大学出版社,2021.1 (2025.1 重印)
(高等学校计算机基础教育教材精选)
ISBN 978-7-302-56852-0

Ⅰ. ①C… Ⅱ. ①邵… ②马… Ⅲ. ①C 语言-程序设计-高等学校-教材 Ⅳ. ①TP312.8

中国版本图书馆 CIP 数据核字(2020)第 225306 号

责任编辑:龙启铭
封面设计:傅瑞学
责任校对:胡伟民
责任印制:刘海龙

出版发行:清华大学出版社
    网 址:https://www.tup.com.cn,https://www.wqxuetang.com
    地 址:北京清华大学学研大厦 A 座   邮 编:100084
    社 总 机:010-83470000   邮 购:010-62786544
    投稿与读者服务:010-62776969,c-service@tup.tsinghua.edu.cn
    质量反馈:010-62772015,zhiliang@tup.tsinghua.edu.cn
    课件下载:https://www.tup.com.cn,010-83470236
印 装 者:三河市龙大印装有限公司
经 销:全国新华书店
开 本:185mm×260mm   印 张:29.5   字 数:735 千字
版 次:2021 年 1 月第 1 版   印 次:2025 年 1 月第 7 次印刷
定 价:59.00 元

产品编号:090735-01

前言

  C 语言是国内外广泛使用的结构化程序设计语言,它具有丰富的运算符号和数据类型,语言简单灵活,表达能力强,目标程序效率高、可移植性好,既有高级语言的优点,又有低级语言的许多特点。因此,C 语言既可用于开发系统软件,也可用于开发应用软件,应用面很广。多数高等院校不仅计算机专业开设了 C 语言课程,而且,非计算机专业也开设了。同时,许多学生都选择 C 语言作为参加全国计算机等级考试(二级)的考试科目。

  本书详细介绍了 C 语言程序设计中最基本的语法规则和程序设计方法。在编写过程中力求做到概念准确、简洁,语言通俗易懂,注重前后知识的衔接,知识点安排由浅入深、循序渐进,示例选取贴近实际,有助于初学者快速掌握 C 语言的基础知识,从而对 C 语言有个全面、直观、系统的认识。

  本书的特点如下:

  (1) 内容经过精心组织,体系合理、结构严谨,详细介绍 C 语言程序设计的基础知识、程序设计方法和解决实际问题的技巧。

  (2) 针对程序设计的初学者,以通俗易懂的语言,由浅入深、循序渐进,对所介绍的内容都给出典型的示例,每个示例均配有问题分析(给出解决问题的思路和算法)、程序代码(完整的程序代码,并对程序代码添加尽可能多的注释)、运行结果(直观的运行结果截图,有利于程序结果的验证)和代码解析(对关键代码进行解析和总结,对运行结果进行分析),容易入门和提高。

  (3) 所有示例均按照 C99 标准编写,并遵循程序员所应该遵循的一般编程风格,可读性强。同时,每章后都设有精心挑选的多种类型的习题,以帮助学习者通过练习进一步理解和巩固所学的内容。

  (4) 在讲述 C 语言基础知识的同时,注重知识应用能力的培养。每章配有应用举例。与本书配套的《C 语言程序设计习题解答与实验指导》一书,针对每章内容,提供相关的实验内容,实验内容分知识点分级设置,包括验证性实验、设计性实验、扩展训练,可以满足不同层次的学习者的学习需求,方便学习者学习,并有利于提高学习者的程序设计能力。

  (5) 每章的常见错误分析,指出了初学者在学习过程中的一些常见问题,并给出了正确的解决方法,增加了学习的方向性。

  (6) 本书的项目实战,强化了学习者对基本知识的理解和掌握,提高了学习者的逻辑分析、抽象思维和程序设计能力,培养了学习者用计算机编程解决实际问题的能力。

全书共分 11 章,全面介绍了 C 语言的主要内容。第 1 章引言,主要介绍了 C 语言的发展、特点,通过示例说明 C 语言程序的基本结构、算法的概念以及 C 语言程序的运行过程。还对在 Visual C++ 2010 环境下如何运行 C 语言程序进行了介绍。第 2 章数据类型及其运算,主要介绍了 C 语言的标识符和关键字、常量和变量、数据类型、运算符与表达式、数据的输入/输出、赋值语句和顺序结构程序设计。第 3 章选择结构及其应用,主要介绍了关系运算符和关系表达式、逻辑运算符与逻辑表达式以及选择结构程序设计的思想和基本语句,通过示例阐明了选择结构程序设计。第 4 章循环结构及其应用,主要介绍了循环结构程序设计的思想、基本语句,通过示例阐明了循环结构程序设计。第 5 章数组,主要介绍了数组的概念,介绍了一维数组、二维数组的定义、引用和初始化,介绍了字符数组与字符串,以及常用的字符串处理函数,通过示例阐明了数组的具体应用。第 6 章函数,主要介绍了函数的概念、函数的定义与声明的基本方法、函数的传值调用、函数的嵌套调用和递归调用、变量的作用域、变量的存储类别以及内部函数、外部函数,通过示例阐明了函数的具体应用。第 7 章预处理命令,主要介绍了宏定义、文件包含和条件编译。第 8 章指针,主要介绍了指针的概念、指针变量的定义与指针运算、指针与函数、指针与数组、指针与字符串、指针数组和指向指针的指针,通过示例阐明了指针的具体应用。第 9 章结构体与共用体,主要介绍了结构体、共用体、枚举类型等概念,介绍了链表的概念及链表的基本操作,通过程序示例阐明了结构体数组和单链表的具体应用。第 10 章文件,主要介绍了文件的概念、文件的打开与关闭、文件的读写、文件的定位,并给出了文件基本操作的示例。第 11 章项目实战,通过学生成绩管理系统的设计与开发,展示了项目开发的全过程,从需求分析、算法设计到程序编写和调试,以项目实战的形式引导和帮助学习者解决实际问题,提高学习者解决具体问题的能力。

本书适合作为高等院校 C 语言程序设计课程的教材,可以满足不同专业、不同学时的教学需要,对计算机相关专业和电子信息类专业可以讲授本书的全部内容,其他专业可以讲授本书的部分内容。本书也适合计算机水平考试培训及各类成人教育教学使用。

本书的作者均为承担程序设计、数据结构等课程教学的骨干教师,教学经验丰富,积累了不少的教学素材,其中邵兰洁编写第 5、6、10 章,马睿编写第 4、8、11 章,李丽芬编写第 3 章,孙丽云编写第 1、9 章,张秋菊编写第 2、7 章。全书由邵兰洁统稿,由邵兰洁、马睿审稿。

为了克服学时少、内容多的矛盾,建议在教学过程中精讲多练,举一反三。根据知识点的性质和特点,采用翻转课堂教学、案例教学和任务驱动教学等多种教学方法相结合的方式,以提高学生学习的兴趣和主动性,注重学生程序设计能力的培养。

在本书编写过程中,编者广泛参阅、借鉴和吸收了国内外 C 语言程序设计方面的相关教材和资料,并吸取了这些书的优点,这些书籍已被列在书后的参考文献中,在此谨向这些书籍的作者致以诚挚的谢意。本书的出版凝聚了清华大学出版社工作人员的辛勤汗水,在此感谢清华大学出版社的信任与付出。

为方便读者学习和教师教学,本书配有以下辅助资源:

- 配套的 PPT 电子课件。
- 全部例题程序代码。

• 全部习题程序代码。

以上资源可从清华大学出版社的网站(http://www.tup.com.cn)下载。

由于编者水平有限,书中难免存在疏漏和不足之处,恳请读者批评指正。

编　者

2021 年 1 月

目录

第 1 章 引 言

随着计算机的普及,接触计算机的人越来越多。人们发现利用计算机可以完成很多复杂的任务,例如进行大规模的数学计算、模仿人类思维与围棋高手对弈等。对计算机技术了解不多的人会以为计算机的运算是万能的,这些运算能力是它与生俱来的。其实不然,计算机只能机械地执行一些命令,它之所以能完成很多复杂的任务,是计算机的使用者告诉它的。那人怎么来命令计算机呢? 是通过编程来告诉计算机每步该怎么做的。

现实生活中人和人交流基本上是用语言,比如汉语、英语等(前提是交流的双方都会这种语言)。如果需要让计算机帮我们做一些事情,就要编写程序来告诉它怎么做。编写程序可以用不同的程序设计语言,C 语言就是一种程序设计语言,是人与计算机交流的一种语言,如果需要计算机来帮助人们完成某些工作,可以用 C 语言来表述人们的思想并将它输入到计算机中,让计算机来"运行"它。学编程的过程,就是学习怎样用编程语言说话,让计算机听懂的过程。本书介绍了 C 语言的相关知识及利用 C 语言编程的方法。

本章学习 C 语言的发展与特点、C 程序结构及 C 程序的实现。

学习目标:
- 了解 C 语言的发展与特点。
- 理解算法的概念,了解算法的表示方法。
- 熟悉 C 程序的基本结构。
- 掌握利用 Visual C++ 2010 Express 编辑 C 语言程序源代码及调试、查看结果的方法。

1.1 C 语言的发展

C 语言是国际上广泛流行的计算机高级语言。它既可用来编写系统软件,也可用来编写应用软件。

C 语言的祖先是 BCPL 语言。1967 年英国剑桥大学的 Mattin Richards 推出了没有类型的 BCPL(Basic Combined Programming Language)语言。1970 年美国 AT&T 贝尔实验室的 Ken Thompson 以 BCPL 语言为基础,设计出了简单且接近硬件的 B 语言(取 BCPL 的第一个字母)。但 B 语言过于简单,功能有限。1972—1973 年,美国贝尔实验室的 D.M. Ritchie 在 B 语言的基础上设计出了 C 语言。C 语言既保持了 BCPL 和 B 语言精炼且接近硬件的优点,又克服了它们过于简单、无数据类型等的缺点,C 语言的新特点主要表现在具有多种数据类型。开发 C 语言的目的在于尽可能降低用它开发的软件对硬件平台的依赖程度,使之具有可移植性。

C 语言与 UNIX 操作系统有着密切的联系,开发 C 语言的最初目的是为了更好地描述 UNIX 操作系统。C 语言的出现,促进了 UNIX 操作系统的开发,同时,随着 UNIX 的日益广泛使用,C 语言也迅速得到推广,C 语言和 UNIX 可以说是一对孪生兄弟,在发展过程中相辅相成。

1.2　C 语言的特点

C 语言是一种通用性很强的结构化程序设计语言,它具有丰富的运算符号和数据类型,语言简单灵活,表达能力强等特点。C 语言的主要特点如下。

(1) 是具有低级语言功能的高级语言:C 语言允许直接访问物理地址,能进行位操作,能实现汇编语言的大部分功能,可以直接对硬件进行操作。因此 C 语言既具有高级语言的功能,又具有低级语言的功能,C 语言的这种双重性,使它既是成功的系统描述语言,又是通用的程序设计语言。

(2) 是模块化和结构化语言:C 语言用函数作为程序模块,以实现程序的模块化;C 语言具有结构化的控制语句(如 if 语句、switch 语句、while 语句、do-while 语句和 for 语句),语言简洁、紧凑。

(3) 可移植性好:C 语言不包含依赖硬件的输入/输出机制,使 C 语言本身不依赖于硬件系统,可移植性好。

(4) 执行效率高:C 语言生成目标代码质量高,程序执行效率高。

1.3　C 程序结构

C 程序结构由头文件、主函数、系统的库函数和自定义函数组成,因程序功能要求不同,C 程序的组成也有所不同,但 main()主函数是每个 C 语言程序都必须包含的部分。

1.3.1　C 程序的基本组成

由于读者刚开始接触 C 语言,在这里我们先不长篇论述 C 程序的全部组成部分,而是介绍 C 程序的基本组成部分。在读者会编写简单 C 程序的基础上,通过后面章节的学习逐步深入了解 C 程序的完整结构。

下面以一个简单的例子说明 C 程序的基本组成。

【例 1-1】 一个仅包含一条输出语句的简单 C 程序。

```
1    #include <stdio.h>
```

```
2    int main()
3    {
4        printf("Hello,各位同学!\n");
5        return 0;
6    }
```

注意：C程序是没有行号的，例1-1程序左侧的行号(1、2、3、4、5、6)并非程序的一部分，这里的行号仅是为了对程序进行说明或叙述方便而添加的。

【运行结果】

程序运行结果如图1.1所示。

图1.1 例1-1程序运行结果

【程序说明】 图1.1运行结果中的第1行是程序运行后输出的结果，第2行是Visual C++ 2010 Express在输出完运行结果后自动输出的一行信息(任何一个C程序，只要在Visual C++环境下运行出结果后，最后都会出现这行信息)。当用户按任意键后，屏幕上不再显示运行结果，而是返回程序窗口。

例1-1的程序是由头文件和主函数组成的一个简单C程序。

第1行的作用是通知C语言编译系统在对C程序进行正式编译之前需做一些预处理工作，程序的第4行使用了库函数printf()，编译系统要求程序提供有关此函数的信息(例如对这些输入/输出函数的声明和宏的定义、全局变量的定义等)，stdio.h是C语言的系统文件，stdio是"standard input & output(标准输入输出)"的缩写，.h是文件的扩展名，它说明该文件是一个头文件(head file)，这些头文件都放在程序各文件模块的开头。

第2行int main()是函数头，其中main是函数的名字，表示是"主函数"，main前面的int表示函数的返回值是int类型(整型)。每一个C程序都必须有一个main()函数。

第3~6行由大括号{}括起来的部分是main()函数的函数体，该函数体由两条语句构成，每条语句后都要加分号，表示语句结束。其中printf()是C编译系统提供的函数库中的输出函数，用来在屏幕输出内容。"return 0;"的作用是在main()函数执行结束前将整数0作为函数值，返回到调用函数处。

通过对例1-1的了解，我们可以看到C程序的如下结构特点。

(1) C程序是由函数构成的，函数是C程序的基本单位。任何一个C源程序都应包含且仅包含一个main()函数，也可以包含一个main()主函数和若干个其他函数。

(2) 一个函数由两部分组成：函数头和函数体。函数头即函数的第1行，如例1-1中的int main()。函数体即函数头下面的大括号{}内的部分。若一个函数内有多个大括号，则最外层的一对大括号为函数体的范围(关于函数的组成部分参见第6章函数)。

(3) 不论main()函数在整个程序中的位置如何，C程序总是从main()函数开始执行的。C 程序中 main()函数只能有一个。main()函数可以放在程序的最前面,也可以放在程序的最后面,还可以放在自定义函数之间,但不管 main()函数放在什么位置,C 程序总是从 main()函数开始执行。

(4) C 程序的每个语句的最后必须有一个分号。分号是 C 语句的必要组成部分,必不可少,即使是程序中最后一个语句也应包含分号。

(5) C 程序书写格式自由,一行内可以写多条语句,一条语句可以分写在多行上。但为了有良好的编程风格,最好将一条语句写在同一行。

(6) 一个好的、有使用价值的源程序都应当加上必要的注释,以增加程序的可读性。C 语言允许用两种注释方式。

① 以"/ * "开始,以" * /"结束的块式注释。这种注释形式由 C89 标准引入,可以单独占一行,也可以包含多行。编译系统在发现一个"/ * "后,会开始找注释结束符" * /",把两者间的内容作为注释,如例 1-2。

【例 1-2】 对例 1-1 的程序加注释。

```
#include <stdio.h>              /*编译预处理命令 */
int main()                      /*主函数的函数头 */
{                               /*函数体的开始标记 */
    printf("Hello,各位同学!\n"); /*利用库函数中的输出函数在屏幕上输出指定的
                                   信息 */

    return 0;                   /*main()函数的返回值是 0 */
}                               /*函数体的结束标记 */
```

【程序说明】 例 1-2 和例 1-1 实现的功能是完全一样的,只不过例 1-2 的可读性更好,即使不是程序的开发者,也容易明白该程序的功能。

其中"/ * "和" * /"之间的内容为注释内容,注释内容不会被编译运行,只起到解释程序语句的作用。需注意的是,这种注释不可以嵌套,即不能在"/ * "和" * /"里面再出现"/ * "或" * /",下列注释形式会报错:

```
/*      /*和*/可以进行多行注释      */
```

② 以"//"开始的单行注释。这种注释形式由 C99 标准引入,这种注释可以单独占一行,也可以出现在一行中其他内容的右侧。此种注释的范围从"//"开始,以换行符结束,即这种注释不能跨行。若注释内容一行内写不下,可以用多个单行注释,或者用"/ * "和" * /"对多行注释,如例 1-3。

【例 1-3】 对例 1-1 的程序加注释。

```
#include <stdio.h>              //编译预处理命令
int main()                      //主函数的函数头
{                               //函数体的开始标记
    printf("Hello,各位同学!\n"); /*利用库函数中的输出函数在屏幕上输出指定的
                                   信息 */

    return 0;                   //main()函数的返回值是 0
}                               //函数体的结束标记
```

【**程序说明**】 例1-3和例1-1、例1-2实现的功能是完全一样的,例1-3中综合利用了两种注释形式,单行注释用//,多行注释用/ * 和 * /,程序可读性更好。在 Visual C++ 编译系统中,注释可以用英文或汉字书写。

1.3.2 算法

算法是为解决一个问题而采取的方法和步骤。

【**例1-4**】 张老师讲授"C语言程序设计"课程的某节课,他是这样来完成这节课的:拿出《C语言程序设计》教材→研读该节课程的内容→根据掌握的该节课程的重点、难点等写教案并制作电子课件→带着制作好的电子课件到教室上课。

他的这一系列步骤和完成每一步采用的方法就可以称之为"算法"。在计算机科学中,算法代表用计算机解决一类问题的精确、有效的方法。算法和程序之间存在密切的关系。

算法具有以下特点:

(1) 确定性。算法的每一种运算必须有确定的意义,该运算要执行何种动作应无二义性,目的明确。

(2) 有穷性。一个算法总是在执行了有穷步的运算后终止,即该算法是可达的。

(3) 输入。一个算法有0个或多个输入,在算法运算开始之前给出算法所需数据的初值,这些输入取自特定的对象集合。

(4) 输出。作为算法运算的结果,一个算法产生一个或多个输出,输出与输入有某种特定关系的量。

(5) 有效性。要求算法中有待实现的运算都是有效的,每种运算至少在原理上能由人用纸和笔在有限的时间内完成,比如若 x=0,则 y/x 是不能有效执行的。

算法的表示方法很多,通常有以下几种:

(1) 用自然语言表示。自然语言表示算法可以用任何语言,比如,汉语、英语、俄语等,当然也可以用数学表达式。用自然语言表示通俗易懂,但可能文字冗长,不严格,并且复杂的算法表示很不方便。所以除简单的问题外,一般不用自然语言描述算法。

(2) 用传统流程图表示。传统流程图可用一些图框和流程线来表示各种类型的操作。其优点是直观形象,易于理解,缺点是传统流程图不易修改。

传统流程图常用符号如图1.2所示。

(3) 用N-S流程图表示。N-S流程图是一种新的流程图形式。这种流程图,完全去掉了带箭头的流程线,全部算法写在一个矩形框内,在该框内还可以包含其他从属它的框。N-S流程图适用于结构化程序设计。

(4) 用伪代码表示。用流程图表示算法直观易懂,但不容易修改。伪代码可以克服流程图的这个弱点。伪代码是用介于自然语言和计算机语言之间的文字和符号来描述算法的,它不用图形符号,因此书写方便,格式紧凑,好懂,也便于向计算机程序转换。

一般在写程序之前,先列出算法,会使编程思路清晰。虽然有些简单的程序可以直接写出,但建议刚开始学习编程或编写较大程序时,最好先写出算法再编写程序,这样有助

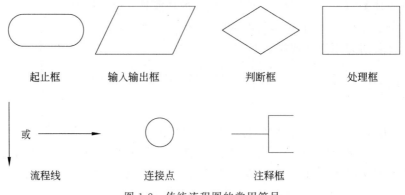

图 1.2　传统流程图的常用符号

于理顺思路。

本书中的算法都用传统流程图表示。

用流程图描述算法,便于用户理解。如果要在计算机上实现算法,就需要用编程语言来编写程序代码,本书是用 C 语言来实现算法的。

1.3.3　C 程序的三种基本结构

C 语言程序包含三种基本结构:顺序结构、选择结构(也称为分支结构)和循环结构。这三种基本结构的传统流程图如图 1.3 所示。

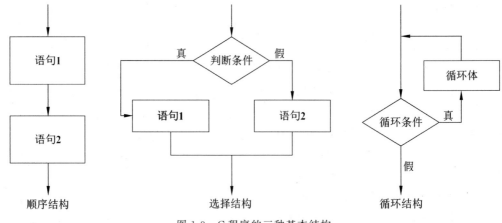

图 1.3　C 程序的三种基本结构

顺序结构是最简单的一种基本结构,顺序结构的程序是一条条顺序执行的。在图 1.3 的流程图中,顺序结构中的程序执行完语句 1 接着执行语句 2。例 1-1 是顺序结构的程序,程序从第 1 行开始运行,依次执行直到程序最后一行。

选择结构和循环结构将分别在第 3 章和第 4 章讲解。

1.4　C程序的实现

1.4.1　C程序的开发步骤

学习C语言就是学习编程的过程。程序是计算机的主宰,控制着计算机该去做什么事。所有要计算机做的事情都要编写为程序,假如没有程序,那么计算机什么事情都干不了。

编程的第一步是需求分析,即要弄清楚到底想让计算机做什么。这个过程很多人都不太重视。忽视需求分析的结果就像考试时没有认真审题就开始答题一样,没有认真领会题目的要求,把题目解得再漂亮,也得不到分数。需求分析在开发大型应用软件的时候,其作用尤为明显。虽然我们课本上讲授的题目相对较简单,但读者最好养成良好的编程习惯,别把这一步漏掉。

编程的第二步是设计,就是弄明白计算机该怎么做这件事。设计的内容包括两方面:设计算法和设计程序的代码结构,使程序更易于修改、扩充、维护等。

编程的第三步是编写程序,即把设计的结果变成一行行代码,输入到程序编辑器中。

编程的第四步是调试程序,即编译源代码,变成可执行程序,运行它,看是否能得到想要的结果,若不能得到想要的结果,就需要查找问题,修改代码,再重新编译、运行,直到得到正确的结果。

有的读者往往觉得把程序代码写出来就万事大吉了,其实不然。调试程序在整个编程过程中也很重要,特别是初学者,通过调试程序,可以进一步理解和掌握编程中容易忽视的细节。初学者若出现将程序源代码写出来但运行不了的情况,不要灰心丧气。试着慢慢调试程序,可能会发现,有时仅是一个分号或一个括号,就导致程序运行出错。

C语言程序是结构化的程序,是由顺序、选择、循环三种基本结构组成的。这种程序便于编写、阅读、修改和维护。

结构化程序设计强调程序设计风格和程序结构的规范化,提倡清晰的结构。其基本思路是:把一个复杂问题的求解过程分阶段进行,每个阶段处理的问题都控制在人们容易理解和处理的范围内。采取以下方法可以保证得到结构化的程序:

(1) 自顶向下;

(2) 逐步细化;

(3) 模块化设计;

(4) 结构化编码。

在日常生活中,人们每做一件事情其实也都有算法,只不过因为人们对做这些事情的步骤非常熟悉不用特别考虑而容易忽视罢了。

【例1-5】 某位同学在晚上做了如下计划:若睡觉前作业做完了就上网查资料,浏览网络至十点再睡觉;若作业没做完就继续做作业,直到十点睡觉。这件事情所对应的算法流程图如图1.4所示。

对例 1-5 的分析我们采用了结构化设计方法,自顶向下,逐步细化。首先分析这位同学一共有做作业、上网、睡觉这三项大的活动。再往下细化,作业可能包括数学、C 语言程序设计、英语三门课程,一门一门来完成,即采用顺序结构完成这次作业,流程图如图 1.5 所示。

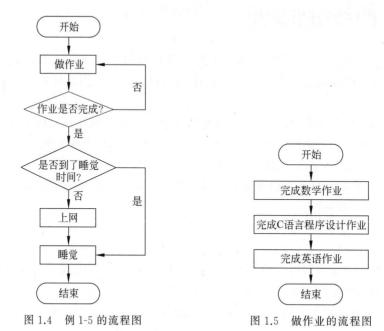

图 1.4   例 1-5 的流程图   图 1.5   做作业的流程图

其中数学作业是做课后习题 1.1 和习题 1.2,一题做完接着做下一题即可,相当于结构化程序中的顺序结构。

C 语言程序设计作业是编写程序计算 1+2+3+4+5+6 的结果,可以有多种计算方法:如方法一,顺着算式一个一个数地加,即先算 1+2 再将结果与 3 相加,再依次加上 4、5、6;方法二,因为 1+6=2+5=3+4,所以可以用算式(1+6)×3 来求解。在本例中可以有 2 种途径来完成,若想直接计算,选方法一;若嫌直接计算麻烦,先找规律再做题,选方法二。相当于结构化程序中的选择结构。

英语作业是背诵课文,需要反复阅读课文,直到背下为止,相当于结构化程序中的循环结构。

通过分析,每个子流程图读者就很容易画出来了。

模块化程序设计的思想是一种"分而治之"的思想,即是把一个大任务分成若干个子任务,这样每一个子任务就相对简单了。

1.4.2   C 程序的编辑

用 C 语言编写的源程序必须经过编译、连接,得到可执行的二进制文件,然后执行这个可执行文件,最后得到运行结果。这就需要用到 C 语言编译系统。本书着重介绍在 Windows 环境下使用的 Visual C++ 2010 Express。

1. 启动 Visual C++ 2010 Express 集成开发环境

从 2018 年 3 月开始,全国计算机等级考试二级 C/C++ 语言平台更改为 Visual C++ 2010 Express。Visual C++ 2010 Express 是微软公司提供的免费 Visual C++ 开发环境,可以用来创建 Windows 平台下的 Windows 应用程序和网络应用程序。

使用 Visual C++ 2010 Express 编写并运行程序需要四个步骤,分别是编辑(输入程序代码)、编译(将 C 语言程序编译成目标程序文件)、连接(连接成可执行程序文件)、运行(运行可执行程序文件)。

在确认所使用的计算机已经安装 Visual C++ 2010 Express 之后,执行"开始"→"Microsoft Visual C++ 2010 Express"命令,启动 Visual C++ 2010 Express。Visual C++ 2010 Express 启动后,呈现在用户面前的是它的集成开发环境窗口,如图 1.6 所示。

图 1.6　Visual C++ 2010 Express 学习版集成开发环境

图 1.6 所示 Visual C++ 2010 Express 学习版集成开发环境中,主窗口的顶部是菜单栏,包括 7 个菜单项:文件(File)、编辑(Edit)、视图(View)、调试(Debug)、工具(Tools)、窗口(Window)和帮助(Help)。

以上每个菜单项后的括号中是 Visual C++ 2010 Express 英文版菜单栏中菜单项的显示,若读者使用的是英文版本,可以参照查看。

菜单栏的下方是工具栏,显示常用工具按钮,如"打开""保存"等按钮,方便用户使用。

主窗口的左侧是工作区显示窗口,这里将显示处理过程中与项目相关的各种文件种类等信息。

主窗口的右侧是视图区,这里是显示和编辑程序文件的操作区。

主窗口的底部是输出窗口区,程序调试过程中,进行编译、连接、运行时输出的相关信息将在此处显示。

2. 创建项目

Visual C++ 2010 Express中不能单独编译一个.c文件或者.cpp文件,这些文件必须依赖于某一个项目,因此编写程序前必须先创建一个项目。创建项目的方法如下。

(1) 可以单击菜单栏的"文件"→"新建"→"项目"创建;

(2) 可以单击工具栏的"新建项目"图标创建;

(3) 可以单击"起始页"视图中的"新建项目"图标创建。

这里选择通过菜单栏创建项目:单击菜单栏的"文件"→"新建"→"项目"命令,弹出"新建项目"对话框,如图1.7所示。

图1.7　Visual C++ 2010 Express"新建项目"对话框

在图1.7左侧区域的"已安装的模板"列表中,选择"Win32"选项,然后再在中间区域的列表中选择"Win32控制台应用程序",最后在底部区域的"名称"文本框中输入项目名称(cDemo1),在"位置"文本框中输入存放项目文件的文件夹的路径(D:\YIT\C),当然也可通过单击其右侧的"浏览(B)…"按钮来选择一个事先已创建好的文件夹。勾选"为解决方案创建目录",在"解决方案名称"文本框中输入目录名称(cDemo)。单击"确定"按钮启动"Win32应用程序向导",如图1.8所示。

单击图1.8对话框中的"下一步"按钮,进入"Win32应用程序向导"第2步,如图1.9所示。

在图1.9的对话框中,勾选"空项目"复选框,单击"完成"按钮,至此一个空的"Win32控制台应用程序"项目就创建完成了。在"D:\YIT\ C \"文件夹下创建了一个cDemo解决方案文件夹,在cDemo文件夹下还有一个cDemo1项目文件夹。

创建"Win32控制台应用程序"项目后的Visual C++ 2010 Express系统界面如图1.10所示。

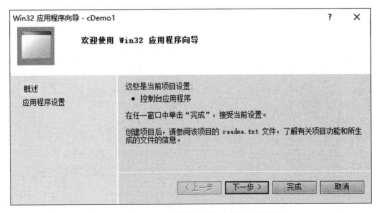

图 1.8 "Win32 应用程序向导"对话框 1

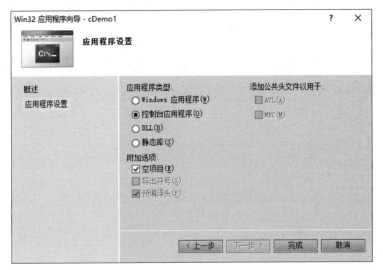

图 1.9 "Win32 应用程序向导"对话框 2

3. 编辑源程序

项目创建之后,下一步要做的工作就是在项目中创建一个 C 源程序文件并编辑它。在图 1.10 左侧的"解决方案资源管理器"窗口中的"源文件"上右击,在弹出的快捷菜单中,选择"添加"→"新建项"命令,弹出"添加新项"对话框,如图 1.11 所示。

在图 1.11 的对话框中,选择"C++ 文件(.cpp)",在底部的"名称"文本框中输入源程序的文件名及扩展名(exapmle.c),单击"确定"按钮完成源程序的创建。

注意:系统默认生成的是.cpp 文件,若想生成.c 文件,则务必在"名称"文本框中输入文件名及扩展名(exapmle.c)。

创建好源程序文件后,该源程序文件会在 Visual C++ 2010 Express 右边的代码视图区自动打开,如图 1.12 所示。在这里可以从键盘输入代码,编辑源程序。

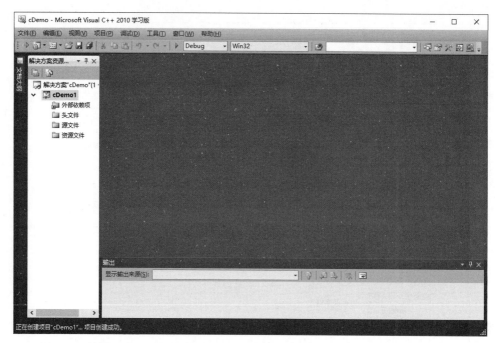

图 1.10　创建"Win32 控制台应用程序"项目后的 Visual C++ 2010 Express 系统界面

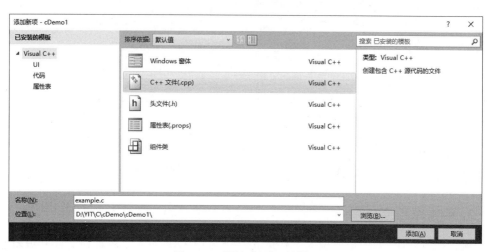

图 1.11　"添加新项"对话框

在图 1.12 的代码视图区输入例 1-1 的代码,如图 1.13 所示。

在编辑源程序的过程中,可以随时单击工具栏上的"保存"按钮进行文件保存,以免在机器发生故障时,造成程序丢失。

1.4.3　C 程序的调试

程序调试是指对程序的查错和排错,调试程序一般分以下步骤。

——————— C 语言程序设计

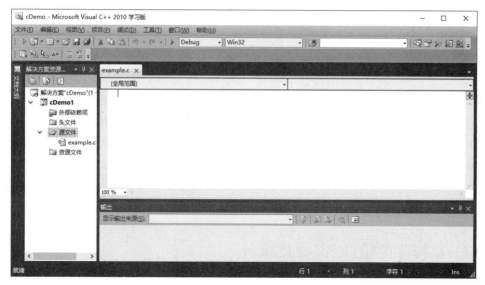

图 1.12　Visual C++ 2010 Express 源程序编辑界面

图 1.13　cDemo1 项目中 example.c 源程序

1. 静态检查

静态检查是对程序进行人工检查。编写程序时应养成好习惯,每一步都严格把关,利用编译系统编译程序前,先做好人工检查,即静态检查。

为了有效进行人工检查,编写程序时应注意以下几点:

(1) 采用结构化程序方法编程,增加程序可读性。

(2) 在关键语句或难理解的语句处增加注释,便于自己或他人理解程序的作用。

（3）多使用自定义函数，一个函数实现一个单独的功能，这样既便于阅读也便于调试。各自定义函数间除用参数传递数据外，数据间尽量少出现耦合关系，便于分别检查和处理。

2. 动态检查

动态检查是由编译系统检查程序，发现错误（具体见 1.4.4 节介绍）。编译时，编译系统会给出语法错误的信息，包括哪一行有错误以及错误类型，可根据提示的信息找出程序中出错的地方并改正。

刚编写完 C 程序时，应进行静态检查。实际上编写完 C 源代码后，在后续的每个步骤中都贯穿着程序调试，即静态检查和动态检查，而动态检查需要结合编译系统的编译过程进行，直到程序运行出正确结果。

1.4.4　C 程序的编译、连接及执行

例 1-1 的 C 语言程序代码编写完成之后，就可以在机器上执行它了。C 语言是一种程序设计语言，它很容易被人们看懂和接受，但对于计算机来说，它只能识别机器语言。为此必须先把 C 语言程序翻译成相应的机器语言程序，这个工作称为编译。C 程序的编译及执行过程如图 1.14 所示。

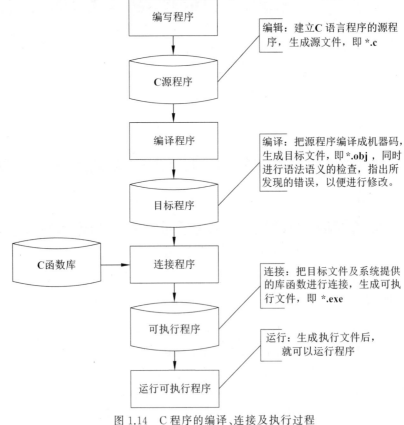

图 1.14　C 程序的编译、连接及执行过程

在 Visual C++ 2010 Express 中,源程序编辑完成后,按组合键 Ctrl+F5,开始执行(不调试)源程序。如果以前用户没有进行过文件保存操作,此时,编译系统会自动进行文件保存。若编译失败会有错误提示,可以根据错误提示去修改项目配置或者代码(即程序调试)。例 1-1 的运行结果如图 1.1 所示。

如不想使用快捷键,也可以通过在工具栏上添加"开始执行(不调试)"命令按钮来快捷地完成程序的编译、连接和执行。添加此按钮的操作步骤如下。

(1) 执行"工具"→"自定义"命令,在弹出的"自定义"对话框中单击"命令"选项卡,如图 1.15 所示。

图 1.15　工具栏"自定义"对话框的"命令"选项卡

(2) 在图 1.15 中,单击"工具栏"单选按钮,并在其右侧下拉列表中选择"标准",再单击"添加命令"按钮,弹出如图 1.16 所示的"添加命令"对话框。

图 1.16　在"添加命令"对话框中添加"开始执行(不调试)"

（3）在图 1.16 中,在左侧的"类别"列表中选择"调试",在右侧的"命令"列表中选择"开始执行(不调试)",单击"确定"按钮,在工具栏上就出现了"开始执行(不调试)"按钮。

1.4.5　项目的保存和打开

一个 C 语言程序编写好并通过编译、执行得出正确的运行结果后,需保存好该程序,便于以后使用。下面介绍如何保存和打开项目。

1. 保存项目

保存项目比较简单,执行菜单"文件"→"全部保存"命令,即可保存当前项目及其全部文件。

2. 打开项目

对于一个已存在的项目,可以通过以下两种方式打开:

（1）在 Windows 环境下,可直接双击其所在的解决方案文件(.sln),打开相应的项目。

（2）在 Visual C++ 2010 Express 集成开发环境中,执行菜单"文件"→"打开"→"项目/解决方案"命令,或者单击"起始页"视图中的"打开项目"。

1.5　常见错误分析

1. 语句后漏加分号

分号是 C 语言程序语句的不可缺少的一部分,基本每条语句的末尾都应有分号。有的初学者没有注意,就会出错,例如:

```
1    #include <stdio.h>
2    int main()
3    {
4        int data
5        data=3;
6        printf("data 的值为%d\n",data);
7        return 0;
8    }
```

【编译报错信息】
编译报错信息如图 1.17 所示。

【错误分析】
提示语法错误,标识符"data"前缺少分号";",注意这里的 data 指的是第 5 行第 1 列的 data(见图 1.17 中的椭圆形标注),而不是第 4 行的 data。

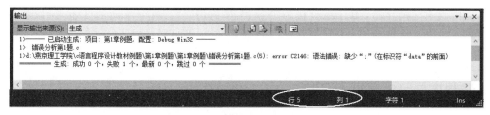

图 1.17　编译错误提示信息截图 1

包含上述语句的程序在进行编译时,编译系统在第 4 行"int data"后未发现分号,会接着检查下一行是否有分号,所以编译系统会认为"data=3"也是上一行语句的一部分,直到分号结束,这就会出现语法错误。由于在第 5 行才能判断出语句有错,所以编译系统会提示错误在第 5 行,用户若只在第 5 行检查就发现不了错误,而应该检查上一行是否漏加分号。

所以大家在调试程序时,有时若在编译系统指出有错的行找不到错误,应该在编译系统指出错误行数的上一行或下一行检查。

注意：♯include ＜stdio.h＞等预处理命令的行末不要加分号。

2. 混淆了大小写

使用标识符时,混淆了变量中字母的大小写。例如：

```
1    #include <stdio.h>
2    int main()
3    {
4        int Score1=90, score2=80,sum;
5        sum=score1+score2;
6        printf("总成绩为:%d\n",sum);
7        return 0;
8    }
```

【编译报错信息】
编译报错信息如图 1.18 所示。

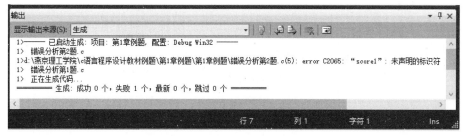

图 1.18　编译错误提示信息截图 2

【错误分析】
编译系统会提示变量 score1 是未声明的标识符,这是因为 C 语言程序中字母的大写和小写代表不同的字符,编译系统认为 Score1 和 score1 是两个不同的变量,所以程序虽然在第 4 行定义了变量 Score1,但在第 5 行遇到 score1 时系统认为该变量是一个未声明的标识符。

3. 程序语句中括号不匹配

程序语句中若有多层括号时,要注意括号的匹配。例如:

```
1   #include <stdio.h>
2   int main()
3   {
4       int s1,s2,ave;
5       printf("请输入两位同学的成绩:");
6       scanf("%d%d",&s1,&s2);
7       ave=(s1+s2)/2;
8       if(ave>90
9           printf("学生成绩优秀!\n");
10      else
11          printf("学生仍需努力!\n");
12      return 0;
13  }
```

【编译报错信息】

编译报错信息如图 1.19 所示。

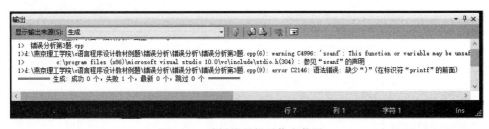

图 1.19　编译错误提示信息截图 3

【错误分析】

系统提示 printf 前少了一个右括号")"。因为系统检测到 if 后面的表达式 ave>90 中括号不匹配。

另外,函数体的大括号{},以及函数中成对出现的引号等也需注意匹配。

本 章 小 结

本章通过一个简单程序介绍了 C 程序的基本结构,从而引出结构化程序设计方法以及 C 程序的开发步骤等内容,让读者对 C 语言程序设计过程有初步的了解。

C语言程序设计是一门实践性非常强的课程,光纸上谈兵不可能增加编程经验,只有多多进行实操练习,多调试程序,才能掌握其要领。

在编写程序时,为了增加程序的可读性,应注意程序的缩行,并适当添加注释。

习　　题

一、选择题

1. 以下说法中正确的是(　　　)。
   A. C语言程序总是从第一个定义的函数开始执行
   B. C语言程序不一定从 main()函数开始执行
   C. C语言程序总是从 main()函数开始执行
   D. C语言程序中的 main()函数必须放在程序的开始部分

2. 以下说法中正确的是(　　　)。
   A. C源程序可以直接执行产生结果
   B. C源程序经编译后才可执行产生结果
   C. C源程序经编译和连接后才可执行产生结果
   D. C源程序经编译连接和执行后才可执行产生结果

3. 在 C 程序中,main()函数的位置是(　　　　)。
   A. 必须作为第一个函数　　　　　　　B. 必须作为最后一个函数
   C. 可以任意　　　　　　　　　　　　D. 必须放在它所调用的函数之后

4. 以下叙述不正确的是(　　　)。
   A. 一个 C 源程序可由一个或多个函数构成
   B. 一个 C 源程序必须包含一个 main()函数
   C. C 程序的基本组成单位是函数
   D. 在对一个 C 程序进行编译的过程中,可发现注释中的拼写错误

5. 以下叙述中正确的是(　　　)。
   A. C 程序由主函数组成　　　　　　　B. C 程序由函数组成
   C. C 程序由函数和过程组成　　　　　D. C 程序由过程组成

6. 以下叙述中正确的是(　　　)。
   A. C 语言比其他语言高级
   B. C 语言可以不用编译就能被计算机识别执行
   C. C 语言既可用来写系统软件,也可用来写应用软件
   D. C 语言出现的最晚,具有其他语言的一切优点

7. C 语言中用于结构化程序设计的三种基本结构是(　　　　)。
   A. 顺序结构、选择结构、循环结构　　B. if、switch、break
   C. for、while、do-while　　　　　　　D. if、for、continue

8. 计算机能直接执行的程序是（　　　）。

    A. 源程序　　　　　　　　　　　　B. 目标程序

    C. 汇编程序　　　　　　　　　　　　D. 可执行程序

9. C 语言程序的基本单位是（　　　）。

    A. 程序行　　　　　B. 语句　　　　　C. 函数　　　　　D. 字符

10. 以下叙述中正确的是（　　　）。

    A. 程序应尽可能短

    B. 为了编程的方便，应当根据编程人员的意图使程序的流程随意转移

    C. 虽然注释会占用较大篇幅，但程序中还是应有尽可能详细地注释

    D. 用 C 语言编写的代码程序可直接执行

11. 下面程序输出结果是（　　　）。

```
#include <stdio.h>
int main()
{
    int x,y;
    x=y=1;
    x=y+1;
    y=x+1;
    printf("x=%d,y=%d,",x,y);
    x=y+1;
    y=x+1;
    printf("x=%d,y=%d\n",x,y);
    return 0;
}
```

    A. x=2,y=3,x=4,y=5　　　　　　　B. x=2,y=2,x=3,y=3

    C. x=2,y=3,x=2,y=3　　　　　　　D. x=3,y=3,x=5,y=5

12. C 源程序文件的扩展名为（　　　）。

    A. .exe　　　　　B. .txt　　　　　C. .c　　　　　D. .obj

13. 算法具有五个特性，以下选项中不属于算法特性的是（　　　）。

    A. 简洁性　　　　　B. 有穷性　　　　　C. 确定性　　　　　D. 可行性

14. 以下叙述中错误的是（　　　）。（全国计算机等级考试二级 C 语言考试真题）

    A. C 语言源程序经编译后生成后缀为 .obj 的目标程序

    B. C 程序经过编译、连接步骤之后才能形成一个真正可执行的二进制机器指令文件

    C. 用 C 语言编写的程序称为源程序，它以 ASCII 代码形式存放在一个文本文件中

    D. C 语言中的每条可执行语句和非执行语句最终都将被转换成二进制的机器指令

15. 以下叙述中错误的是（　　　）。（全国计算机等级考试二级 C 语言考试真题）

A. 算法正确的程序最终一定会结束

B. 算法正确的程序可以有零个输出

C. 算法正确的程序可以有零个输入

D. 算法正确的程序对于相同的输入一定有相同的结果

二、填空题

1. C 语言源程序文件的后缀是_____,经过编译后所生成文件名的扩展名是_____,经过连接后所生成文件名的扩展名是_____。

2. C 语言程序开发的四个步骤是_____,_____,_____,_____。

3. 在一个 C 源程序中,多行注释以_____开始,并且以_____结束。

三、编程题

1. 参照本章例题,编写一个 C 程序,在屏幕上输出:

“这是我自己动手编写的第一个 C 语言程序!”

2. 请找出下列程序中的错误。

```
int main()
{
    int x,y,z;
    printf("请输入两个数:\n")
    scanf("%d%d",&x,&y);
    if(x>y)
        z=X;
    else
        z=y;
    printf("两个数中较大的数是:%d",z;
    return 0;
}
```

第2章 数据类型及其运算

程序的基本构成是数据与运算。广义的运算包含结构与函数的功能实现;狭义的运算指基本运算,即各类运算符运算。在掌握了C语言的基本概念与结构之后,如果想应用C语言实现所需要的功能,首先要学习C语言的语法基础,掌握C语言的数据类型与基本运算。

学习目标:
- 掌握标识符的命名规则。
- 理解常量与变量的概念。
- 理解C语言的各种数据类型,熟悉数据类型转换的规则。
- 熟练掌握运算符及其运算规则、表达式。
- 熟练掌握格式输入/输出函数、字符输入/输出函数。
- 在程序设计中正确使用常量、变量和表达式,以及格式输入/输出函数。

2.1 标识符和关键字

C程序由C语言的基本字符组成,基本字符依据规则组成C语言的标识符与关键字,再按照语法要求构成程序。C语言的基本字符包括:

(1) 英文字母:a~z,A~Z;

(2) 阿拉伯数字:0~9;

(3) 符号。其中,可显示的符号包括:+、-、*、/、%、>、<、=、&、!、|、,、:、?、;、^、~、"、'、\$、#、_、(、)、{、}、[、]、\等,不显示的符号(或称空白符)包括一些特殊字符,如空格符、回车换行符、制表符等。

注意:C语言基本字符必须在英文输入法下输入。

2.1.1 标识符

C语言中由用户命名的符号称为标识符,用来标明用户设定的变量名、数组名、函数名、结构体名、共用体名、类型名等。标识符必须由有效字符构成,所谓有效字符就是满足C语言命名规则的字符。C语言命名规则如下:

（1）标识符只能由字母、下画线、数字组成，且第一个字符必须是字母或下画线，不能是数字。如 cla、_cla1、cla_2 都是合法的，但 2cla、2_cla、&123、%lsso、M.Jackson、-L2 都是错误的。

（2）字母区分大小写，如 ab 和 AB 是两个不同的标识符。

（3）不能是 C 语言中的关键字。

（4）C 语言本身并不限制标识符的长度，但标识符的实际长度受不同 C 语言编译系统和机器系统的限制。

为提高程序的可读性，尽量使标识符可以"见名知义"。目前，业界较为流行的命名法有驼峰命名法、下画线命名法和匈牙利命名法。

驼峰命名法

① 小驼峰命名法：除第一个单词之外，其他单词首字母大写，例如，myFirstName、myLastName，常用于变量名、函数名。

② 大驼峰命名法（又称为帕斯卡命名法）：相比小驼峰法，大驼峰法把第一个单词的首字母也大写了，例如：

```
public class DataBaseUser{…};
```

常用于类名、属性、命名空间等。

下画线命名法：名称中的每一个逻辑断点都用一个下画线来标记，例如，函数名 print_employeee_paychecks。下画线命名法是随着 C 语言的出现流行起来的，在 UNIX/Linux 这样的环境，以及 GNU 代码中使用非常普遍。

匈牙利命名法：该命名法由微软公司名为 Charles Simonyi 的匈牙利程序员发明，其基本原则是，变量名＝属性＋类型＋对象描述。通过在变量名前面加上相应的小写字母的符号标识作为前缀，标识出变量的作用域、类型等。这些符号可以多个同时使用，顺序是先 m_（成员变量），再指针，再简单数据类型，再其他。例如，m_lpsStr 表示指向一个字符串的长指针成员变量。

对于要使用哪种命名法，可以根据个人的代码编写风格，也可不同的命名规范混合使用。

2.1.2　关键字

C 语言规定具有特别意义的字符串为关键字（亦称保留字），关键字不能作为用户标识符。在一些支持 C 语言的系统中（如 Visual C++），关键字会自动以蓝色显示，与一般符号区分开来。C 语言的关键字如表 2.1 所示，分为以下几类。

（1）类型声明符。如表明整型的 int、表明字符型的 char 等。

（2）语句定义符。用于表示语句功能的，如条件选择结构中的 if、else，循环结构中的 for、while、do 等。

（3）预处理命令字。它们是以固定的形式用于专门的位置，表示一个预处理命令，通常把它们和关键字等同看待，如文件包含预处理命令 include 等。

表 2.1　C 语言中的关键字

int	long	short	float	double	char
const	signed	unsigned	if	else	for
while	do	switch	case	continue	break
default	auto	register	static	extern	void
return	struct	union	enum	typedef	volatile
goto	sizeof	inline	restrict	bool	_Complex
_Imaginary	include	define	undef	ifdef	ifndef
endif					

其中的 bool、_Complex 和_Imaginary 是 C99 新增的关键字,其余的关键字全由小写字母组成。

2.2　常量与变量

C 程序的处理对象为数据,它通常以常量或变量的形式出现。常量是在程序运行过程中其值保持不变的量,变量则是在程序运行过程中其值可以改变的量。学习 C 语言的重要基础是利用各种类型变量存储数据。

2.2.1　常量

C 语言中的常量有两种。一种为字面常量,字面常量不需定义,是非定义量,即通常的数字与字符,如 456、−23、67.9、3.1415926 或字符'A'、'b',字符串"China"等。第二种为自定义常量,或称符号常量,以一个标识符来代表某一个字面常量,通常利用 C 语言的宏定义命令♯define 来定义。例如:

```
#define PI 3.1415926
```

其含义是以标识符 PI 来代表数据 3.1415926。宏定义命令之后,程序中凡是用到 3.1415926 的地方都可以用标识符 PI 来替代。宏定义的作用是给常量起"别名",可以简化程序中的数据表示,减少重复书写的工作量,意义明确的"别名"还可以提高程序的可读性。使用符号常量后,程序的可维护性好,当需要修改某一常量时,只要修改宏定义中的常量即可,不必逐一修改。

有关宏定义的知识将在第 7 章中详细介绍。

2.2.2　变量

每个变量都有三个属性:变量名、存储空间、变量值。

(1) 变量名,即变量的名字,是用户定义的标识符,程序中通常使用变量名来实现对变量的引用。

（2）存储空间，每个变量在内存中都占用一定的存储单元，如同一个小房间，房间名即为变量名。存储空间的大小由变量类型决定，其首个字节地址为变量的地址。在 C 程序中，可以通过变量名来访问内存，也可以通过变量地址来访问内存。

（3）变量值，即存储空间中所存放的变量的值。通常通过赋值运算来实现对变量的赋值，对变量赋值后，变量就保持该值，直到被重新赋值为止。

在 C 程序中，对任何变量都必须"先定义，后使用"，只有在定义了变量的名字、数据类型之后，才能对变量进行各种运算。变量的定义即确定变量名并同时确定变量的数据类型（即确定变量所占据的存储空间），只有这两个条件满足后，才能对其进行操作。

注意：在 C 程序中，变量、函数、数组等都必须符合"先定义，后使用"的原则。

2.3 数 据 类 型

完整的变量定义语句包含两个元素：变量名与数据类型。数据类型规定了变量的三类限制：

（1）变量所占存储空间的大小，存储空间以字节为单位，如整型变量占 2 个字节，浮点型占 4 个字节。

（2）变量的取值范围，变量的取值范围与存储空间大小有关，如整型取值范围为 $-32728 \sim 32767$，浮点型取值范围为 $-3.4 \times 10^{-38} \sim 3.4 \times 10^{38}$。

（3）变量能进行的运算。如只有整型或字符型数据可以进行"取余"运算，而其他类型则不能。

C 语言的数据类型分为四类：基本类型、在基本类型基础上构建的构造类型、用于地址操作的指针类型以及空类型。其中基本类型有四类：整型、实型、字符型和枚举型；构造类型有三类：数组类型、结构体类型和共用体类型。C99 还新增了布尔型（bool）和双长整型（long long int）两种整型数据类型。同时，基本类型还可依长短及是否带符号细分。C 语言的数据类型如图 2.1 所示。

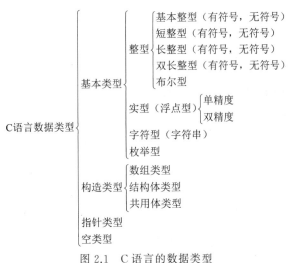

图 2.1　C 语言的数据类型

注意：存储类型以字节为单位，实际长度由机器字长决定。整型数据取值范围与存储长度一致，但浮点型数据的取值范围还与其系统存储格式有关。

2.3.1　整型数据

整型数据包括整常数（常量）和存放整数的变量，C 语言中整型常量可以有三种表示形式：

（1）十进制形式，如 15、−1555。

（2）八进制形式。C 语言中八进制数以数字 0 开头，只能用 0～7 这 8 个数字组合来表示，如 0271 对应的十进制数为 $2×8^2+7×8^1+1×8^0=185$。

（3）十六进制形式。C 语言中十六进制数以 0x 或 0X 开头，可以用 0～9 这 10 个数字及字母 A～F（或 a～f）组合来表示。如 0x61F 对应的十进制数为 $6×16^2+1×16^1+15×16^0=1567$。

整型数据按存储空间长度可分为三种：

（1）基本整型：关键字为 int。在 16 位计算机中基本整型数据占 2 个字节，最高位为正负符号位，取值范围为 −32768～32767。在 32 位计算机中基本整型数据占 4 个字节，最高位为正负符号位，取值范围为 −2147483648～2147483647。

例如：

int day;

定义了一个基本整型的整型变量，变量名为 day。

（2）短整型：关键字为 short int（int 可省略不写）。短整型占 2 个字节，最高位为符号位，取值范围为 −32768～32767。

例如：

short int day, month;

或

short day, month;

定义了两个短整型的变量，变量名分别为 day 和 month。

（3）长整型：关键字为 long int（int 亦可省略不写）。长整型占 4 个字节，最高位为符号位，取值范围为 $-2^{31}～2^{31}-1$，即 −2147483648～2147483647。

例如：

long int ave;

或

long ave;

定义了一个变量名为 ave 的长整型变量。

（4）双长整型：关键字为 long long int（int 亦可省略不写）。双长整型占 8 个字节，最高位为符号位,取值范围为$-2^{63} \sim 2^{63}-1$,即$-9223372036854775808 \sim 9223372036854775807$。

例如:

```
long long int sum;
```

或

```
long long sum;
```

定义了一个变量名为 sum 的双长整型变量。

(5) 布尔型:关键字为 bool。布尔型数据占两个字节。当需要程序做判决功能时,就会用到布尔型的数据,其取值有两种:真(true)和假(false)。

例如:

```
bool flag;
```

定义了一个变量名为 flag 的布尔型变量。

以上基本整型、短整型、长整型及双长整型定义的数据皆是可正可负的,可以看成是省略了关键字 signed 的有符号类型,即上述定义亦可写成:

```
signed int day;
signed short day, month;
signed long ave;
signed long long sum;
```

如需要规定变量的值必须为正,则需定义为无符号类型,其关键字为 unsigned。定义无符号型整型变量只需在上述整型关键字之前加上 unsigned 即可。例如:

```
unsigned int day;
unsigned short day, month;
unsigned long ave;
unsigned long long sum;
```

无符号关键字只适用于整型变量。无符号基本整型与短整型的取值范围为$0 \sim 2^{16}-1$即 $0 \sim 65535$,无符号长整型的取值范围为 $0 \sim 2^{32}-1$,即 $0 \sim 4294967295$。无符号双长整型的取值范围为 $0 \sim 2^{64}-1$,即 $0 \sim 18446744073709551615$。

C 语言中变量必须"先定义,后使用",从上面的示例可以看出,C 语言中变量定义的格式如下:

存储类型 数据类型标识符 变量 1,变量 2,…,变量 n;

其中存储类型表示变量在内存中的存储方式,可省略。下面通过一个程序示例来讲解整型变量的定义与使用。

【例 2-1】 设计一个简单的运算程序。

【问题分析】

(1)需要先确定参与运算的数据是常量还是变量,若是变量,需要先定义,指定变量名和数据类型,再给变量赋值。

（2）进行相应的运算后,将运算结果输出。

【程序代码】

```
# include <stdio.h>                    //将 stdio.h 头文件包含进来
int main()
{
    int a,b;                           //定义整型变量 a、b
    int s;                             //定义整型变量 s
    a=200;                             //给整型变量 a 赋值
    b=40;                              //给整型变量 b 赋值
    s=a*b+a-b;                         //进行计算,结果存入整型变量 s
    printf("s=%d\n",s);                //输出计算结果
    return 0;
}
```

【运行结果】

程序运行结果如图 2.2 所示。

图 2.2　例 2-1 程序运行结果

【代码解析】

（1）main()函数中的第一条语句和第二条语句定义三个整型变量 a、b、s。

（2）main()函数中的第三条语句和第四条语句实现了给整型变量 a、b 赋值。

（3）main()函数中的第五条语句实现了两个数据的运算,并把结果赋给整型变量 s。

（4）main()函数中的第六条语句实现了将运算结果输出。

说明:此例是先给变量赋值,再进行运算,也可以是使用常量直接进行运算,形式并不是固定的。另外,因为变量 a、b、s 都是整型变量,所以输出结果用“％d”格式。利用格式输出函数 printf()输出整型数据时,输出格式采用％d 或％ld。

2.3.2　实型数据

实型数据包括实型常数(常量)和实型变量,实型数据即是带小数的数据(实数),或称浮点数。

C 语言中实型常量只用十进制形式,但其表示方式有两种:直接十进制形式,如 0.0123、−456.78;指数形式,如 1.23e-2、−4.5678e2。指数形式通常用来表示一些比较大的数值,格式为:实数部分＋字母 E 或 e＋正负号＋整数部分,其中的 E 或 e 表示十次方,并不是常规数学表达中的自然底数,正负号表示指数部分的符号,整数为幂的大小。字母

E 或 e 之前必须有数字,之后的数字必须为整数。

C 语言中实型数据按长度大小分为三类:

(1)单精度型。关键字为 float,占 4 个字节(32 位),提供 7 位有效数字,取值范围为 $-3.4\times10^{-38}\sim3.4\times10^{38}$。

(2)双精度型。关键字为 double,占 8 个字节(64 位),提供 16 位有效数字,取值范围为 $-1.7\times10^{-308}\sim1.7\times10^{308}$。

(3)长双精度型。关键字为 long double,占 16 个字节(128 位),取值范围为 $-1.2\times10^{-4932}\sim1.2\times10^{4932}$。

注意:计算机中实型数据实际上是以指数形式存储的,用二进制数来表示小数部分以及用 2 的幂次来表示指数部分。但不同长度类型中究竟用多少位来表示小数部分,多少位来表示指数部分(包括符号),各种 C 编译系统不尽相同。通常小数部分占的位数愈多,数的有效数字愈多,精度愈高,指数幂部分占的位数愈多,则能表示的数值范围愈大。由于实型变量由有限的存储单元组成,能提供的有效数字总是有限的,在有效位以外的数字将无法正确处理,由此可能会产生一些误差,称为实型数据的舍入误差。Visual C++ 系统中单精度有效数字为 7 位,超过 7 位将无法正确显示;双精度有效数字为 16 位,超过 16 位将无法正确显示。

【例 2-2】 输出一个单精度实数,验证其有效数字位数。

【问题分析】

(1)需要先确定输出的数据是常量还是变量,若是变量,需要先定义,指定变量名和数据类型,再给变量赋值。

(2)将数据输出。

【程序代码】

```c
#include <stdio.h>                    //将 stdio.h 头文件包含进来
int main()
{
    float f;                         //定义实型变量 f
    f=121212.2222;                   //给变量 f 赋值
    printf("f=%f\n",f);              //输出 f 的值
    return 0;
}
```

【运行结果】

程序运行结果如图 2.3 所示。

图 2.3 例 2-2 程序运行结果

【代码解析】

（1）main()函数中的第一条语句定义一个单精度实型变量 f。

（2）main()函数中的第二条语句实现了给变量 f 赋值。

（3）main()函数中的第三条语句实现了输出变量 f 的值。

说明：此例中，float 型变量 f 只接受 7 位有效数字，所以，小数点前 6 位和小数点后一位共 7 位能正确显示，小数点后的其他数据不能正确显示。利用格式输出函数 printf()输出实型时，输出格式采用%f(单精度)或%lf(双精度)。此例中 f 从第一位小数之后无法正确显示，通常可用 double 类型或 long double 类型来扩展有效数字范围，如采用 double类型后可以正确显示。

【例 2-3】 输出一个双精度实数。

【问题分析】

（1）需要先确定输出的数据是常量还是变量，若是变量，需要先定义，指定变量名和数据类型，再给变量赋值。

（2）将数据输出。

【程序代码】

```
#include <stdio.h>                          //将 stdio.h 头文件包含进来
int main()
{
    double d;                               //定义实型变量 d
    d=201212.2222;                          //给变量 d 赋值
    printf("d=%lf\n",d);                    //输出 d 的值
    return 0;
}
```

【运行结果】

程序运行结果如图 2.4 所示。

图 2.4　例 2-3 程序运行结果

【代码解析】

（1）main()函数中的第一条语句定义一个双精度实型变量 d。

（2）main()函数中的第二条语句实现了给变量 d 赋值。

（3）main()函数中的第三条语句实现了输出变量 d 的值。

说明：double 型变量以格式%f、%lf 输出时，默认输出 6 位小数，不足 6 位补 0，多于6 位时四舍五入后只输出前 6 位。

2.3.3 字符型数据

C语言中字符型数据包括字符常量和字符变量。

字符常量必须用单引号括起来,单引号中只能为单个字符,在内存中占一个字节,如'A'、'a'、'8'、'&'等。字符型数据在C语言中是以ASCII码形式存储的,即字符常量的数值就是其保存的ASCII码的值,如字符'A'的ASCII值为65,'a'的ASCII值为97,'8'对应的ASCII值为56。因为ASCII值为整型,故C语言中字符型数据与整型数据可以在同一个表达式中出现,并且不会进行类型转换,如'a'-32相当于97-32,等于65,对应的字符为'A',同理,'A'+32即字符'a',这也是字母大小写转换的一种方法。

C语言中还有一类特殊字符,称为转义字符,以'\'开头,根据右斜杠后面的不同字符表达相应的特定含义。转义字符通常用来表示不可显示字符(如控制字符)和专用字符。常用转义字符如下:

- \n:回车换行;
- \b:退格;
- \r:回车;
- \t:水平制表,即横向跳到下一制表位置;
- \v:垂直制表,即竖向跳到下一制表位置;
- \\:反斜线符\;
- \':单引号符';
- \":双引号符";
- \a:鸣铃;
- \f:走纸换页;
- \ddd:1～3位八进制数所代表的字符;
- \xhh:1～2位十六进制数所代表的字符。

实际上,任何一个字符都可以用转义字符\ddd或\xhh来表示,ddd和hh分别为八进制和十六进制的ASCII代码,如'\101'表示字母'A','\134'表示反斜杠,'\xOA'表示换行等。

定义字符型变量的关键字为char,字符型变量在内存中占一个字节。前面说过,字符型数据和整型数据可以互用,但整型占2个字节,字符型只占一个字节,故当整型量按字符型量处理时,只有低八位字节参与处理。

【例2-4】 字符型变量的定义与输出。

【问题分析】

(1)需要先确定输出的数据是常量还是变量。若是变量,需要先定义,指定变量名和数据类型,再给变量赋值。

(2)将数据输出。

【程序代码】

```
#include <stdio.h>                    //将文件 stdio.h 包含进来
```

```
int main()
{
    char ch;                                    //定义字符型变量 ch
    ch='g';                                     //给变量 ch 赋值
    printf("ch=%c, ascii=%d\n",ch, ch);         //输出 ch 的值及其 ASCII 码
    return 0;
}
```

【运行结果】

程序运行结果如图 2.5 所示。

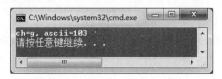

图 2.5　例 2-4 程序运行结果

【代码解析】

（1）main()函数中的第一条语句定义一个字符型变量 ch。

（2）main()函数中的第二条语句实现了给变量 ch 赋值。

（3）main()函数中的第三条语句实现了输出变量 ch 的值。

说明：输出变量 ch 的值时，若输出格式为％c 则输出字符，若输出格式为％d 则输出字符对应的 ASCII 值。

此外，C 语言中还有一类数据，是用一对双引号括起来的一个或多个字符，称为字符串常量，简称为字符串，如"China""How are you!"等。C 语言中并没有字符串类型，字符串的处理需要通过字符型数组。关于数组将在第 5 章中介绍，这里不做详述。要注意的是，字符'A'和字符串"A"是不同的。C 语言中规定字符串必须有结束标志，结束标志为字符'\0'(其 ASCII 值为 0)，附加在字符串末尾。因此字符串"A"实际上包含两个字符：'A'与'\0'，占 2 个字节，而字符'A'只占一个字节，要注意它们的区别。

2.4　数据类型的转换

C 语言允许不同类型的数据混合运算，运算中可按照一定的规则或人为干预进行类型转换。数据类型的转换有两种方式：隐式类型转换和显式类型转换。

2.4.1　隐式类型转换

隐式类型转换由编译系统自动进行，不需人为干预，隐式类型转换遵循三个基本规则：

（1）如参与运算的变量类型不同，则先转换成同一类型，然后进行运算。

（2）按"低级向高级转换"原则，如果运算中有几种不同类型的操作数，则统一转换为类型高的数据类型，再进行运算。例如：

```
int a;
float b;
double c;
a=1;
b=2.0;
c=3.0;
```

则计算 a＋b＋c 时，先将 a、b 皆转成 double 型，然后计算，所得结果为 double 型。各种类型转换方向如图 2.6 所示。

图 2.6　数据类型转换方向

注意：float 型数据在运算时系统一律先转换成双精度型再进行计算，以提高运算精度。故整型向浮点型转换时不是指向 float 类型，而是直接指向 double 类型。

（3）赋值运算符号左右两边的数据类型不同时，赋值号右边数据的类型将转换为与左边数据一致的类型。如上面 a＋b＋c 计算结果为 double 型，若再定义另一个整型变量 d，将计算结果赋给 d：

```
int d;
d=a+b+c;
```

则计算结果会转换为整型后再赋给 d，d 得到的值仍为整型。因为赋值号右边量的数据类型高于左边，故会丢失一部分数据，只保留整数部分。

2.4.2　强制类型转换

强制类型转换即显式类型转换，其作用是将表达式的结果强制转换成类型标识符所指定的数据类型。运算格式如下：

```
(类型标识符)(表达式);
```

【**例 2-5**】　强制类型转换示例。

【**问题分析**】　先定义变量，再进行强制类型转换，最后将类型转换后的数据输出。

【**程序代码**】

```
#include <stdio.h>                    //将 stdio.h 头文件包含进来
int main()
{
```

```
    int a=5;                          //定义整型变量 a,并赋初值 5
    float b=3.14,c=1.17;              //定义实型变量 b、c
    a=2*(int)c;                       /*将 c 表示的浮点值强制转换为整型,结果为 1,乘
                                        法式等价于 a=2*1;但 c 仍然为浮点型*/
    b=(int)(2.78+a);                  /*将 2.78+a 的结果强制转换为整型,结果为 4,但
                                        b 仍为浮点型,其值为 4.000000*/
    printf("a=%d,b=%f,c=%f\n",a,b,c); //输出 a、b、c 的值
    return 0;
}
```

【运行结果】

程序运行结果如图 2.7 所示。

图 2.7 例 2-5 程序运行结果

【代码解析】

(1) main()函数中的第一条语句定义一个整型变量 a,第二条语句定义两个实型变量 b 和 c。

(2) main()函数中的第三条和第四条语句实现了类型的强制变换。

(3) main()函数中的第五条语句实现了输出变量 a、b、c 的值。

说明:类型转换只转换表达式的结果,并不改变表达式中各个变量本身的数据类型。

2.5 运算符和表达式

运算表达式是对数据进行操作和处理的基本单位,一个运算表达式由两个要素组成:运算量与运算符。运算量包括常量与变量。C 语言提供了很多基本运算符来实现各种运算处理,这些运算符主要分为以下几类:

(1) 算术运算符:+(取正)、-(取负)、+、-、*、/、%(求余,或称为模运算)。

(2) 自增自减运算符:++、--。

(3) 关系运算符:用于比较运算,包括>、<、>=、<=、==(相等)、!=(不相等)。

(4) 逻辑运算符:用于逻辑运算,包括 &&(与)、||(或)、!(非)。

(5) 位运算符:按二进制位进行运算,包括 &(位与)、|(位或)、~(位非)、^(位异或)、<<(左移)、>>(右移)。

(6) 条件运算符:?:条件运算符是 C 语言中唯一一个三目运算符,用于条件求值。

(7) 赋值运算符:共 11 种,分为如下三类。

• 简单赋值运算符:=。

- 复合算术赋值运算符：＋＝、－＝、＊＝、/＝、％＝。
- 复合位运算赋值运算符：&＝、|＝、^＝、＞＞＝、＜＜＝。

(8) 逗号运算符：,。

(9) 指针运算符(亦称取值运算符)：＊。

(10) 地址运算符(亦称取址运算符)：&。

(11) 构造类型特殊运算符：.(引用成员运算符)、－＞(指向成员运算符)、[ ](下标运算符)。

(12) 小括号运算符：( )。

(13) 大括号运算符：{ }。

(14) 长度运算符：sizeof(类型标识符) 用于计算数据类型所占的字节数。

(15) 类型转换运算符：(类型标识符)(表达式)。

2.5.1 算术运算符和算术表达式

1. 算术运算符及其表达式

(1) 取正运算符：＋,如＋4。

(2) 取负运算符：－,如－4。

(3) 加法运算符：＋,如 1＋1。

(4) 减法运算符：－,如 2－1。

(5) 乘法运算符：＊,如 3＊7。

(6) 除法运算符：/,如 5/2。

(7) 模运算符,即取余运算符：％,如 9％2。

要注意以下几点：

(1) 关于除法运算符/：如果是两个整数相除,则结果为整数,小数部分将被去掉,如 5/2＝2,而并非等于 2.5；只要有一个操作数是浮点数,结果就为浮点数。

(2) 关于模运算符％：只适用于两个整数取余,其两个运算量只能是整型或字符型(ASCII 码),不能是其他类型。其余数的结果的符号由被除数决定,如 7％(－3)的结果为 1,而(－7)％3 的结果为－1。

(3) 取正运算符和取负运算符是单目运算符,其余是双目运算符。

2. 算术运算符的优先级与结合性

运算表达式的计算按运算符的优先级从高到低依次执行。双目算术运算符的优先级和基本四则运算法则一致,先乘除后加减,模运算符与乘除同级。

在一个运算量的两侧出现同优先级的运算符时,按结合律方向进行运算。双目算术运算符的结合律皆为"左结合性",按照"自左向右"方向进行计算。例如,a＋b－c,先计算 a＋b,再执行减 c 的运算。

2.5.2 赋值运算符和赋值表达式

1. 赋值运算符及其表达式

赋值运算符的作用是将一个数据赋给一个变量,分为简单赋值运算符与复合赋值运算符。复合赋值运算符是将计算与赋值联合起来,将计算的结果赋给该变量,既有计算的功能又有赋值的功能。复合赋值运算符又分复合算术运算赋值运算符及复合位运算赋值运算符。

(1) 简单赋值运算符:=,如 a=3,a=b。

(2) 复合算术运算赋值运算符:

- 加赋值运算符:+=,如 a+=b,等价于 a=a+b。
- 减赋值运算符:-=,如 a-=b,等价于 a=a-b。
- 乘赋值运算符:*=,如 a*=b,等价于 a=a*b。
- 除赋值运算符:/=,如 a/=b,等价于 a=a/b。
- 模赋值运算符:%=,如 a%=b,等价于 a=a%b。

(3) 复合位运算赋值运算符:

- 按位与赋值运算符:&=,如 a&=b,等价于 a=a&b,将 a 和 b 按位与,所得结果赋给 a。
- 按位或赋值运算符:|=,如 a|=b,等价于 a=a|b,将 a 和 b 按位或,所得结果赋给 a。
- 按位异或赋值运算符:^=,如 a^=b,等价于 a=a^b,将 a 和 b 按位异或,所得结果赋给 a。
- 位右移赋值运算符:>>=,如 a>>=b,等价于 a=a>>b,将 a 右移 b 位后所得结果赋给 a。
- 位左移赋值运算符:<<=,如 a<<=b,等价于 a=a<<b,将 a 左移 b 位后所得结果赋给 a。

所有赋值运算符都是将右边的值赋给左边,因此赋值运算符左边只能为变量。

2. 赋值运算符的结合性

赋值运算符都为同一优先级,遵循"右结合性",其结合方向为"自右向左"。

【例 2-6】 验证赋值运算符的结合性。

【问题分析】 先定义数据类型,再进行赋值运算,最后将赋值后的变量值输出。

【程序代码】

```
#include <stdio.h>              //将 stdio.h 头文件包含进来
int main()
{
    int a=10;                   //定义整型变量 a,并赋初值 10
    a*=a+=2;                    //进行计算
```

```
        printf("a=%d\n",a);                //输出 a 的值
        return 0;
}
```

【运行结果】

程序运行结果如图 2.8 所示。

图 2.8　例 2-6 程序运行结果

【代码解析】

(1) main()函数中的第一条语句定义一个整型变量 a,并在定义的同时赋初值。

(2) main()函数中的第二条语句实现了复合赋值运算,并按照右结合性进行运算。

(3) main()函数中的第三条语句实现了输出变量 a 的值。

说明:因为赋值运算符为右结合性,故先计算 a+=2,即 a=a+2,a 的值变为 12,再计算 a * =a,即 a=a * a,最后结果 a=144。

2.5.3　自增自减运算符

1. 自增自减运算符及其表达式

自增运算符++及自减运算符--的作用是让变量加 1 或减 1,常用于循环结构中。但自增自减运算符都有前置与后置之分,前置后置决定了变量使用与计算(加 1 或减 1)的顺序:

- 自增运算符前置,如++i,是先将 i 的值加 1,再使用加 1 后 i 的值;
- 自增运算符后置,如 i++,是先使用 i 当前的值,再将 i 加 1;
- 自减运算符前置,如--i,是先将 i 的值减 1,再使用减 1 后 i 的值;
- 自减运算符后置,如 i--,是先使用 i 当前的值,再将 i 减 1;

自增自减运算符只能作用于变量,不能用于常量或表达式,如 3++、--(x * y)都是不合法的。

【例 2-7】　利用自增自减运算符运算。

【问题分析】　先定义变量,再进行自增或自减运算,最后将运算结果输出。

【程序代码】

```
#include <stdio.h>                //将 stdio.h 头文件包含进来
int main()
{
        int a=15,b,c;            //定义整型变量 a、b、c,并给 a 赋值
        b=++a;                   //此处++前置,故 a 先加 1,再把 a 的值 16 赋给 b
```

```
    c=a--;                          //此处--后置,故先把 a 的值 16 赋给 c,a 的值再减 1
    printf("a=%d,b=%d,c=%d\n",a,b,c); //输出 a、b、c 的值
    return 0;
}
```

【运行结果】

程序运行结果如图 2.9 所示。

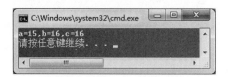

图 2.9　例 2-7 程序运行结果

【代码解析】

（1）main()函数中的第一条语句定义三个整型变量 a、b、c,并在定义的同时给其中变量 a 赋初值 15。

（2）main()函数中的第二条语句实现了将变量 a 的值进行自增 1：由于＋＋前置,故 a 先自增 1,再把 a 的值赋给 b。第三条语句实现了将变量 a 的值进行自减 1：由于－－后置,故先把 a 的值赋给 c,a 的值再自减 1。

（3）main()函数中的第四条语句实现了输出变量 a、b、c 的值。

说明：注意区分自增自减运算符前置与后置的区别。

与例 2-7 等价的程序段如下：

```
#include <stdio.h>                  //将 stdio.h 头文件包含进来
int main()
{
    int a=15,b,c;                   //定义整型变量 a、b、c,并给 a 赋值
    ++a;                            //a 的值加 1
    b=a;                            //将 a 的值赋给 b
    c=a;                            //将 a 的值赋给 c
    a--;                            //a 的值减 1
    printf("a=%d,b=%d,c=%d\n",a,b,c); //输出 a,b,c 的值
    return 0;
}
```

【运行结果】

程序运行结果如图 2.10 所示。

图 2.10　例 2-7 等价程序运行结果

C 语言程序设计

2. 自增自减运算符的结合性

自增自减运算符为右结合性，结合方向为"自右向左"。需要注意的是，由于自增自减运算符不能作用于表达式，因此一个运算量两侧不能同时使用自增或自减运算，如－－i＋＋是不合法的。所谓自增自减运算符的结合性，是指与其他同优先级的运算符（如负号运算符－、逻辑非运算符!）出现在一个运算量两侧时，按"自右向左"方向计算。

【例 2-8】 验证自增自减运算符的结合性。

【问题分析】 先定义变量，再进行运算，最后将运算结果输出。

【程序代码】

```
#include <stdio.h>                        //将 stdio.h 头文件包含进来
int main()
{
    int i=7,j;                            //定义整型变量 i、j,并给 i 赋值
    j=!i--;                               //先将!i 的值赋给 j,i 的值再减 1
    printf("j=%d,i=%d\n",j,i);            //输出 j、i 的值
    return 0;
}
```

【运行结果】

程序运行结果如图 2.11 所示。

图 2.11　例 2-8 程序运行结果

【代码解析】

(1) main()函数中的第一条语句定义两个整型变量 i、j,并在定义的同时给变量 i 赋值。

(2) main()函数中的第二条语句实现了运算 j=! i－－,它等价于 j=! (i－－)。因为逻辑非运算符与－－运算符优先级相同，但是 i－－中自减运算符后置，所以对 i 取逻辑非后赋给 j,i 再减 1。

(3) main()函数中的第三条语句实现了输出变量 j、i 的值。

说明：运算过程中要注意运算符的优先级和结合性。

2.5.4　逗号运算符和逗号表达式

1. 逗号运算符及其表达式

在 C 语言中逗号可作为分隔符，例如：

```
int a,b,c;
```

也可作为运算符,用于连接多个表达式,其一般形式为:

```
表达式 1,表达式 2,…,表达式 n
```

逗号表达式运算时,将从左至右依次求取各个表达式的值(先求表达式 1,然后求表达式 2,…,直至求解完表达式 n),最后一个表达式的值就是整个逗号表达式的值。例如,已知 a=3,b=2,执行完表达式 c=(a+b,a-b)后,c 的值为 1。

2. 逗号运算符的优先级及结合性

逗号运算符在全部运算符里优先级最低,因此最好将整个逗号表达式用小括号括起来,否则意义可能会不同。例如,已知 a=3,b=2,则执行完表达式 c=a+b,a-b 后,c 的值为 5,这里是将 c=a+b 作为表达式 1,a-b 为表达式 2,构成逗号表达式,因此表达式 1执行后,c 等于 5。

逗号运算符结合律为自左向右。逗号表达式将逗号连接的各个表达式从左至右依次计算,因此如果前后表达式用到相同的变量,则前面表达式中变量值发生的变化,将会影响后面的表达式。如已知 a=20,则执行完表达式 x=(a * =12,a+12)后 x 的值为 252。

逗号表达式可嵌套使用,例如,a+b,(a * b,a-b),等价于 a+b,a * b,a-b。

2.6　数据的输入和输出

在 C 语言中通过输入/输出函数实现数据的输入/输出。系统提供了一批标准输入/输出函数,这些函数包含在一些头文件中,称为库函数,要使用这些函数必须在程序开始时先用文件包含命令♯include 包含这些头文件。本节讲解一些常用的标准输入/输出函数,这些函数包含在 stdio.h 头文件中,故在程序开始时必须有♯include<stdio.h>包含 stdio.h 头文件。

2.6.1　格式输入函数 scanf

格式输入函数 scanf 将数据按规定的格式从键盘上读入到指定变量中。函数使用形式为:

```
scanf("格式控制字符串",输入项地址列表);
```

例如:

```
scanf("a=%d,b=%f",&a,&b);
```

(1) 格式控制字符串包含两部分:格式符与普通字符。格式符用于规定输入的格式,如%d、%f等,规定了输入数据的类型、长度等;普通字符是需按原样输入的字符,如前面的a=、b=及中间的逗号。

(2) 输入项地址列表,由需要输入数据的变量的地址组成。变量的地址需用取地址运算符 & 得到。实际上,变量的地址是由 C 编译系统分配的,用户需要关心变量的值,而不必关心具体的地址是多少。多个输入项之间用逗号分开。

利用 scanf 函数从键盘读入数据时,需注意以下几点:

(1) 输入多个数据时,如果格式控制字符串中无普通字符和分隔符时,可用空格键、回车键或 Tab 键作为分隔符进行分隔,最后以回车键结束输入。当输入字符时,因为每个字符型变量对应一个字符,不存在二义性,因此字符的输入除非在格式符中有空格或者其他分隔符,否则不可以用分隔符。例如:

```
scanf("%c%c",&a,&b);
```

可输入:

AB<回车>

如输入:

A B<回车>

则相当于 a 读入了字符 A,而 b 读入了空格,意义完全不一样。

如在两个格式符中加入空格,改为:

```
scanf("%c %c",&a,&b);
```

则输入:

A B<回车>

是正确的。

对于其他类型的变量,如整型、浮点型,数据之间必须用分隔符分开,否则可能存在分辨错误。例如:

```
scanf("%d%d",&a,&b);
```

如想令 a 为 12,b 为 34,输入:

1234<回车>

此时未加分隔符,则 a 将读入 1234,b 没有输入,出现错误。

正确输入法方式为:

12 34<回车>

或:

12<回车>
34<回车>

或：

```
12<Tab>
34<回车>
```

(2) 输入数据个数与顺序要与 scanf() 函数规定的一致。

(3) 如果格式控制字符串中有普通字符，都必须依原样输入，否则可能发生严重错误。例如：

```
scanf("a=%d,b=%f",&a,&b);
```

如想令 a 为 3，b 为 4，则输入时必须完整输入：

```
a=3,b=4<回车>
```

其中的 a=、b= 以及当中的逗号都必须原样输入，否则出错。

下面对 C 语言中的格式符进行详细说明。

格式符皆以％为开始标记，其形式为：

％[m][l 或 h]数据类型声明字母

其中方括号中为任选项，可以没有，但数据类型声明字母不能缺少。

(1) 数据类型声明字母：

- d：输入十进制整数。
- o：输入八进制整数。
- x：输入十六进制整数。
- u：输入无符号十进制整数。
- f：输入小数形式实型数。
- e：输入指数形式实型数。
- c：输入单个字符。
- s：输入字符串。

(2) l 和 h 为长度格式符。l 用于规定长整型和双精度型，h 则规定输入为短整型。

- ％ld、％lo、％lx 表示输入数据为长整型十进制、长整型八进制、长整型十六进制。
- ％lf、％le 表示输入数据为双精度型小数形式、双精度型指数形式。
- ％hd、％ho、％hx 表示输入数据为短整型十进制、短整型八进制、短整型十六进制。

(3) m 为十进制整数，用于指定输入数据的宽度（即数字个数）。例如：

```
scanf("%4d",&a);
```

输入：

```
123456<回车>
```

则只读入前 4 位给变量 a，即 a 为 1234，后面的 5、6 被去除。如输入小于 4 位则不影

响。对指定了宽度的格式输入,数据之间可以无分隔符,将根据各自宽度来读入。例如:

```
scanf("%3d%3d",&a,&b);
```

输入:

```
123456<回车>
```

则 a 等于 123,b 等于 456。

注意:对于浮点型,数据宽度为数据的整体宽度,包括小数点在内,即数据宽度 m＝整数位数＋1(小数点)＋小数位数。格式输入函数只能指定数据整体宽度,无法指定小数位数,这与后面讲到的格式输出函数 printf()是不同的。例如:

```
scanf("%3f%3f",&a,&b);
```

输入:

```
1.23.4
```

则 a 等于 1.200000,b 等于 3.400000。

如输入:

```
1234.5
```

则 a 等于 123.000000,b 等于 4.500000。

如输入:

```
1.234.5
```

则 a 等于 1.200000,b 等于 34.000000。

2.6.2　格式输出函数 printf

格式输出函数 printf 将指定的数据按指定的格式输出到显示器上。其使用形式为:

```
printf("格式控制字符串",输出项列表);
```

printf()函数中的格式控制字符串与 scanf()函数一致,包含格式符与普通字符。格式符用于控制输出的格式,普通字符将原样输出显示。例如:

```
printf("a=%d,b=%f",a,b);
```

其中%d、%f 即为格式符,a＝、b＝以及中间的逗号即普通字符,会原样显示在屏幕上。a、b 为输出项。

printf()函数中的格式符与 scanf()函数一致,皆以%为开始标记,但相比要复杂一些,其形式为:

```
%[±][0][m][.n][l 或 h]数据类型声明字母
```

(1) 数据类型声明字母基本与 scanf() 一致，有少许扩充：

- d：以十进制整数形式输出。

- o：以八进制整数形式输出。

- x 或 X：以十六进制整数形式输出。

- u：以无符号十进制整数形式输出。

- f：以小数形式实型数输出。

- e 或 E：以指数形式实型数输出。

- c：以单个字符形式输出。

- s：以字符串形式输出。

- g 或 G：由系统决定采用%f 格式还是%e 格式，以使输出宽度最小，不输出无意义的 0。

- %：输出百分号(%为格式符开始标记，因此要输出%本身，必须以"%%"形式方可)。

(2) l 或 h 的含义与 scanf() 函数中相同，l 表示输出长整型或双精度，h 表示输出短整型。

(3) m.n 用于指定输出数据的宽度。

输出整数时：只有 m，没有.n 部分。m 表示输出整数的位数(数字的个数)。如果数据位数大于 m，按实际位数输出；如果数据位数小于 m，输出时默认左端补空格。

输出浮点数时：m 指定数据总宽度，含义与 scanf 函数相同，m＝整数位数＋1(小数点)＋小数位数。n 指定小数位数。例如：

```
float a=6.18033;
printf("%4.2f",a);
```

输出结果：

```
6.18
```

输出字符串时：m 为输出字符的总长度，n 为输出字符串的左边字符个数。当 n 小于 m 时，不足的部分补 0 或空格。例如：

```
printf("%4.2s","China");
```

输出结果：

```
□□Ch
```

此处□表示空格。

输出字符时：只有 m，表示输出宽度，默认在输出字符的左边补 m－1 个空格。

(4) [0]指定输出数据空位置的填充方式，指定 0 则以 0 填充，不指定默认填充空格。例如：

```
float a=6.18033;
printf("%06.2f",a);
```

输出结果：

```
006.18
```

（5）±指定输出数据的对齐方式：指定＋时，输出右对齐；指定－时，输出左对齐；不指定时默认为＋，输出右对齐。例如：

```
float a=6.18033;
printf("%6.2f\n",a);
printf("%-6.2f",a);
```

输出结果：

```
  6.18
6.18
```

printf()语句也可用于直接输出字符串，这是printf()最简单的输出功能。例如：

```
printf("Please enter an integer");
```

运行后屏幕上显示：

```
Please enter an integer
```

由于格式输入函数scanf()中的格式控制字符串并不显示在执行窗中，因此一般最好在scanf()函数前利用printf()函数输出一些提示语。

2.6.3 字符输入函数 getchar()

字符输入函数getchar()的功能是从输入设备上读入一个字符，其返回值即为所读入的字符，一般与赋值语句联用，将读取的字符赋给变量。例如：

```
char c;
c=getchar();
```

getchar函数只读取单个字符，如果输入多于一个字符，则只读取第一个字符。

2.6.4 字符输出函数 putchar()

字符输出函数putchar()的功能是向输出设备输出一个字符，其调用形式为：

```
putchar(c);
```

c可以是要输出的字符常量或变量，也可以是整型常量或变量（此时，系统认为此整型常量或变量是某字符的ASCII码）。例如：

```
putchar('A');
```

输出字符A。

```
char c='B';
purchar(c);
```

输出字符 B。

```
putchar(65);
```

输出 ASCII 码为 65 对应的字符,即字母 A。

2.7 赋值语句和顺序结构程序设计

2.7.1 赋值语句

赋值语句即实现赋值功能的语句,这里主要讨论"="运算符构成的赋值语句。其形式为:

变量=表达式;

表达式可以为常量、变量或运算式。

变量的赋值功能可在两种情况下实现,一种是在变量初始化语句中,一种是在赋值语句中。虽然都起到给变量赋值的作用,但两者在使用时是有区别的:

(1) 变量初始化是指在对变量定义的同时赋值,例如:

```
int a=3;
```

初始化的变量在编译完成后便已赋值。

(2) 赋值语句赋值主要指定义后赋值,变量在程序执行过程中被所赋的值改变。例如:

```
int a,b;
a=3;
b=a;
```

(3) 赋值语句可嵌套,即表达式亦可为赋值表达式,因此赋值语句可以实现连等,例如:

```
a=b=c=d=4;
```

此语句是合法的。但变量初始化时,不可实现连等,例如:

```
int a=b=c=d=4;
```

是不合法的! 如需实现初始化,可写为:

```
int a=4,b=4,c=4,d=4;
```

2.7.2 顺序结构程序设计

C 语言为结构化程序设计语言,分为三种基本结构:顺序结构、选择结构、循环结构。顺序结构是最基本的结构,程序从上到下依次执行。实际上选择结构与循环结构都为局部结构,是在整体顺序结构框架中的。顺序结构程序按照需实现的功能逻辑顺序进行设计。

【例 2-9】 输入球半径,分别计算球的截面面积及体积,并输出。

【问题分析】

(1) 调用 scanf()函数从键盘输入一个数作为半径。

(2) 根据计算球截面积及体积公式写出相应的表达式。

(3) 调用 printf()函数将结果输出。

【程序代码】

```
#include <stdio.h>                          //将 stdio.h 头文件包含进来
#define PI 3.14                             //定义符号常量 PI
int main()
{
    float r,area,vol;                       //定义三个实型变量
    printf("Please enter the radius of the sphere: \n"); //输出屏幕提示语
    scanf("%f",&r);                         //输入球半径
    area=PI*r*r;                            //计算球截面积
    vol=4.0/3.0*PI*r*r*r;                   //计算球体积
    printf("area=%f,vol=%f\n",area,vol);    //将结果输出
    return 0;
}
```

【运行结果】

程序运行结果如图 2.12 所示。

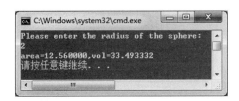

图 2.12 例 2-9 程序运行结果

【代码解析】

(1) main()函数中的第一条语句定义三个实型变量。

(2) main()函数中的第二条语句实现了输出一句提示信息,提示用户输入球半径。

(3) main()函数中的第三条语句实现了接收用户从键盘输入的一个实数,并保存在变量 r 中。

（4）main()函数中的第四条语句和第五条语句实现了计算球截面积及体积。

（5）main()函数中的第六条语句实现了输出球截面积及体积。

说明：程序是顺序执行的，先输入球半径，再计算球截面积及体积，最后输出结果。

2.8 数 学 函 数

数学函数属于库函数，在头文件 math.h 中，因此要使用数学函数，必须在程序开始处先使用文件包含命令 ♯include 将 math.h 包含进来，例如，♯include ＜math.h＞。C 语言提供了丰富的数学函数供用户使用。下面介绍一些常用的数学函数：

（1）绝对值函数：abs( )。

原型：

```
int abs(int i);
```

功能：求整数 i 的绝对值。例如：

```
a=abs(-5);
```

则 a＝5。labs( )及 fabs( )分别用于求长整型数和实数的绝对值。

（2）开方函数：sqrt( )。

原型：

```
double sqrt(double x);
```

功能：求 x 的平方根。例如：

```
a=sqrt(2);
```

则 a＝1.414214。

（3）常用对数函数：log10( )。

原型：

```
double log10(double x);
```

功能：求 x 的常用对数（以 10 为底）。例如：

```
a=log10(10);
```

则 a＝1.000000。

（4）自然对数函数：log( )。

原型：

```
double log(double x);
```

功能：求 x 的自然对数。例如：

a=log(10);

则 a＝2.302585。

（5）指数函数：exp( )。

原型：

```
double exp(double x);
```

功能：求自然底数 e 的 x 次方。例如：

a=exp(2);

则 a＝7.389056。

（6）次方函数(以 10 为底)：pow10( )。

原型：

```
double pow10(int p);
```

功能：求 10 的 p 次方。例如：

a=pow10(2);

则 a＝100。

（7）次方函数：pow( )。

原型：

```
double pow(double x, double y);
```

功能：求 x 的 y 次方。例如：

a=pow(5,3);

则 a＝125.000000。

（8）正弦函数：sin( )。

原型：

```
double sin(double x);
```

功能：求 x 的正弦值，例如：

a=sin(3.14159);

则 a＝0.000003。

(9) 余弦函数：cos( )。

原型：

```
double cos(double x);
```

功能：求 x 的余弦值。例如：

a＝cos(3.14159);

则 a＝－1.000000。

(10) 正切函数：tan( )。

原型：

```
double tan(double x);
```

功能：求 x 的正切值。例如：

a＝tan(3.14159);

则 a＝－0.000003。

(11) 反正弦函数：asin( )。

原型：

```
double asin(double x);
```

功能：求 x 的反正弦值，例如：

a＝asin(1);

则 a＝1.570796。

(12) 反余弦函数：acos( )。

原型：

```
double acos(double x);
```

功能：求 x 的反余弦值。例如：

a＝acos(1);

则 a＝0.000000。

(13) 反正切函数：atan( )。

原型：

```
double atan(double x);
```

功能:求 x 的反正切值。例如:

```
a=atan(1);
```

则 a=0.785398。

2.9　应用举例

【例 2-10】 用星号 * 拼成大写字母 E 并输出。

【问题分析】 可利用 printf() 函数将双引号之间的字符内容原样显示出来。

【程序代码】

```
#include <stdio.h>                              //将 stdio.h 头文件包含进来
int main()
{
    printf("****\n");                           //输出四个星号 *
    printf(" * \n");                            //输出一个星号 *
    printf("****\n");                           //输出四个星号 *
    printf(" * \n");                            //输出一个星号 *
    printf("****\n");                           //输出四个星号 *
    return 0;
}
```

【运行结果】

程序运行结果如图 2.13 所示程序。

图 2.13　例 2-10 程序运行结果

【代码解析】

(1) 程序中调用了 5 次 printf() 函数。每调用一次 printf() 函数,在运行窗口都会显示一行字符。

(2) 在每个 printf() 函数要输出的字符串末尾都含有字符"\n",即在输出完一行字符后,显示屏上的光标位置移到下一行的开头。

说明:当输出的行数较少且输出内容无明显规律时,可以直接多次调用 printf() 函数。

【例 2-11】 输入一个大写字母,将其变成小写字母并显示。

【问题分析】 将大写字母的 ASCII 码通过算术运算转换成小写字母的 ASCII 码后,

再调用 printf() 函数就能输出对应的小写字母。

【程序代码】

```
#include <stdio.h>                              //将 stdio.h 头文件包含进来
int main()
{
    char c1,c2;                                 //定义字符型变量 c1、c2
    printf("Please enter a capital letter:\n"); //输出屏幕提示语
    c1=getchar();                               //输入一个字符
    c2=c1+32;                                    //进行计算
    putchar(c2);                                //输出一个字符
    printf("\n");                               //回车换行
    return 0;
}
```

【运行结果】

程序运行结果如图 2.14 所示程序。

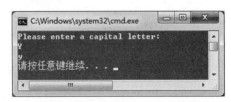

图 2.14   例 2-11 程序运行结果

【代码解析】

（1）main() 函数中的第一条语句定义两个字符型变量。

（2）main() 函数中的第二条语句实现了输出字符串，提示用户接下来要输入一个大写字母。

（3）main() 函数中的第三条语句实现了将用户从键盘输入的一个字符赋给变量 c1。

（4）main() 函数中的第四条语句实现了字符 ASCII 码值的变换：将大写字母的 ASCII 码加上 32 就得到对应小写字母的 ASCII 码，就将大写字母转换成了小写字母。

（5）main() 函数中的第五条语句实现了输出一个字符：将转换后的小写字母输出。

说明：小写字母的 ASCII 码比对应的大写字母的 ASCII 码大 32，故程序中利用 c1+32 得到小写字母的 ASCII 码。

【例 2-12】 从键盘输入四个实数，输出它们的平均值。

【问题分析】

（1）调用 scanf() 函数从键盘输入四个实数。

（2）求平均值

（3）将平均值输出。

【参考代码】

```
#include <stdio.h>                              //将 stdio.h 头文件包含进来
```

```
int main()
{
    float a,b,c,d,ave;                      //定义实型变量 a、b、c、d、ave
    printf("Please enter a,b,c and d:\n");  //输出屏幕提示语
    scanf("%f%f%f%f",&a,&b,&c,&d);          //输入四个实数,分别存放在变量 a、b、c、d 中
    ave=(a+b+c+d)/4;                        //求平均值,并将平均值存放在变量 ave 中
    printf("The average is %6.2f\n",ave);   //输出 ave 的值
    return 0;
}
```

【运行结果】

程序运行结果如图 2.15 所示。

图 2.15　例 2-12 程序运行结果

【代码解析】

(1) main() 函数中的第一条语句定义五个实型变量。

(2) main() 函数中的第二条语句实现了输出字符串,提示用户接下来要输入四个数。

(3) main() 函数中的第三条语句实现了输入四个数,分存放在变量 a、b、c、d 中。

(4) main() 函数中的第四条语句实现了求四个数的平均值,并将平均值存放在变量 ave 中。

(5) main() 函数中的第五条语句实现了输出 ave 的值,即平均值。

说明:由于变量 a、b、c、d 是实数,所以(a+b+c+d)/4 的结果也是实数,是这四个数的平均值。若变量 a、b、c、d 是整数,则(a+b+c+d)/4 就是整除,其结果也是整数,但不一定是这四个数的平均值了。

2.10　常见错误分析

C 语言编程需遵循其语法规则,现对初学者常见的错误做一些分析,编写程序时要避免这些错误,养成良好的编程习惯。

(1) 遗漏分号、引号、逗号等,是初学者容易疏漏的地方。例如:

```
#include <stdio.h>
int main()
{
    int a=1
```

```
        printf("a=%d\n",a);
        return 0;
    }
```

【编译报错信息】

编译报错信息如图 2.16 所示。

图 2.16　缺少分号编译错误提示信息截图

【错误分析】　提示语法错误,缺少分号,a=1 后加上分号后,错误就会消失。

```
#include <stdio.h>
int main()
{
    char c;
    c=B;
    printf("c=%c\n",c);
    return 0;
}
```

【编译报错信息】

编译报错信息如图 2.17 所示。

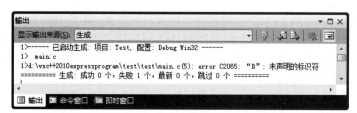

图 2.17　未定义编译错误提示信息截图

【错误分析】　提示 B 未定义,实际上 B 是字符,必须用单引号括起来,正确用法是 c='B'。

```
#include <stdio.h>
int main()
{
    int a;
    a=10;
    printf("a=%d\n",a);
```

```
        return 0;
    }
```

编译报错信息如图 2.18 所示。

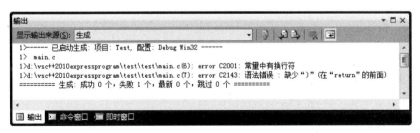

图 2.18　缺失双引号编译错误提示信息截图

【错误分析】　printf()函数中缺失了一个双引号,使得系统无法正确判断,提示缺少右括号。

```
#include <stdio.h>
int main()
{
    int a b;
    a=10;
    b=10;
    printf("a=%d,b=%d\n",a,b);
    return 0;
}
```

【编译报错信息】

编译报错信息如图 2.19 所示。

图 2.19　漏掉逗号编译错误提示信息截图

【错误分析】　提示字符 b 前缺失分号及变量 b 未定义,实际是 a 和 b 之间漏掉了逗号,使得系统无法识别变量 b。

另外要注意的是,C 语言只识别英文输入,对中文字符无法编译(注释中的内容不编译,故注释中可以使用中文)。

```
#include <stdio.h>
int main()
{
    int a;
    a=10;
    printf("a=%d\n",a);
    return 0;
}
```

【编译报错信息】

编译报错信息如图2.20所示。

图2.20 中文输入编译错误提示信息截图

【错误分析】 printf()函数中使用的是中文输入法的双引号。

（2）变量必须"先定义，后使用"，否则编译报错。例如：

```
#include <stdio.h>
int main()
{
    int a=1,b=2;
    int c;
    c=a+d;
    printf("%d\n",c);
    return 0;
}
```

【编译报错信息】

编译报错信息如图2.21所示。

图2.21 变量未定义编译错误提示信息截图

【错误分析】 提示变量d未被定义。

(3) C 语言标识符有其命名原则,错误的命名无法通过编译。例如:

```
#include <stdio.h>
int main()
{
    int num1=1,2num=2;
    int A;
    A=num1+2num;
    printf("%d\n",A);
    return 0;
}
```

【编译报错信息】

编译报错信息如图 2.22 所示。

图 2.22　错误的命名编译错误提示信息截图 1

【错误分析】　提示语法错误,错误的数字后缀,根本原因是变量命名错误。

标识符只能由字母、下画线、数字组成,且第一个字符必须是字母或下画线,不能是数字,因此报错。编译时因为这个错误还会提示一系列错误,但这个错误更正后,则所有错误消失,编译通过。这里把 2num 改成 num2 即可通过。

又如:

```
#include <stdio.h>
int main()
{
    int num1=1,num2=2;
    int A;
    A=num1+num2;
    printf("%d\n",a);
    return 0;
}
```

【编译报错信息】

编译报错信息如图 2.23 所示。

【错误分析】　提示变量 a 未定义,因为 C 语言中字母区分大小写,A 和 a 是两个不同的标识符,不能混淆。

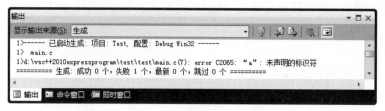

图 2.23 错误的命名编译错误提示信息截图 2

又如：

```
#include <stdio.h>
int main()
{
    int register=2;
    printf("%d\n",register);
    return 0;
}
```

【编译报错信息】

编译报错信息如图 2.24 所示。

图 2.24 错误的命名编译错误提示信息截图 3

【错误分析】 提示 int 之后无变量定义，register 标识符存在语法错误，这是因为 register 为 C 语言关键字，关键字不能作为用户标识符。一些 C 系统在编制程序时会自动对关键字以不同颜色高亮，防止出错。

（4）数据类型存在取值范围及有效位限制，如整数取值范围为 $-32768 \sim 32767$，单精度有效位为 7 位，在变量赋值时不能超限，一些 C 系统对超限数据无法正确处理（一些 C 系统对整型仍可处理，如 Visual C++ 6.0)，但超限编译并不报错，这是编程者需要小心的地方。同时数据类型还有所能参与运算的限制，如取余运算只能用于整数，而两个整数相除与同值浮点数相除结果又不同。例如：

```
#include <stdio.h>
int main()
{
    char a,b;
    a=1270;
    printf("%d\n",a);
```

```
        return 0;
    }
```

执行结果：

```
-10
```

字符型数据占一个字节，其取值范围为 $-128 \sim 127$，ASCII 码一般取正数部分（即 $0 \sim 127$），超出其取值范围，以整数形式显示时无法正确显示。

```
#include <stdio.h>
int main()
{
    float a=5.0,b=2.0;
    int c;
    c=a%b;
    printf("%d\n",c);
    return 0;
}
```

【编译报错信息】

编译报错信息如图 2.25 所示。

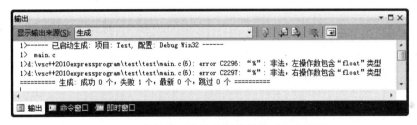

图 2.25　数据类型非法编译错误提示信息截图

【错误分析】　提示取余运算符％左右数据类型非法。

（5）运算符的错误运用。如自增、自减运算只适用于变量，不能用于常量和表达式。例如：

```
#include <stdio.h>
int main()
{
    int a;
    a=++5;
    printf("a=%d\n",a);
    return 0;
}
```

【编译报错信息】

编译报错信息如图 2.26 所示。

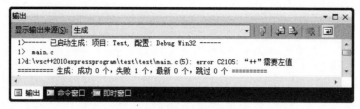

图 2.26　错误运用运算符编译错误提示信息截图

【错误分析】　提示自增运算符需作用于变量。

（6）变量初始化错误。赋值语句中可实现连等,但变量初始化不可连等。例如:

```c
#include<stdio.h>
int main()
{
    int a=b=c=2;
    printf("a=%d,b=%d,c=%d\n",a,b,c);
    return 0;
}
```

【编译报错信息】

编译报错信息如图 2.27 所示。

图 2.27　变量初始化错误编译错误提示信息截图

【错误分析】　提示 b、c 未定义,变量初始化同时起到声明变量的作用,不可连等。

本 章 小 结

程序设计工作离不开数据处理,数据类型、数据类型的转换以及简单的数据输入输出是关于数据的基础知识。本章首先介绍了 C 语言中的标识符、几种基本的数据类型,运算符及标准输入输出函数;然后阐述了 C 语言中相关的规则规定及基于它们的应用,包括顺序结构设计;最后对 C 语言这一章相关的常见错误做了简要介绍。

习　题

一、选择题

1. 以下不正确的实型常量是(　　)。

    A. 2.6e-1　　　　　　B. 0.81e　　　　　　C. -7.77　　　　　　D. 456e-2

2. 以下正确的整型常量是(　　)。

    A. 12　　　　　　　　B. 087　　　　　　　C. 1,000　　　　　　D. 4 5 6

3. 字符型常量在内存中存放的是(　　)。

    A. ASCⅡ码　　　　　B. BCD码　　　　　　C. 内部码　　　　　　D. 十进制码

4. 下列运算符中,结合方向为自左向右的是(　　)。

    A. ? :　　　　　　　B. ,　　　　　　　　C. +=　　　　　　　D. ++

5. 在C语言中,运算对象必须为整型的运算符是(　　)。

    A. %　　　　　　　　B. !　　　　　　　　C. /　　　　　　　　D. *

6. 下列关于C语言的叙述,错误的是(　　)。

    A. 大写字母和小写字母的意义相同

    B. 不同类型的变量可以在一个表达式中

    C. 在赋值表达式中等号(=)左边的变量和右边的值可以是不同类型

    D. 同一个运算符号在不同的场合可以有不同的含义

7. 在C语言中,合法的字符常量是(　　)。

    A. "a"　　　　　　　B. c　　　　　　　　C. "abc"　　　　　　D. '\n'

8. 下列定义变量的语句中,错误的是(　　)。

    A. int x;　　　　　B. Float a;　　　　C. double b;　　　D. char c1;

9. 如果有整型变量x,浮点型变量y,双精度型变量z,则表达式 y*z+x+y 执行后的类型为(　　)。

    A. 双精度　　　　　　B. 浮点型　　　　　　C. 整型　　　　　　D. 逻辑型

10. 设C语言中,一个int型数据在内存中占2个字节,则unsigned int型数据的取值范围是(　　)。

    A. 0~255　　　　　　B. 0~32767　　　　　C. 0~65535　　　　　D. 0~2147483647

11. 以下说法不正确的是(　　)。

    A. 在C程序中,逗号运算符的优先级最低

    B. 在C程序中,aph和aPh是两个不同的变量

    C. 若a和b类型相同,在执行完赋值表达式a=b后b中的值将放入a中,而b中的值不变

    D. 当从键盘输入数据时,对于整型变量只能输入整型数值,对于实型变量只能输入实型数

12. 在 C 语言类型定义中,int、char、short 等类型的长度是(　　)。

　　A. 固定的　　　　　　　　　　　B. 由用户自己定义的

　　C. 任意的　　　　　　　　　　　D. 与机器字的长度有关

13. 设有 char ch;以下正确的赋值语句是(　　)。

　　A. ch='123';　　B. ch='\xff';　　C. ch='\08';　　D. ch="\";

14. 若有 int q,p;以下不正确的语句是(　　)。

　　A. p*=3;　　　B. p/=q;　　　C. p+=3;　　　D. p&&=q;

15. 若 x,i,j 和 k 都是 int 型变量,则计算下面表达式后,x 的值为(　　)。

x=(i=4,j=16,k=32)

　　A. 4　　　　　B. 16　　　　　C. 32　　　　　D. 52

16. 假设所有变量均为整型,则表达式(a=2,b=5,b++,a+b)的值是(　　)。

　　A. 7　　　　　B. 8　　　　　C. 6　　　　　D. 2

17. C 语言中的标识符只能由字母、数字和下画线三种字符组成,且第一个字符(　　)。

　　A. 必须为字母

　　B. 必须为下画线

　　C. 必须为字母或下画线

　　D. 可以是字母、数字和下画线中任一种字符

18. 下面不正确的字符串常量是(　　)。

　　A. 'abc'　　　B. "12'12"　　　C. "0"　　　　D. " "

19. 若以下变量均是整型,且 num=sum=7;则计算表达式 sum=num++,sum++,++num 后 sum 的值为(　　)。

　　A. 7　　　　　B. 8　　　　　C. 9　　　　　D. 10

20. sizeof(float)是(　　)。

　　A. 一个双精度型表达式　　　　　B. 一个整型表达式

　　C. 一种函数调用　　　　　　　　D. 一个不合法的表达式

21. 设变量 a 是整型,f 是实型,i 是双精度型,则表达式 10+'a'+i*f 值的数据类型为(　　)。

　　A. int　　　　B. float　　　　C. double　　　　D. 不确定

22. 若有以下定义,则能使值为 3 的表达式是(　　)。

int k=7,x=12;

　　A. x%=(k%=5)　　　　　　　　B. x%=(k-k%5)

　　C. x%=k-k%5　　　　　　　　 D. (x%=k)-(k%=5)

23. 已知 char a;int b;float c;double d;执行语句 c=a+b+c+d;后,变量 c 的数据类型是(　　)。

　　A. int　　　　B. char　　　　C. float　　　　D. double

24. 将字符 A 赋给字符变量 c,正确的表达式是(　　)。

　　A. c="A"　　　B. c=101　　　C. c='\101'　　　D. c='0101'

25. 表达式(int)2.5 的值(　　)。

A. 2   B. 3   C. 0   D. 2.5

26. 以下程序的输出结果是(   )。

```
#include <stdio.h>
int main()
{
    char c1='8',c2='2';
    printf("%c,%c,%d\n",c1,c2,c1-c2);
    return 0;
}
```

   A. 因输出格式不合法,输出出错信息   B. 8,2,6
   C. 8,2,50   D. 56,50,6

27. 若有以下定义和语句:

```
char c1='b',c2='e',c3='1';
printf("%d,%c,%d\n",c2-c1,c2-'a'+'A',c3-'0');
```

则输出结果是(   )。

   A. 2,M,0
   B. 3,E,1
   C. 2,'E',1
   D. 输出项与对应的格式控制不一致,输出结果不确定

28. 下面程序段的位运算结果是(   )。

```
unsigned a=1,b=3,c,d;
c=a&b; d=a|b;
printf("%d,%d\n",c,d);
```

   A. 0,0   B. 0,1   C. 1,0   D. 1,3

29. 执行下面的程序段:

```
int x=35;
char z='A';
int b;
b=((x&15)&&(z<'a'));
```

后,b 的值为(   )。
   A. 0   B. 1   C. 2   D. 3

30. 设有定义 int x＝1,y=-1,则语句 printf("％d\n",(x——&＋＋y))的输出结果
是(   )。
   A. 1   B. 0   C. －1   D. 2

31. 有整型变量 x,单精度变量 y＝5.5,执行表达式 x＝(float)(y＊3＋((int)y)％4)
后,x 的值为(   )。
   A. 17   B. 17.500000   C. 17.5   D. 16

32. 以下程序的输出结果是（　　　）。

```c
#include <stdio.h>
int main()
{
    int sum,pad;
    sum=pad=5;
    pad=sum++;
    pad++;
    ++pad;
    printf("%d",pad);
    return 0;
}
```

  A. 7   B. 5   C. 6   D. 4

二、填空题

1. 写出下列程序的运行结果_____。

```c
int a;
int b=3;
a=b--;
printf("%d",a);
```

2. 写出下列程序的运行结果_____。

```c
int a;
int b=3;
a=b*3.14;
printf("%d",a);
```

3. 将 b 的值减一并赋值给 a

```c
int a;
int b=2009;
a=_____;
```

4. 求 b 的三次方

```c
int a;
int b=10;
a=_____;
```

5. 设 X 为 int 型变量，请写出判断"X 是偶数"的表达式是：_____。

6. C 语言中的基本数据类型分为_____型，_____型和字符型。

7. 当 a=2，b=4 时，表达式 a/b？a+b：b-a 的值为：_____。

8. C 语言提供的三种逻辑运算符是_____、_____和！。

9. 写出以下程序的运算结果_____。

```c
#include <stdio.h>
int main()
{
    char c1='a',c2='b',c3='c',c4='\101',c5='\102';
    printf("a%cb%c\tc%c\tabc\n",c1,c2,c3);
    printf("\t\b%c %c",c4,c5);
    return 0;
}
```

10. 写出以下程序的运算结果_____。

```c
#include <stdio.h>
int  main()
{
    int i,j,m,n;
    i=8;j=10;
    m=++i;n=j++;
    printf("%d,%d,%d,%d",i,j,m,n);
    return 0;
}
```

11. 若 a＝12,n＝5,a 和 n 都为整型变量,则执行表达式 a％＝(n％＝2)运算后,a 的值是_____。

12. 若 a 为 int 型变量,则表达式 a＝4＊5,a＊2,a＋6 的值为_____。

13. 假设所有变量均为整型,则表达式 a＝2,b＝5,a＋＋,b＋＋,a＋b 的值为_____。

14. 已知 a、b、c 是一个十进制数的百位、十位、个位,则该数的表达式是_____。

15. 定义 double x＝3.5,y＝3.2,则表达式(int)x＊0.5 的值是_____,表达式 y＋＝x＋＋的值是_____。

16. 定义 int m＝5,n＝3,则表达式 m/＝n＋4 的值是_____,表达式 m＝(m＝1, n＝2,n－m)的值是_____,表达式 m＋＝m－＝(m＝1)＊(n＝2)的值是_____。

三、编程题

1. 编写一个程序,定义 a、b 两个 int 变量,用户从键盘输入两个数字,然后输出其小值。

2. 编写一个程序,从键盘输入一个三位整数,将它们逆序输出。例如输入 127,输出 721。

3. 编写一个程序,用星号＊号输出字母 C 的图案(提示分析:可先用星号＊号在纸上写出字母 C,再分行输出)。

4. 编写一个程序,从键盘输入半径,求圆周长、圆面积及圆球体积并输出。

5. 编写一个程序,从键盘输入 a、b 两个整数,交换两数后输出。

6. 编写一个程序,从键盘输入两个实数,求其乘积后输出。

7. 编写一个程序,从键盘输入三个整数,求最大值并输出。

8. 编写一个程序,从键盘输入三角形边长,求三角形面积并输出。

9. 编写一个程序,从键盘输入圆柱体的半径和高,求圆柱体的表面积及体积并输出。

第 3 章 选择结构及其应用

在现实生活中,人们经常需要根据不同的条件做出选择,而在计算机程序设计过程中,也可通过某一个或若干条件的判断,有选择地执行特定语句,这就是选择结构。选择结构是一种使程序具有判断能力的程序结构。

本章主要介绍在 C 语言中实现选择结构的程序设计方法,选择结构主要通过 if 语句或 switch 语句来实现。

学习目标:
- 了解关系运算符和关系表达式。
- 了解逻辑运算符和逻辑表达式。
- 掌握 if 单分支语句、if-else 双分支语句和嵌套的 if 语句的使用。
- 掌握 switch 语句的使用。
- 区分两种 if 语句与 switch 语句。
- 学会利用选择结构解决一般应用问题。

3.1 关系运算符和关系表达式

3.1.1 关系运算符

在程序中经常需要比较两个量的大小关系,以决定程序下一步的工作。比较两个量的运算符称为关系运算符,所谓关系运算,实际上就是比较运算,即将两个操作数进行比较并产生运算结果 0(假)或 1(真)。C 语言提供的关系运算符有 6 种,如表 3.1 所示。

表 3.1 关系运算符

运 算 符	功 能
<	小于
<=	小于或等于
>	大于
>=	大于或等于
==	等于
!=	不等于

说明：

（1）C 语言中的小于或等于、大于或等于、等于、不等于运算符（＜＝、＞＝、＝＝、！＝）的表示与数学中的表示（≤,≥,＝,≠）不同。

（2）在以上 6 种关系运算符中，前 4 种（＜、＜＝、＞、＞＝）的优先级相同，后两种（＝＝、！＝）的优先级相同，前 4 种的优先级高于后两种。例如，a＞＝b！＝b＜＝3 等价于（a＞＝b）！＝（b＜＝3）。

（3）关系运算符的结合性为从左到右。

（4）C 语言中"＝＝"是关系运算符，用来判断两个数是否相等，请读者注意与赋值运算符"＝"的区别，例如，x＝＝3 用于判断 x 的值是否为 3，x＝3 是使 x 的值为 3。

3.1.2　关系表达式

关系表达式是指用关系运算符将两个数（或表达式）连接起来进行关系运算的式子。例如，以下均是合法的关系表达式。

```
3<2 ,  a>b ,  a<b+c ,  c>b==a ,  a=b>c
```

关系表达式的结果是逻辑值，即真值或假值，其中真值为 1，假值为 0，真值表示指定的关系成立，假值则表示指定的关系不正确。例如，若 a＝1,b＝2,c＝3，则：

- 关系表达式"c<b"的结果为假值，因为 3 大于 2，所以该关系不成立。
- 关系表达式"a>b"的结果为假值，因为 a＝1,b＝2,1 小于 2，所以该关系不成立。
- 关系表达式"a<b+c"的结果为真值，因为 a＝1,b+c＝5,1 小于 5，所以该关系式成立。
- 关系表达式"c>b==a"的结果为真值，因为 b＝2,c＝3,3 大于 2，所以关系式 c＞b 成立，结果为真值，真值为 1，等于 a 的值，所以表达式 c>b==a 的值为 1。
- 关系表达式"a=b>c"的结果为假值，因为 b＝2,c＝3,2 小于 3，所以关系式 b＞c 不成立，结果为假值，假值为 0，所以赋值后 a 的值为 0。注意："＞"运算符比赋值运算符"＝"的优先级要高。

3.1.3　优先级和结合性

关系运算符的结合性都是自左向右的。使用关系运算符时常常会判断两个表达式的关系，但是由于运算符存在着优先级的问题，因此如果处理不小心就会出现错误。如进行这样的判断操作：先对一个变量进行赋值，然后判断这个赋值的变量是否等于一个常数，表达式如下：

```
Number=Num==10
```

因为"＝＝"运算符比"＝"的优先级要高，所以 Num＝＝10 的判断操作会在赋值之前进行，变量 Number 得到的就是关系表达式的真值或者假值，这样并不会按照之前的意愿执行。所以要用到括号运算符，其优先级具有最高性，因此可以使用括号来表示要优先

计算的表达式,例如:

```
(Number=Num)==10
```

这种写法比较清楚,不会产生混淆,没有人会对代码的含义产生误解。由于这种写法格式比较精确简洁,因此建议使用这种方式。

3.2 逻辑运算符和逻辑表达式

C 语言中,对参与逻辑运算的所有数值,都转换为逻辑"真"或逻辑"假"后才参与逻辑运算,如果参与逻辑运算的数值为 0,则把它作为逻辑"假"处理,而所有非 0 的数值都作为逻辑"真"处理。

3.2.1 逻辑运算符

有的时候,要求一些关系同时成立,而有的时候,可能只要求其中的某一个关系成立就可以,这时,需要用到逻辑运算符。C 语言中有 3 种逻辑运算符:逻辑与(&&)、逻辑或(||)、逻辑非(!)。

逻辑运算符及其对应的功能说明如表 3.2 所示。

表 3.2 逻辑运算符

运算符	功　　能
&&	逻辑与,双目运算符,左右两个数都为"真"时才为"真",否则为"假"
||	逻辑或,双目运算符,左右两个数都为"假"时才为"假",否则为"真"
!	逻辑非,单目运算符,改变当前数的值,"真"变"假","假"变"真"

逻辑运算的真值表如表 3.3 所示。

表 3.3 逻辑运算真值表

a	b	a&&b	a||b	!a	!b
真	真	真	真	假	假
真	假	假	真	假	真
假	真	假	真	真	假
假	假	假	假	真	真

3.2.2 逻辑表达式

逻辑表达式是由逻辑运算符将逻辑量连接起来构成的式子。逻辑运算符两侧的运算

对象可以是任何类型的数据,但运算结果一定是整型值,并且只有两个值:1 和 0,分别表示"真"和"假"。例如:

(1) 若 a=2,则逻辑表达式! a 的值为 0,因为 a 的值为非 0,逻辑值为"真",对它进行"逻辑非"运算,得"假","假"以 0 代表。

(2) 若 a=2,b=3,则逻辑表达式 a&&b 的值为 1,因为 a 和 b 均非 0,逻辑值为"真",所以进行"逻辑与"运算的值也为"真","真"以 1 代表。

(3) 若 a=2,b=3,则逻辑表达式 a||b 的值为 1,因为 a 和 b 均非 0,逻辑值为"真",所以进行"逻辑或"运算的值也为"真","真"以 1 代表。

(4) 若 a=2,b=3,则逻辑表达式! a||b 的值为 1,因为虽然! a 的值为 0,但是 b 非 0,逻辑值为"真",所以进行"逻辑或"运算的值也为"真","真"以 1 代表。

说明:

(1) 对于 a&&b,只有 a 为真(非 0)时,才需要判断 b 的值,如果 a 为假,就不必判断 b 的值。也就是说,对于 && 运算符,只有 a≠0,才继续进行其右面的运算。

(2) 对于 a||b,只要 a 为真(非 0),就不必判断 b 的值,只有 a 为假时,才判断 b 的值。也就是说,对于||运算符,只有 a=0,才继续进行其右面的运算。

(3) 2<a<3 在 C 语言中的表示为(2<a)&&(a<3)。

3.2.3　优先级和结合性

三种运算符的优先级由高到低依次为:!、&&、||。

逻辑运算符中的"&&"和"||"的结合性为从左到右,"!"的结合性为从右到左。

关系运算符的优先级低于算术运算符,逻辑运算符中的"&&"和"||"的优先级低于关系运算符,"!"的优先级高于算术运算符。

【例 3-1】 逻辑运算符的应用。

【问题分析】 在本示例中,使用逻辑运算符构成表达式,通过输出函数显示表达式的结果,根据结果分析表达式中逻辑运算符的计算过程。

【程序代码】

```c
#include<stdio.h>
int main()
{
    int num1,num2;                      //声明变量
    num1=10;                            //给变量 num1 赋值 10
    num2=0;                             //给变量 num2 赋值 0
    printf("1 is true,0 is false\n");   //显示提示信息
    //显示逻辑与表达式的结果
    printf("5<num1&&num2 is %d\n",5<num1&&num2);
    //显示逻辑或表达式的结果
    printf("5<num1||num2 is %d\n",5<num1||num2);
    num2=!!num1;                        //得到 num1 的逻辑值
```

```
    printf("num2 is %d\n",num2);                    //输出逻辑值
    return 0;
}
```

【运行结果】

程序运行结果如图 3.1 所示。

图 3.1　例 3-1 程序运行结果

【代码解析】

(1) 在程序中,首先声明两个变量用来进行下面的计算。给变量赋值,num1 的值为 10,num2 的值为 0。

(2) 输出结果说明,显示为 1 表示真值,0 表示假值。在第二个和第三个 printf() 函数中,先进行表达式的运算,再将结果输出。分析表达式 5＜num1&&num2,由于"＜"运算符的优先级高于"&&"运算符,因此先执行关系判断,再进行与运算。num1 的值为 10,num2 的值为 0,这个表达式的含义是数值 5 小于 num1 的同时 num2 为非零,很明显关系不成立,因此表达式返回的是假值。而表达式 5＜num1||num2 的含义是 5 小于 num1 或者 num2 为非零,此时表达式成立,返回值为真值。

(3) !! num1 表示的是将 num1 进行两次单目逻辑非运算,得到的是逻辑值,因为 num1 的值是 10,所以逻辑值为 1。

3.3　if 语 句

if 语句是条件选择语句,它先对给定条件进行判断,根据判定的结果(真或假)决定要执行的语句。if 语句有 if 分支、if-else 分支和嵌套的 if 语句 3 种形式,下面介绍每种 if 语句的具体使用方式。

3.3.1　if 分支

if 分支是最简单的条件语句,if 分支语句的一般形式如下:

```
if(表达式)
    语句 1;
```

其中：表达式一般为逻辑表达式或关系表达式。语句 1 可以是一条简单的语句或多条语句，当为多条语句时，需要用大括号"{}"将这些语句括起来，构成复合语句。if 分支语句的执行过程是：当表达式的值为真(非 0)时，执行语句 1，否则直接执行 if 语句下面的语句。其执行流程图如图 3.2 所示。

【例 3-2】 从键盘输入一个整数，若输入是 3 的倍数，则显示"OK!"，否则什么也不显示。

【问题分析】

根据题意，需要使用 if 语句对输入的整数进行判断，解题的关键是 3 的倍数的表达式"num%3==0"的建立，如果是 3 的倍数，输出"OK!"，不是 3 的倍数时，程序无输出。

解决该问题的算法流程图如图 3.3 所示。

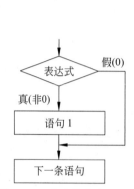

图 3.2 if 分支的执行流程图

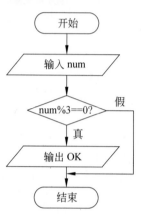

图 3.3 例 3-2 的流程图

【程序代码】

```
#include <stdio.h>
int main()
{
    int num;                        //定义整型变量 num
    printf("Please enter num:");    //输出屏幕提示语
    scanf("%d", &num);              //从键盘输入 num 的值
    if(num%3==0)                    //判断 num 是否为 3 的整数倍
        printf("OK!\n");            //是则输出提示信息 OK!
    return 0;
}
```

【运行结果】

程序运行结果如图 3.4 所示。

图 3.4 例 3-2 程序运行结果

———————————— C 语言程序设计

【代码解析】

（1）本示例中 num 为整型。

（2）使用输入函数 scanf 实现给 num 赋值。

（3）使用 if 语句进行条件判断,因为 90 是 3 的倍数,所以屏幕输出"OK!",当输入的整数不是 3 的倍数时,程序无输出。

【例 3-3】 从键盘输入两个整数,输出这两个数中较大的数。

【问题分析】

根据题意,本题要实现的功能是比较两个整数的大小,这两个整数由用户从键盘输入,然后将其中较大的数输出显示。

解决该问题的算法流程图如图 3.5 所示。

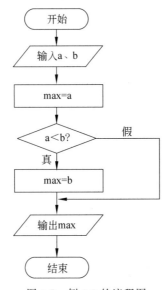

图 3.5　例 3-3 的流程图

【程序代码】

```
#include <stdio.h>
int main()
{
    int a,b,max;                              //定义整型变量 a、b、max
    printf("Please enter two integers:");     //输出屏幕提示语
    scanf("%d%d",&a,&b);                       //输入 a、b 的值
    max=a;                                     //假设 a 是较大的数,并赋值给 max
    if(a<b)                                    //使用 if 语句进行判断
        max=b;                                 //如果 a<b 的值为真,则将 b 赋值给 max
    printf("The bigger integer is:%d\n",max);  //输出 max 的值
    return 0;
}
```

【运行结果】

程序运行结果如图 3.6 所示。

图 3.6 例 3-3 程序运行结果

【代码解析】

（1）本实例中 a、b、max 均为整型。

（2）使用输入函数 scanf 实现给 a、b 赋值。

（3）首先假设 a 是较大的数，将 a 的值赋给 max，然后使用 if 语句进行条件判断，如果 a 小于 b，则 b 为较大的数，将 b 的值赋给 max。

（4）使用输出函数 printf 输出 max 的值。

在使用 if 语句时，应注意以下几点：

（1）if 后面的表达式必须用小括号括起来。

（2）if 后面的表达式可以为关系表达式、逻辑表达式、算术表达式等。例如：

```
if(a>=1&&a<=10) printf("x=%d,y=%d",x,3 * x-1);
if(1) printf("OK!");                    //条件永远为真
if(!a) printf("input error!");
```

（3）在表达式中一定要区分赋值运算符"="和关系运算符"=="。例如：

```
y=10;
if(x==3)   y=2 * x;
```

当 x 值为 3，表达式 x==3 的值为真，执行语句 y=2 * x，则 y=6；当 x 取其他值时，表达式 x==3 的值为假，不执行语句 y=2 * x，则 y=10。再如：

```
y=10;
if (x=3) y=2 * x;
```

不管 x 原来取值多少，执行完 if 语句后，x 值为 3，为非 0 值，则条件永远为真，执行语句 y=2 * x，则 y=6。

3.3.2 if-else 分支

if 分支语句只允许在条件为真时指定要执行的语句，而 if-else 分支还可在条件为假时指定要执行的语句。if-else 分支语句的一般形式如下：

```
if(表达式)
    语句1;
```

```
else
    语句 2;
```

if-else 分支语句的执行过程是：当表达式为真(非 0)时,执行语句 1,否则执行语句 2,其执行流程图如图 3.7 所示。

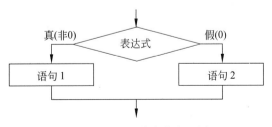

图 3.7　if-else 分支的流程图

【例 3-4】 编程计算下列分段函数的值并输出。

$$y = \begin{cases} 2x - 1 & x < 0 \\ x & x \geqslant 0 \end{cases}$$

【问题分析】

本题使用 if-else 语句判断用户输入的数值,若输入 x 的值小于 0 表示条件为真,y=2x-1;若输入 x 的值大于等于 0 表示条件为假,y=x;最后输出 y 的值。

解决该问题的算法流程图如图 3.8 所示。

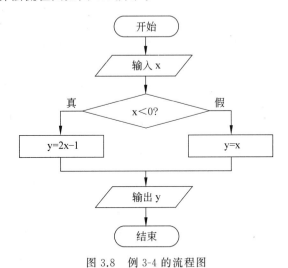

图 3.8　例 3-4 的流程图

【程序代码】

```
#include <stdio.h>
int main()
{
    int x,y;                        //定义整型变量 x、y
```

```
    printf("Please enter x:");                    //输出屏幕提示语
    scanf("%d",&x);                               // 输入 x 的值
    if(x<0)                                       //使用 if 语句进行判断
        y=2*x-1;                                  //如果 x<0 的值为真,则 y=2x-1
    else
        y=x;                                      //如果 x<0 的值为假,则 y=x
    printf("y=%d\n",y);                           //输出 y 的值
    return 0;
}
```

【运行结果】

程序运行结果如图 3.9 所示。

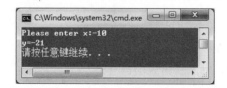

图 3.9　例 3-4 程序运行结果

【代码解析】

(1) 本示例中 x、y 均为整型。

(2) 使用输入函数 scanf 获得任意值并赋给 x。

(3) 使用 if 语句进行条件判断,如果 x 小于 0,则 y=2x-1,否则 y=x。

(4) 使用输出函数 printf 输出 y 的值。

【例 3-5】　从键盘输入两个整数,输出这两个数中较大的数。

【问题分析】

本示例实现的功能与例 3-3 相同,都是求两个数中较大的数,不同之处在于本例使用 if-else 分支来实现。

解决该问题的算法流程图如图 3.10 所示。

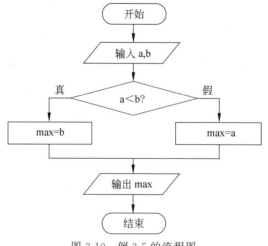

图 3.10　例 3-5 的流程图

———————— C 语言程序设计

【程序代码】

```c
#include <stdio.h>
int main()
{
    int a,b,max;                              //定义整型变量 a、b、max
    printf("Please enter a and b:");          //输出屏幕提示语
    scanf("%d,%d",&a,&b);                      //输入 a,b 的值
    if(a<b)                                    //使用 if-else 语句进行判断
        max=b;                                 //如果 a<b 为真,则 b 为较大的数
    else
        max=a;                                 //如果 a<b 为假,则 a 为较大的数
    printf("The bigger integer is:%d\n",max); //输出最大值
    return 0;
}
```

【运行结果】

程序运行结果如图 3.11 所示。

图 3.11 例 3-5 程序运行结果

【代码解析】

(1) 本示例中 a、b、max 均为整型。

(2) 使用输入函数 scanf 获得两个任意值并赋给 a 和 b。

(3) 使用 if-else 语句进行条件判断,如果 a 小于 b 为真,则 b 为较大的数,将 b 的值赋给 max;如果 a 小于 b 为假,则 a 为较大的数,将 a 的值赋给 max。

(4) 使用输出函数 printf 输出 max 的值。

【例 3-6】 从键盘上输入 a、b、c 的值,对读入的 a、b、c 的值进行判断,如果 3 个值均大于 0 而且符合任意两个之和大于第 3 个,则计算以这三个值为边的三角形的面积并输出结果,否则,输出提示信息"Error input!"。

【问题分析】

实现本示例之前必须知道三角形的一些相关知识,例如,如何判断输入的三边是否能组成三角形,以及三角形面积的求法等。从键盘中输入三条边的边长后,只需判断这三条边的边长是否大于 0 并且任意两边之和是否大于第三边,如果满足条件,可以构成三角形,然后计算三角形的面积。

解决该问题的算法流程图如图 3.12 所示。

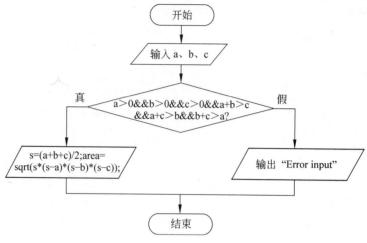

图 3.12 例 3-6 的流程图

【程序代码】

```c
#include <stdio.h>
#include <math.h>                              //引用头文件,math.h 中定义了各种数学函数
int main()
{
    double a,b,c,s,area;                       //定义 5 个双精度浮点型变量
    printf("Please enter a,b,c:");             //输出屏幕提示语
    scanf("%lf%lf%lf",&a,&b,&c);               //输入三条边的值
    //判断 3 条边均大于 0,并且任意两边之和大于第 3 边
    if(a>0&&b>0&&c>0&&a+b>c&&a+c>b&&b+c>a)
    {
        s=(a+b+c)/2;
        area=sqrt(s * (s-a) * (s-b) * (s-c));  //计算面积
        printf("area=%lf\n",area);             //输出面积
    }
    else //如果两边之和小于第 3 边或有的边的值小于 0,输出错误提示
        printf("Error input!\n");
    return 0;
}
```

【运行结果】

程序运行结果如图 3.13 所示。

图 3.13 例 3-6 程序运行结果

———————— C 语言程序设计

【代码解析】

（1）程序中用户输入三个数,然后对三个数进行判断,解题的关键是条件表达式的建立。假设输入的三个数为 a、b、c,根据题目要求三个数值均大于 0,即 a>0,b>0,c>0,并且任意两个数值的和大于第三个数,即 a+b>c,b+c>a,c+a>b。

（2）当需要表达多个条件同时满足的时候,这些子条件间以"&&"运算符连接,本示例中的 6 个小条件同时满足才能保证 a、b、c 能构成一个三角形。

（3）本示例中 else 分支不能省略,如果省略了这一分支,则在不能构成三角形时,不计算也不输出,此时程序没有任何输出结果。

3.3.3 嵌套的 if 语句

简单的 if 语句只能通过给定条件的判断决定执行给出的两种操作之一,而不能从多种操作中进行选择,此时可通过 if 语句的嵌套来解决多分支选择问题。if 语句中又包含一个或多个 if 语句时,称为 if 语句的嵌套。常用的 if 语句嵌套有以下两种形式。

（1）形式一:

```
if(表达式 1)
    if(表达式 2)
        语句 1;
    else
        语句 2;
else
    if(表达式 3)
        语句 3;
    else
        语句 4;
```

此种结构的流程图如图 3.14 所示。

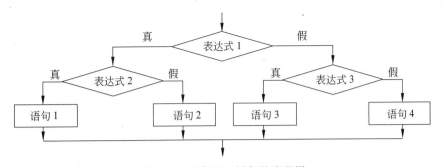

图 3.14　嵌套的 if 语句的流程图

在上述格式中,if 与 else 既可成对出现,也可不成对出现,且 else 总是与最近的 if 相配对。在编写这种语句时,每个 else 应与对应的 if 对齐,形成锯齿形状,这样就能更清晰地表示 if 语句的逻辑关系。例如：

```
if(x>=0)
    if(x>0)
        y=1;
    else
        y=0;
else
    y=-1;
```

（2）形式二：

```
if(表达式 1)
    语句 1;
else if(表达式 2)
    语句 2;
else if(表达式 3)
    语句 3;
    ……
else if(表达式 n)
    语句 n;
else
    语句 n+1;
```

此结构的程序流程是在多个分支中,仅执行表达式为真的那个 else-if 后面的语句。若所有表达式的值都为 0,则执行最后一个 else 后的语句。这种结构的流程图如图 3.15 所示。

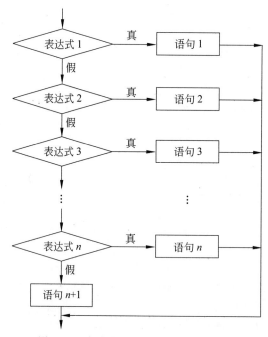

图 3.15　多分支 if-else if-else 的流程图

【例 3-7】 学生成绩可分为百分制和五分制,根据输入的百分制成绩 score,转换成相应的五分制输出,百分制与五分制的对应关系如表 3.4 所示。

表 3.4 百分制与五分制的对应关系

百 分 制	五 分 制
$90 \leqslant score \leqslant 100$	A
$80 \leqslant score < 90$	B
$70 \leqslant score < 80$	C
$60 \leqslant score < 70$	D
$0 \leqslant score < 60$	E

【问题分析】

本示例中,使用第二种形式的 if 嵌套语句对输入的数据逐步进行判断,并选择执行相应的操作。

解决该问题的算法流程图如图 3.16 所示。

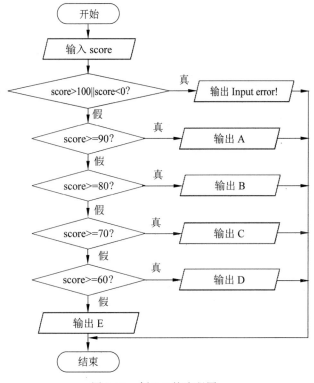

图 3.16 例 3-7 的流程图

【程序代码】

```c
#include <stdio.h>
int main()
```

```
{
    int score;                          //定义变量表示分数
    printf("Please enter score:");      //输出屏幕提示语
    scanf("%d",&score);                 //输入百分制的分数
    if(score>100||score<0)              //分值不合理时显示出错信息
        printf("Input error!\n");
    else if(score>=90)                  //分数范围在 90~100 的情况
        printf("A\n");
    else if(score>=80)                  //分数范围在 80~89 的情况
        printf("B\n");
    else if(score>=70)                  //分数范围在 70~79 的情况
        printf("C\n");
    else if(score>=60)                  //分数范围在 60~69 的情况
        printf("D\n");
    else                                //分数范围低于 60 的情况
        printf("E\n");
    return 0;
}
```

【运行结果】

程序运行结果如图 3.17 所示。

图 3.17　例 3-7 程序运行结果

【代码解析】

（1）本示例定义一个变量 score 用来表示分数，使用嵌套的 if 语句对分数的范围进行检查判断，根据表 3.4 的对应关系，输出相应的分数等级。

（2）if 和 else 的配对关系，else 总是与其前方最靠近的、并且没有其他 else 与其配对的 if 相配对。

（3）每一个 else 本身都隐含了一个条件，如本示例中的第一个 else 实质上表示条件 score>=0&&score<=100 成立，此隐含条件与对应的 if 所给出的条件完全相反，在编程时要善于利用隐含条件，使程序代码清晰简洁。

3.4　switch 语 句

上面介绍的 if 语句，常用于两种情况的选择结构，如果要表示两种以上的条件选择，可以采用嵌套 if 语句或多级嵌套的 if-else 语句，还可以用简洁的多分支选择 switch 语

句。switch 语句的一般形式如下：

```
switch(表达式)
{
    case 常量表达式 1: [语句系列 1;]
    case 常量表达式 2: [语句系列 2;]
    ......
    case 常量表达式 n: [语句系列 n;]
    [default: 语句系列 n+1;]
}
```

其中，方括号中的内容是可选项。

switch 语句一般形式的流程图如图 3.18 所示。

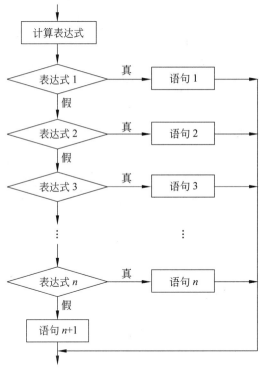

图 3.18　switch 语句一般形式的流程图

switch 语句的执行过程是：首先计算 switch 后表达式的值，然后将其结果值与 case 后的常量表达式的值依次进行比较，若此值与某 case 后常量表达式的值一致，即转去执行该 case 后的语句系列；若没有找到与之匹配的常量表达式，则执行 default 后的语句系列。

【例 3-8】　从键盘上输入 1～7 的数字时，然后显示对应的星期几的英文单词。当输入数字不在 1～7 时，输出"Error!"。

【问题分析】

本示例中，要求根据输入的数字，输出星期几的英文单词，可以使用 switch 语句来判断输入的数字。

解决该问题的算法流程图如图 3.19 所示。

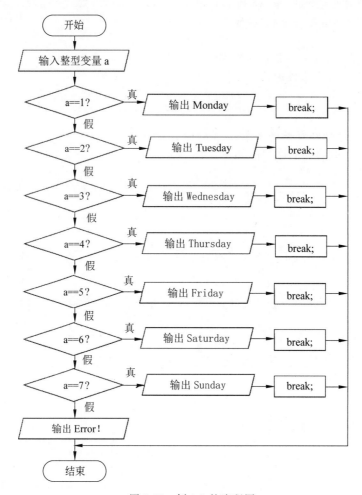

图 3.19 例 3-8 的流程图

【程序代码】

```
#include <stdio.h>
int main()
{
    int a;                                  //定义整型变量 a 表示输入的数字
    printf("Please enter an integer:");     //输出屏幕提示语
    scanf("%d",&a);                         //输入 1~7 的数字
    switch(a)                               //switch 语句判断
    {
        case 1:                             //a 的值为 1 的情况
```

```
        printf("Monday\n");              //输出 Monday
        break;                           //跳出 switch 语句
    case 2:                              //a 的值为 2 的情况
        printf("Tuesday\n");             //输出 Tuesday
        break;                           //跳出 switch 语句
    case 3:                              //a 的值为 3 的情况
        printf("Wednesday\n");           //输出 Wednesday
        break;                           //跳出 switch 语句
    case 4:                              //a 的值为 4 的情况
        printf("Thursday\n");            //输出 Thursday
        break;                           //跳出 switch 语句
    case 5:                              //a 的值为 5 的情况
        printf("Friday\n");              //输出 Friday
        break;                           //跳出 switch 语句
    case 6:                              //a 的值为 6 的情况
        printf("Saturday\n");            //输出 Saturday
        break;                           //跳出 switch 语句
    case 7:                              //a 的值为 7 的情况
        printf("Sunday\n");              //输出 Sunday
        break;                           //跳出 switch 语句
    default:                             //默认情况
        printf("Error!\n");              //提示错误
        break;                           //跳出
    }
    return 0;
}
```

【运行结果】

程序运行结果如图 3.20 所示。

图 3.20　例 3-8 程序运行结果

【代码解析】

本示例中使用 switch 来判断整型变量 a 的值,利用 case 语句检验 a 值的不同情况。假设 a 的值为 2,那么执行 case 为 2 时的情况,执行后跳出 switch 语句。如果 a 的值不是 case 中所列出的情况,那么执行 default 后的语句。在每一个 case 语句或 default 语句后都有一个 break 语句,该 break 语句用来跳出 switch 结构,不再继续执行该 case 语句或 default 语句后的代码。

在使用 switch 语句时,应注意以下几点:

（1）switch 后的表达式和 case 后的常量表达式可以是整型、字符型、枚举型，但不能是实型。

（2）在同一个 switch 语句中，每个 case 后的常量表达式的值必须互不相等。

（3）case 后的语句系列可以是一条语句，也可以是多条语句，此时多条语句也不必用大括号括起来。

（4）default 可以省略，此时如果没有与 switch 表达式相匹配的 case 常量，则不执行任何语句，程序转到 switch 语句后的下一条语句执行。

（5）break 语句和 switch 最外层的右大括号是退出 switch 选择结构的出口，遇到第一个 break 即终止执行 switch 语句。如果程序没有 break 语句，则在执行完某个 case 后的语句系列后，将继续执行下一个 case 中的语句系列，直到遇到 switch 语句的右大括号为止。因此，通常在每个 case 语句执行完后，增加一个 break 语句来达到终止 switch 语句执行的目的。

在例 3-8 中，若每个 case 语句中没有 break 语句，则输入"5"时，输出结果如图 3.21 所示。

图 3.21　例 3-8 不添加 break
程序运行结果

（6）每个 case 及 default 的次序是任意的，也就是说，default 可以位于 case 之前。例如：

```
int a=4;
switch(a)
{
    case 1:a++;
    default:a++;
    case 2:a++;
}
printf("a=%d",a);
```

此程序段的运行结果为：a=6。

由此可以看出，在上述情况下，执行完 default 后的语句系列之后，程序将自动转移到下一个 case 继续执行。

（7）如果多种情况都执行相同的程序块，则对应的多个 case 可以执行同一语句系列。

【例 3-9】　例 3-7 可以用 if 嵌套语句实现，也可以用 switch 语句实现，实现代码如下。

```
#include <stdio.h>
int main()
{
    int score;                          //定义整型变量表示分数
    printf("Please enter score:");      //输出屏幕提示语
    scanf("%d",&score);                 //输入百分制的分数
    switch(score/10)                    //使用 switch 语句判断分数的十位数
    {
        case 10:
```

```
    case 9:                                    //分数为 100 或分数的十位数为 9 的情况
        printf("A\n");                         //输出 A
        break;                                 //跳出
    case 8:                                    //分数的十位数为 8 的情况
        printf("B\n");                         //输出 B
        break;                                 //跳出
    case 7:                                    //分数的十位数为 7 的情况
        printf("C\n");                         //输出 C
        break;                                 //跳出
    case 6:                                    //分数的十位数为 6 的情况
        printf("D\n");                         //输出 D
        break;                                 //跳出
    case 5:                                    //分数十位数为 5、4、3、2、1、0 的情况
    case 4:
    case 3:
    case 2:
    case 1:
    case 0:
        printf("E\n");                         //输出 E
        break;                                 //跳出
    default:                                   //默认情况
        printf("Input error!\n");              //提示错误
        break;                                 //跳出
    }
    return 0;
}
```

【运行结果】

程序运行结果如图 3.22 所示。

图 3.22 例 3-9 程序运行结果

【代码解析】

本示例中使用整型变量 score 来表示百分制分数，switch 通过判断 score/10 的值来确定分数的十位上的值，利用 case 语句检验 score/10 值的不同情况。当分数低于 60 分时，即十位数为 5、4、3、2、1、0 时，均对应等级"E"，即多个分支执行同样的处理语句，只在最后一个分支后写上处理语句即可。

if 嵌套语句与 switch 语句都能解决多分支的选择问题，编程时可根据实际需要选择使用。switch 语句简洁清晰，但是对表达式类型有要求，不能直接使用实型表达式；if 嵌套语句方式灵活，数据类型上无严格要求，适用范围更广。

3.5 条件运算符和条件表达式

条件运算符很特殊,它是 C 语言中唯一的一个三目运算符,也就是说,它要求有三个运算对象。条件表达式的一般形式为:

表达式 1?表达式 2:表达式 3

条件表达式的执行过程是:若表达式 1 为真,则条件表达式的值等于表达式 2 的值,否则等于表达式 3 的值。例如:

c=a>b? a:b

若 a 大于 b,则条件表达式的值为 a,a 的值赋给 c;否则,条件表达式的值为 b,b 的值赋给 c,即实现找出 a 和 b 两个数中较大的数。

说明:

(1) 条件运算符的优先级低于算术运算符、关系运算符及逻辑运算符,仅高于赋值运算符和逗号运算符。

(2) 条件运算符的结合性为从右到左,当有条件运算符嵌套时,按照从右到左的顺序依次运算。例如:

int a=1,b=2,c;

则条件表达式 a<b? (c=3):a>b? (c=4):(c=5)的值为 3,变量 c 的值也为 3。这里首先计算表达式 a>b? (c=4):(c=5),因为 a>b 的值为 0,所以这一条件表达式的结果为 5,此时 c=5;接着运算 a<b? (c=3):5,因为 a<b 的值为 1,所以这一条件表达式的结果为 3,此时 c=3。

(3) 条件表达式中 3 个表达式的类型可以不同,其中表达式 1 表示条件,只能是 0 与非 0 的结果;当表达式 2 与表达式 3 类型不同时,条件表达式值的类型为两者中较高的类型。例如:

int a=1,b=2;

则条件表达式 a<b? 3:4.0 的值为 3.0,而非整型数 3。

3.6 应用举例

【例 3-10】 编写程序,从键盘输入任一年的公元年号,判断该年是否是闰年。

【问题分析】

设 year 为任意一年的公元年号,若 year 满足下面两个条件中的任意一个,则该年为

闰年。若两个条件都不满足,则该年不是闰年。闰年的条件是:

(1) 能被 4 整除,但不能被 100 整除。

(2) 能被 400 整除。

解决该问题的算法流程图如图 3.23 所示。

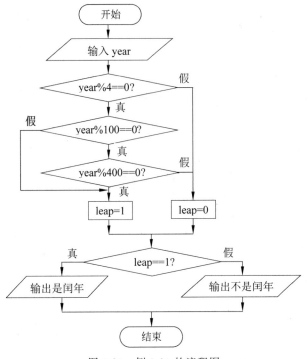

图 3.23 例 3-10 的流程图

【程序代码】

```
#include <stdio.h>
int main()
{
    int year,leap;                    //定义整型变量 year,闰年标志为 leap
    printf("Please enter year:");     //输出屏幕提示语
    scanf("%d",&year);                //从键盘输入表示年份的整数
    if(year%4==0)                     //能被 4 整除
    {
        if(year%100==0)
        {
            if(year%400==0)           //能被 400 整除
                leap=1;               //闰年标志为 1
            else
                leap=0;
        }
        else
```

```
        leap=1;                                    //不能被100整除,闰年标志为1
    }
    else
        leap=0;                                    //不能被4整除,闰年标志为0
    if(leap)
        printf("%d is a leap year\n",year);        //满足条件输出是闰年
    else
        printf("%d is not a leap year\n",year);    //不满足条件输出不是闰年
    return 0;
}
```

【运行结果】

程序运行结果如图 3.24 所示。

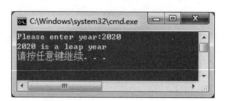

图 3.24　例 3-10 程序运行结果

【代码解析】

(1) 本程序中定义整型变量 year,使用输入函数从键盘中获得表示年份的整数。

(2) 用变量 leap 作为闰年的标志,若 year 是闰年,则令 leap=1;否则,leap=0。最后根据 leap 的值输出"闰年"或"非闰年"的信息。

(3) 也可将程序中的第 7～20 行改成以下的 if 语句:

```
if(year%4!=0)
    leap=0;
else if(year%100!=0)
    leap=1;
else if(year%400!=0)
    leap=0;
else
    leap=1;
```

还可以用一个逻辑表达式包含所有闰年条件,将上述 if 语句用下面的 if 语句代替:

```
if((year%4==0&&year%100!=0)||(year%400==0))
    leap=1;
else
    leap=0;
```

【例 3-11】　运输公司计算运费,距离(s)越远,每千米运费越低,其标准如表 3.5 所示。

表 3.5　运输费用计算表

里程 s(单位：km)	折 扣 率
s＜250	0
250≤s＜500	2％
500≤s＜1000	5％
1000≤s＜2000	8％
2000≤s＜3000	10％
s≥3000	15％

设每公里每吨货物的基本运费为 p(price 的缩写)，货物重为 w(weight 的缩写)，距离为 s，折扣为 d(discount 的缩写)，则总运费 f(freight 的缩写)计算公式为：

$$f＝p * w * s * (1－d)$$

【问题分析】

折扣的变换是有规律的：折扣的"变化点"都是 250 的倍数(250、500、1000、2000、3000)。利用这一特点，可以在横轴上加一坐标 c，它代表 250 的倍数。当 c＜1 时，无折扣；1≤c＜2 时，折扣 d＝2％；2≤c＜4 时，折扣 d＝5％；4≤c＜8 时，折扣 d＝8％；8≤c＜12 时，折扣 d＝10％；c≥12 时，折扣 d＝15％。

解决该问题的算法流程图如图 3.25 所示。

【程序代码】

```c
#include<stdio.h>
#include<stdlib.h>
int main()
{
    int c,s;                          //定义整型变量 c 表示单价、s 表示距离
    //定义实型变量 p 表示基本运费、w 表示货物质量、d 表示折扣、f 表示总运费
    float p,w,d,f;
    printf("Please enter price,weight,distance:");//输出屏幕提示语
    scanf("%f,%f,%d",&p,&w,&s);       //输入单价 p、质量 w、距离 s
    if(s>=3000)
        c=12;                         //3000km 以上为同一折扣
    else
        c=s/250;                      //3000km 以下各段折扣不同,c 的值不相同
    switch(c)
    {
    case 0:d=0;break;                 //c=0,代表 250km 以下,折扣为 d=0
    case 1:d=2;break;                 //c=1,代表 250~500km,折扣为 d=2%
    case 2:
    case 3:d=5;break;                 //c=2 和 3,代表 500~1000km,折扣为 d=5%
    case 4:
```

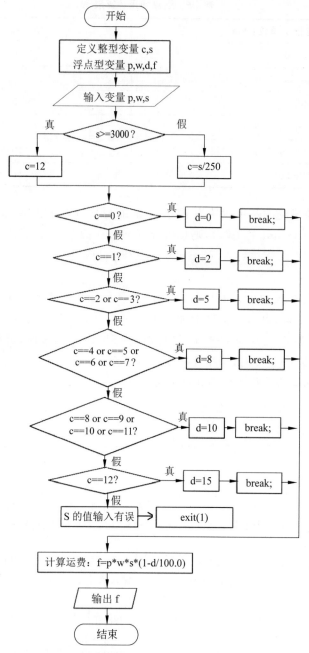

图 3.25 例 3-11 的流程图

```
case 5:
case 6:
case 7:d=8;break;                      //c=4~7,代表 1000~2000km,折扣为 d=8%
case 8:
case 9:
case 10:
```

———————— C 语言程序设计

```
        case 11:d=10;break;              //c=8~11,代表 2000~3000km,折扣为 d=10%
        case 12:d=15;break;              //c=12,代表 3000km 以上,折扣为 d=15%
        default:printf("The value of S is invalid!");   //s 的值输入有误
                  exit(1);                //退出程序
    }
    f=p*w*s*(1-d/100.0);                  //计算总运费
    printf("freight=%10.2f\n",f);         //输出总运费,取两位小数
    return 0;
}
```

【运行结果】

程序运行结果如图 3.26 所示。

图 3.26   例 3-11 程序运行结果

【代码解析】

在程序中,c、s 是整型变量,因此 c＝s/250 为整型数,switch 判断 c 变量的值,利用 case 语句检验 c 值的不同情况。依据题意,当 s≥3000 时,令 c＝12,而不是 c 随着 s 增大,这是为了在 switch 语句中便于处理,用一个 case 可以处理所有 s≥3000 的情况。

3.7   常见错误分析

(1) 忘记必要的逻辑运算符,例如:

```
if(2<x<3)
```

这种写法在程序编译过程中,没有任何报错信息,但是无法实现对 x 数值的判断功能。

【错误分析】

本意为 x＞2 并且 x＜3,但在 C 语言中,关系运算符的结合性为从左至右,2＜x＜3 的求值是先求 x＞2,得到一个逻辑值 0 或 1,再用这个数与 3 进行比较,结果恒为真,失去了比较的意义。对于这种情况,应使用逻辑表达式,改写成:

```
if((x>2)&&(x<3))
```

(2) 误把"＝"作为等于运算符,例如:

```
if(x=1)
```

这种写法在程序编译过程中,没有任何报错信息,但是无法实现对 x 数值的判断功能。

【错误分析】

在 C 语言中"=="是关系运算符,用来判断两个数是否相等,x==1 是判断 x 的值是否为 1;"="是赋值运算符,x=1 是使 x 的值为 1,这时不管 x 原来是什么值,表达式的值永远为真(非 0)。上面的式子应改写成:

```
if(x==1)
```

(3) 该用复合语句时,忘记写大括号,例如:

```
if(a>b)
    temp=a;
    a=b;
    b=temp;
```

这种写法在程序编译过程中,没有任何报错信息,但是无法实现交换变量 a 和 b 值的功能。

【错误分析】

由于没有大括号,if 的影响只限于"temp=a;"一条语句,不管(a>b)是否为真,都将执行后两条语句,正确的写法应为:

```
if(a>b)
{
    temp=a;
    a=b;
    b=temp;
}
```

(4) 在不该加分号的地方加分号,例如:

```
if(a==b);
    c=a+b;
```

这种写法在程序编译过程中,没有任何报错信息,但是 if 的条件判断没有起到任何作用。

【错误分析】

本意是如果 a 等于 b,则执行 c=a+b,但由于 if(a==b)后跟有分号,c=a+b 在任何情况下都执行。因为 if 后加分号相当于后跟一个空语句,正确的写法应是:

```
if(a==b)
    c=a+b;
```

再如:

```
#define _CRT_SECURE_NO_WARNINGS          //去除不安全警告
#include <stdio.h>
```

```
int main()
{
    int a;
    printf("Please enter an integer:");
    scanf("%d",&a);
    switch(a);
    {
        case 1:printf("one\n");
        case 2:printf("two\n");
    }
    return 0;
}
```

【编译报错信息】

编译报错信息如图 3.27 所示。

图 3.27　编译报错提示信息截图 1

正确的写法应是：

```
switch(a)
{
    case 1:printf("one\n");
    case 2:printf("two\n");
}
```

(5) switch 语句中忘了加必要的 break 语句,例如：

```
switch(a)
{
    case 1:printf("Monday\n");
    case 2:printf("Tuesday\n");
    case 3:printf("Wednesday\n");
    case 4:printf("Thursday\n");
    case 5:printf("Friday\n");
    case 6:printf("Saturday\n");
    case 7:printf("Sunday\n");
    default:printf("Error!\n");
}
```

这种写法在程序编译过程中,没有任何报错信息,当 a 是 1 时,运行结果如图 3.28

所示。

图 3.28　程序运行结果

原因是丢失了 break 语句,正确的写法应是:

```
switch(a)
{
    case 1:printf("Monday\n");break;
    case 2:printf("Tuesday\n");break;
    case 3:printf("Wednesday\n");break;
    case 4:printf("Thursday\n");break;
    case 5:printf("Friday\n");break;
    case 6:printf("Saturday\n");break;
    case 7:printf("Sunday\n");break;
    default:printf("Error!\n");
}
```

(6) switch 语句中把多个常量表达式写在同一个 case 后面,例如:

```
#define _CRT_SECURE_NO_WARNINGS                    //去除不安全警告
#include <stdio.h>
int main()
{
    int x;
    printf("Please enter an integer:");
    scanf("%d",&x);
    switch(x)
    {
        case 1,2:printf(" * \n");
        case 3:printf("**\n");
    }
    return 0;
}
```

【编译报错信息】

编译报错信息如图 3.29 所示。

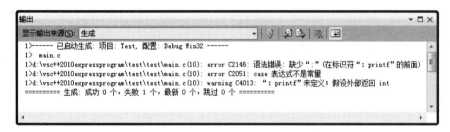

图 3.29　编译报错提示信息截图 2

【错误分析】

根据提示信息可知,case 表达式不正确,如果多个分支执行同样的处理时,只需要在最后一个分支后写上处理语句。正确的写法是:

```
switch(x)
{
    case 1:
    case 2:printf(" * \n");
    case 3:printf("**\n");
}
```

本 章 小 结

本章主要介绍了 C 语言三种基本结构中的选择结构。选择结构主要有两种语句：if 语句和 switch 语句。if 语句用来实现两个分支的选择结构,switch 语句用来实现多分支的选择结构。在 C 语言中,主要运用关系表达式、逻辑表达式等强调数值结果的表达式来构成选择结构中的条件,正确表达问题的条件设置是程序设计的基础。

习　　题

一、选择题

1. 逻辑运算符的运算对象的数据类型是(　　)。

   A. 只能是 0 或 1

   B. 只能是 0 或非 0 正数

   C. 只能是整型或字符型数据

   D. 可以是任何类型的数据

2. 能正确表示"当 x 的取值在[1,10]或[200,300]范围内为真,否则为假"的表达式是(　　)。

A. （x>=1）&&（x<=10）&&（x>=200）&&（x<=300）

B. （x>=1）||（x<=10）||（x>=200）||（x<=300）

C. （x>=1）&&（x<=10）||（x>=200）&&（x<=300）

D. （x>=1）||（x<=10）&&（x>=200）||（x<=300）

3. 设 x、y 和 z 是 int 型变量，且 x=3,y=4,z=5,则下面表达式中值为 0 的是（　　）。

A. x && y

B. x <= y

C. x || y+z && y－z

D. ！（（x<y）&& ！z || 1）

4. 以下 if 语句形式不正确的是（　　）。

A. if （x>y && x! =y）;

B. if （x==y）x=x+y;

C. if（x! =y）scanf（"%d",&x）else scanf（"%d",&y）;

D. if （x<y）{x=x+1;y=y+1;}

5. 下列运算符中优先级最高的是（　　）。

A. >　　　　　　　　B. +　　　　　　　　C. &&　　　　　　　　D. ! =

6. C 语言中，逻辑"真"等价于（　　）。

A. 大于零的数　　　　　　　　　　B. 大于零的整数

C. 非零的数　　　　　　　　　　　D. 非零的整数

7. 为了避免在嵌套的条件语句 if-else 中产生二义性,C 语言规定：else 字句总是与（　　）配对。

A. 缩排位置相同的 if　　　　　　　B. 其之前最近的还没有配对的 if

C. 其之后最近的 if　　　　　　　　D. 同一行上的 if

8. 若有以下定义：

```
float x; int a,b;
```

则正确的 switch 语句是（　　）。

A.

```
switch(x){
    case 1.0:printf(" * \n");
    case 2.0:printf("**\n");
}
```

B.

```
switch(x){
    case 1,2:printf(" * \n");
    case 3:printf("**\n");
}
```

C.

```
switch(a+b){
    case 1:printf(" * \n");
    case 1+2:printf("**\n");
}
```

D.

```
switch(a+b);{
    case 1:printf(" * \n");
    case 2:printf("**\n");
}
```

9. 下面程序的输出结果是(   )。

```
#include <stdio.h>
int main(){
    int k=1;
    switch(k)    {
        case 1:printf("%d",k++);
        case 2:printf("%d",k++);
        case 3:printf("%d",k++);
        case 4:printf("%d",k++);break;
        default:printf("full!\n");
    }
    return 0;
}
```

    A. 2   B. 3   C. 4   D. 1234

10. 下面程序段所描述的数学关系是(   )。

```
y=-1;
if(x!=0)
    if(x>0)
        y=1;
    else
        y=0;
```

A. $y=\begin{cases} 0 & x<0 \\ 1 & x=0 \\ -1 & x>0 \end{cases}$ B. $y=\begin{cases} 0 & x<0 \\ -1 & x=0 \\ 1 & x>0 \end{cases}$

C. $y=\begin{cases} 0 & x\leqslant 0 \\ 1 & x>0 \end{cases}$ D. $y=\begin{cases} 0 & x<0 \\ 1 & x\geqslant 0 \end{cases}$

二、填空题

1. 以下程序的输出结果是_____。

```
#include <stdio.h>
int main()
{
    int a=1,b=3,c=5;
    if(c=a+b) printf("yes\n");
    else  printf("no\n");
    return 0;
}
```

并与下列程序的输出结果进行比较：

```
#include <stdio.h>
int main()
{
    int a=1,b=3,c=5;
    if(c==a+b) printf("yes\n");
    else  printf("no\n");
    return 0;
}
```

2. 以下程序的输出结果是_____。

```
#include <stdio.h>
int main()
{
    int a,b,d=241;
    a=d/100%9;
    b=(-1)&&(-1);
    printf("%d,%d",a,b);
    return 0;
}
```

3. 以下程序的输出结果是_____。

```
#include <stdio.h>
int main()
{
    int a=0,b=1,c=0,d=20;
    if(a)
        d=d-10;
    else if(!b)
        if(!c) d=15;
    else d=25;
    printf("d=%d\n",d);
    return 0;
}
```

4. 以下程序的输出结果是_____。

```c
#include <stdio.h>
int main()
{
    int x=1,y=1;
    int m,n;
    m=n=1;
    switch(m)
    {
        case 0:x=x*2;
        case 1:{
            switch (n) {
                case 1 : x=x*2;
                case 2 : y=y*2;break;
                case 3 : x++;
            }
        }
        case 2 : x++;y++;
        case 3 : x*=2;y*=2;break;
        default:x++;y++;
    }
    printf("x=%d,y=%d",x,y);
    return 0;
}
```

5. 将下列数学式改写成 C 语言的关系表达式或逻辑表达式。

(1) $a \neq b$ 或 $a \leqslant c$；

(2) $|x| \geqslant 4$；

(3) $-1 < x < 3$。

三、编程题

1. 编程判断输入的正整数是否既是 5 又是 7 的整数倍，若是输出 yes，否则输出 no。

2. 输入一个字符，判别它是否为大写字母，如果是，将它转换成小写字母；如果不是，不转换，然后输出最后得到的字符。

3. 输入 x，计算并输出 y 的值：

$$y = \begin{cases} x+100 & x < 20 \\ x & 20 \leqslant x \leqslant 100 \\ x-100 & x > 100 \end{cases}$$

4. 要求按照考试成绩的等级输出百分制分数段，A 等为 85 分以上，B 等为 70～84 分，C 等为 60～69 分，D 等为 60 分以下。成绩的等级从键盘输入。

5. 从键盘输入年号和月号,试计算该年该月共有几天。

6. 已知银行整存整取存款不同期限的月利息率分别为：0.315％(期限为一年)；0.330％(期限为二年)；0.345％(期限为三年或四年)；0.375％(期限为五年或六年或七年)；0.420％(期限为八年及以上)。

要求：输入存款的本金和期限,求到期时能从银行得到的利息和本金的合计。

第 **4** 章　循环结构及其应用

循环结构是程序的一种基本结构,它在解决许多问题中是很有用的。我们知道,在实际应用中,经常会遇到需要处理具有规律性的同样事情、重复进行同样操作的情况,如求 1～100 的和,连续生成 100 个随机整数等,这些操作都需重复执行某些语句。为了有效地描述这种相同或相似操作的重复执行,C 语言提供了循环语句。在循环语句中,对于需要重复执行的操作只需描述一次即可。对操作的重复执行由循环控制机制完成。

本章介绍 C 语言中三种类型的循环语句:while 语句、do-while 语句和 for 语句,以及循环嵌套。

学习目标:

- 掌握 while、do-while 和 for 三种循环语句的使用。
- 掌握 break 语句及 continue 语句在循环中的使用方法,区分其不同。
- 掌握使用 while 语句、do-while 语句和 for 语句实现循环嵌套的方法。
- 学会利用循环语句求解问题的常用算法。

4.1　while 循环语句

while 语句的语法格式如下:

```
while(表达式)
   语句;        //循环体
```

while 循环语句流程图如图 4.1 所示。

执行该语句时,先检查表达式的值,如果为真,则执行循环体。在循环体中通常包括改变表达式值的语句。每次执行循环体后,再次检查表达式,如果它仍为真,继续执行循环体,否则循环结束,执行 while 语句后的下一语句。循环体可以是一条单独的语句,也可以是一条复合语句。

注意,while 语句是"先判断,后执行"。如果刚进入循环时条件就不满足,则循环体一次也不执行,它相当于一条空语句。再有,循环条件一定要有不满足的时候,否则将出现"死循环"。

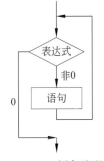

图 4.1　while 语句流程图

在 while 语句中没有包含设置初始状态的功能,因此这一工作需要在 while 语句之前使用其他语句完成。对与循环相关的状态的修改则是在循环体中完成。因此除了少数特殊情况下,while 语句的循环体一般都是复合语句。

【例 4-1】 求 $n!$。

【问题分析】

$$s = n! = 1 \times 2 \times 3 \times \cdots \times (n-1) \times n$$

这是若干项的连乘问题。连乘问题的算法可以归纳为:

$$s = 1$$
$$s = s \times i \ (i = 1, 2, \cdots, n)$$

注意,这里 s 的初值设定为 1,这是为了保证进行第一次乘法后,s 中存放的是第一项的值。

解决该问题的算法流程图如图 4.2 所示。

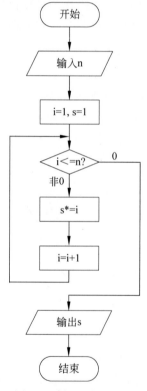

图 4.2　例 4-1 的流程图

【程序代码】

```c
#include <stdio.h>
int main()
{
    int i, n;                    //定义整型变量 i,n
    long s;                      //定义长整型变量 s
```

```
        s=1;                                    //初始化长整型变量 s
        i=1;                                    //初始化整型变量 i 为 1
        printf("Please enter n:");              //输出屏幕提示语
        scanf("%d",&n);                         //输入 n 值
        while(i<=n){                            //循环,当 i>n 时结束循环
            s * =i;                             //求乘积,将结果放入 s 中
            i++;                                //循环控制变量 i 加 1
        }
        printf("%d!=%ld\n",n,s);                //输出结果
        return 0;
    }
```

【运行结果】

程序运行结果如图 4.3 所示。

图 4.3　例 4-1 程序运行结果

【代码解析】

在这段代码中,循环开始时初始状态的设置是由变量 i 和 s 的初始化操作来完成的。循环的执行条件是 i<=n。在满足这一条件的情况下,i 的值被累乘到变量 s 中,然后由语句 i++ 修改循环控制变量 i 的值。当 while 语句执行完毕后,变量 s 中就保存了从 1 到 n 的 n 个自然数的累乘结果。

在使用 while 语句时有两点需要注意。第一点是对初始状态的描述需要完整、准确。在上面的例子中,不仅要正确地设置循环控制变量 i 的初始值,而且要正确地设置累乘变量 s 的初始值,即初始化为 1,否则计算结果将是错误的。第二点需要注意的是,对表达式的循环求值应能最终使循环结束。如果在表达式中不包括读取输入数据等对外部条件的判断,则在循环体中必须有影响表达式求值的操作,而且对表达式的影响要能使循环结束。在例 4-1 中,循环执行的条件是 i<=n,因此在循环体中不仅必须要有对变量 i 的修改,而且 i 的值必须是递增的,以便使得循环条件执行了一定的次数之后不再被满足,从而使循环得以结束。忘记对与循环条件相关的变量进行修改,或者修改的方向与循环判断条件不一致,都会造成执行结果的错误或者死循环,使得程序一直执行循环语句而不会停止。

循环体中语句顺序也很重要。例如,本例中若把循环体中的两条语句的位置颠倒:

```
i++;
s * =i;
```

当 n 为 10 时,则最后输出是 10! ＝39916800,这显然是错误的结果。这是因为 i 的

初值为 1,循环体中先执行 i++,后执行 s*=i,所以第一次累乘的是 2,而不是 1。执行最后一次循环(i=10)时,先执行 i++,得 i=11,再执行 s*=i,所以最后一次累乘的是11,即实际计算的是,2×3×…×10×11=39916800。

【例 4-2】 从键盘输入 10 个学生的成绩,求平均分。

【问题分析】

要想求平均分,首先要求总分,设一个变量 n,用来累计已处理完的学生成绩个数。当处理完 10 个成绩后,程序结束。每个学生成绩的处理流程都是一样的。10 个学生成绩的处理无非是对一个学生成绩处理流程进行了 10 次的重复,而每次只需输入不同的学生成绩,进行累加求和,循环结束后,总分除以人数即求得平均分。

解决该问题的算法流程图如图 4.4 所示。

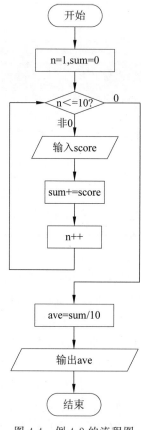

图 4.4 例 4-2 的流程图

【程序代码】

```
#include <stdio.h>
int main()
{
    int n=1;                      //定义循环控制变量 n,并赋初值 1
    float score,ave,sum=0;        //定义单精度变量 score、ave 和 sum
```

```
    printf("Please enter score: ");    //输出屏幕提示语
    while(n<=10){                       //循环,当 n 大于 10 时结束循环
        scanf("%f",&score);            //输入 score 的值
        sum+=score;                    //求和,将结果放入 sum 中
        n++;                           //循环控制变量 n 加 1
    }
    ave=sum/10;                        //求平均分,将结果放入 ave 中
    printf("average=%5.2f\n",ave);     //输出结果
    return 0;
}
```

【运行结果】

程序运行结果如图 4.5 所示。

图 4.5　例 4-2 程序运行结果

【代码解析】

(1) 本例的结果是累加求和,所以 sum 的初值为 0。

(2) 本例中学生个数是固定的 10 人,因此循环的条件为 n≤10。若开始不知要统计多少学生的成绩,当输入学生的成绩小于或等于 0,则结束输入,那么程序应修改为:

```
#include <stdio.h>
int main()
{
    int n=0;                           //定义计数变量 n,并赋初值 0
    float score,ave,sum=0;             //定义单精度变量 score、ave 和 sum
    printf("Please enter score:");     //输出屏幕提示语
    scanf("%f",&score);                //输入 score 的值
    while(score>0){                    //循环,当输入的分数 score 不合法时结束循环
        sum+=score;                    //求和,将结果放入 sum 中
        n++;                           //计数变量 n 加 1
        scanf("%f",&score);            //输入 score 值
    }
    if(n==0)
        printf("The entered score is illegal!\n ");
    else
    {
        ave=sum/n;                     //求平均分,将结果放入 ave 中
        printf ("average=%5.2f\n",ave);  //输出结果
```

```
    }
    return 0;
}
```

在程序中,因为循环控制的条件是 score>0,所以在 while 循环前要通过"scanf("%f", &score);"语句为 score 进行初始化,若 score 的值是合法(score 大于零)时,才执行 while 语句的循环体,即求和并输入新的成绩,否则退出循环,也就是说,有可能循环体语句一次 也不被执行。

这里 n 的初值为 0,它不再是循环控制变量,而是计数器。若当循环结束时,n 的值为 零,则说明第一次输入的成绩是不合法的,没有执行循环体,否则,n 记录的是输入的合法 成绩的个数。

4.2   do-while 循环语句

在 while 语句中,是在执行循环体之前进行循环条件判断的。因此如果在初始条件 下循环就不满足,那么循环体中的语句就一次也不执行。在有些计算中,我们需要首先执 行循环体中的语句,然后再判断循环条件是否成立。也就是说,循环体中的语句无论在什 么条件下都需要执行至少一次。为了便于描述这种情况,C 语言中提供了 do-while 语句, 其语法格式为:

```
do
    语句;        //循环体
while(表达式);
```

该循环语句流程图如图 4.6 所示。

do-while 语句首先执行循环体中的语句一次,然后计算表 达式的值,若为真(非 0)时则继续执行循环体,并再计算表达式 的值;若表达式的值为假(0),则终止循环,执行 do-while 语句 后的下一语句。

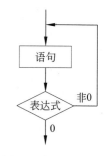

图 4.6   do-while 语句 的流程图

【例 4-3】   求 $1+2+3+\cdots\cdots+100$,即 $\sum\limits_{i=1}^{100} i$。

【问题分析】

(1) 这是一个累加的问题,与连乘的算法类似,需要将 100 个数相加。要重复进行 100 次加法运算,可以用循环结构来实 现,重复执行循环体 100 次。

(2) 这是一个求和问题,记录和的变量 s 初值为 0。

解决该问题的算法流程图如图 4.7 所示。

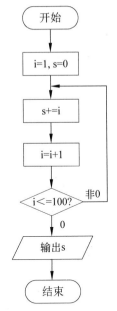

图 4.7　例 4-3 的流程图

【程序代码】

```c
#include <stdio.h>
int main()
{
    int i, s;                      //定义整型变量 i、s
    s=0;                           //初始化整型变量 s 为 0
    i=1;                           //初始化整型变量 i 为 1
    do{
        s+=i;                      //求和,将结果放入 s 中
        i++;                       //循环控制变量 i 加 1
    }while(i<=100);                //循环,当 i 大于 100 结束循环
    printf("s=%d\n",s);            //输出结果
    return 0;
}
```

【运行结果】

程序运行结果如图 4.8 所示

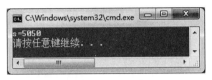

图 4.8　例 4-3 程序运行结果

【代码解析】

本程序是使用 do-while 语句实现的,也可以使用 while 语句实现。使用 while 语句

实现时,循环条件和循环体都不需要进行修改。但是,这两种循环语句是有区别的。while 语句是先判断条件,如果条件为真(非 0),则执行循环体语句;如果条件一开始就是假的,则 while 语句不会执行循环体内的语句。而 do-while 语句是先执行循环体,再进行判断,也就是说,无论一开始的条件是真或假,循环体至少先执行一次。

【**例 4-4**】 用 do-while 语句实现输入一串字符,以"?"结束,输出其中小写字母个数和数字个数。

【**问题分析**】

输入字符包括字母(A～Z,a～z)、数字(0～9)和其他符号(＋、=、& 等)。我们只统计其中的小写字母个数和数字个数。

定义字符型变量 ch,用于存储输入的字符。定义整型变量 num1、num2,用于统计小写字母个数和数字个数,初值皆为 0。

首先读取一个字符,判断它是否为小写字母,是则将小写字母个数变量 num1 加 1,否则,判断它是否为数字,是则将数字个数变量 num2 加 1,然后判断字符是否是"?",若不是"?",则继续循环。直到输入"?"时结束循环,输出统计结果。

解决该问题的算法流程图如图 4.9 所示。

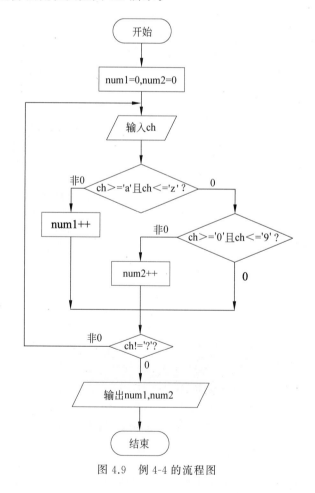

图 4.9　例 4-4 的流程图

【程序代码】

```c
#include <stdio.h>
int main()
{
    char ch;                                    //定义字符型变量 ch
    int num1=0,num2=0;                          //定义整型变量 num1、num2,并初始化为 0
    printf("Please enter ch:");                 //输出屏幕提示语
    do{
        scanf("%c",&ch);                        //输入 ch 的值
        if(ch>='a'&&ch<='z')                    //若 ch 为小写字母,则 num1 加 1
            num1++;
        else
            if(ch>='0'&&ch<='9')                //若 ch 为数字,则 num2 加 1
                num2++;
    }while(ch!='?');                            //循环,当 ch 等于'?'时结束循环
    //输出统计结果
    printf("Number of letter:%d\nNumber of digit:%d\n",num1,num2);
    return 0;
}
```

【运行结果】

程序运行结果如图 4.10 所示。

图 4.10　例 4-4 程序运行结果

【代码解析】

在程序中,if 语句为嵌套 if 语句。它首先判断 ch 是否为字母,若是字母则将字母个数加 1,若不是字母再判断是否为数字,若是数字则将数字个数加 1,否则(既不是字母也不是数字)什么也不执行,然后读取下一字符。

该嵌套 if 语句也可以用下面两个简单 if 语句来代替。

```c
if(ch>='a'&&ch<='z')
    num1++;
if(ch>='0'&&ch<='9')
    num2++;
```

但是不如写成嵌套 if 语句好,因为在嵌套 if 语句中,判断是字母后,将 num1 加 1,if 语句就结束了。而在后一种形式中,判定是字母后,将 num1 加 1,然后还需执行第二个 if 语句,判定它是否为数字,这显然是多余的。

注意 if 语句中条件的写法,以下两种写法都是错误的:

```
if(ch>=a && ch<=z )
if('a'<=ch<='z')
```

在第一种写法中,将字符型数据'a'、'z'错写成 a、z。

第二种写法也是错误的。因为在 C 语言表达式中不允许连续执行几个关系运算。

这里可以看出,使用 do-while 语句来完成这个程序更合适。因为只有 scanf("%c", &ch)语句执行后才能用 ch 的值来判断 ch 是否为"?",这正符合 do-while 语句是先执行循环体,后进行循环控制条件判断的特点。如果使用 while 语句来完成这个程序,就需要在程序中使用两次 scanf("%c",&ch)语句,一次在循环前,一次在循环体中。

4.3　for 循环语句

对循环状态的初始化和对循环控制变量的修改,是循环语句中必不可少的两个组成部分。为便于描述、阅读和检查,C 语言中提供了与 while 语句和 do-while 语句功能相近的 for 语句。for 语句是循环控制结构中使用最广泛的一种循环控制语句。其功能是将某段程序代码反复执行若干次,特别适合已知循环次数的情况。for 语句的语法格式如下:

```
for(表达式 1;表达式 2;表达式 3)
    语句;        //循环体
```

其中:

表达式 1 通常为赋值表达式,用来确定循环结构中的控制循环次数的变量的初始值,实现循环控制变量的初始化。

表达式 2 通常为关系表达式或逻辑表达式,用来判断循环是否继续进行的条件,将循环控制变量与某一值进行比较,以决定是否退出循环。

表达式 3 通常为表达式语句,用来描述循环控制变量的变化,多数情况下为自增或自减表达式(复合加或减语句),实现对循环控制变量的修改。

这三个表达式之间用分号";"分开。

循环体(语句)是当循环条件满足时应该执行的语句序列,可以是简单语句或复合语句。若为复合语句,则须用大括号{}括起来。

for 语句流程图如图 4.11 所示。

执行过程:

① 计算表达式 1 的值,为循环控制变量赋初值。

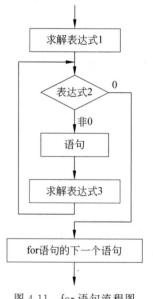

图 4.11　for 语句流程图

② 计算表达式 2 的值,如果其值为"真"(非 0)则执行循环体语句,即执行第③步,否则退出循环,执行 for 循环后的语句。

③ 执行循环体语句。

④ 计算表达式 3 的值,调整循环控制变量的值。

⑤ 返回执行第②步,重新计算表达式 2 的值。依次重复过程,直到表达式 2 的值为"假"(0)时,退出循环。

for 语句把循环的初始化操作、条件判断和循环控制状态的修改都一并放在了关键字 for 后面的括号中,可以很好地体现正确表达循环结构应注意的三个问题:循环控制变量的初始化、循环控制的条件以及循环控制变量的更新。

例如:

```
for(i=1;i<=10;i++)
    语句;
```

该 for 循环语句先给循环控制变量 i 赋初值 1,然后判断 i 是否小于等于 10,若是,则执行语句,之后 i 值增加 1。再重新判断,直到条件为假,即 i>10 时,结束循环。

【例 4-5】 输入 10 个整数,求这 10 个整数的和。

【问题分析】

(1) 定义整型变量 x,用于临时存放从键盘输入的整数。定义存放累加和的整型变量 sum,初始值为 0。

(2) 编写一个循环,让它循环 10 次,每次循环,都从键盘读取一个新的整数存入 x 中,并把 x 加到 sum 中。

(3) 循环结束,输出求和结果。

解决该问题的算法流程图如图 4.12 所示。

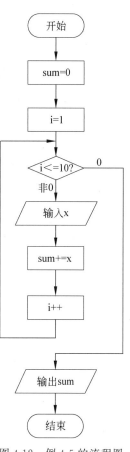

图 4.12　例 4-5 的流程图

【程序代码】

```c
#include <stdio.h>
int main()
{
    int i,x,sum;              //定义整型变量 i、x、sum
    sum=0;                    //对 sum 进行初始化
    printf("Please enter x:");  //输出屏幕提示语
    for(i=1;i<=10;i++)        //循环,当 i 大于 10 时结束循环
    {
        scanf("%d",&x);       //输入 x 值
        sum+=x;               //求和,将结果放入 sum 中
    }
    printf("sum=%d\n",sum);   //输出结果
    return 0;
}
```

【运行结果】

程序运行结果如图 4.13 所示。

图 4.13 例 4-5 程序运行结果

【代码解析】

在使用 for 循环解决问题时,一般不在循环前对循环控制变量进行初始化,也不在循环体内修改循环控制变量的值。

注意:

(1) for 循环中语句可以为复合语句,但要用大括号将参与循环的语句括起来。

(2) for 循环中的表达式 1、表达式 2 和表达式 3 都是选择项,即可以缺省,但分号";"绝对不能缺省。

(3) 省略表达式 1,表示不对循环控制变量赋初值。语法格式如下:

```
for(;表达式 2;表达式 3)
```

实际上表达式 1 可以写在 for 语句结构的外面。例如:

n=20;for(;n<k;n++) 语句;

等价于

for(n=20;n<k;n++) 语句;

一般使用这种格式的原因是:循环控制变量的初值不是已知常量,而是需要通过前面语句的执行计算得到。

(4) 省略表达式 2,表示不用判断循环条件是否成立,循环条件总是满足的。此时,如果不做其他处理时便成为死循环。语法格式如下:

```
for(表达式 1;;表达式 3)
```

等价于 while(1) 格式。

例如:

for(i=1;;i+=2) 语句;

(5) 省略表达式 3,则不对循环控制变量进行操作,这时可在语句体中加入修改循环控制变量的语句。语法格式如下:

```
for(表达式 1;表达式 2; )
```

C 语言程序设计

C语言允许在循环体内改变循环控制变量的值,这在某些程序设计中很有用。一般当循环控制变量呈非规则变化,并且在循环体中有更新循环控制变量的语句时使用。

例如:

```
for(n=1;n<=100;)
{  …
    n=3*n-1;
    …
}
```

循环控制变量的变化为:1、2、5、8、…

(6)省略3个表达式,语法格式如下:

```
 for(;;)
```

这是一个无限循环语句,与while(1)的功能相同,一般处理方法是:在循环体内的适当位置,利用条件表达式与break语句的配合来中断循环,即当满足条件时,用break语句跳出for循环。

例如:

```
for(;;)
{  …
    if(x==0) break;
    …
}
```

表示当x等于0时,使用break语句退出循环。

(7)for语句的循环体可以是空语句,表示当循环条件满足时空操作。一般用于延时处理。语法格式如下:

```
 for(表达式 1;表达式 2;表达式 3) ;
```

例如:

```
for(n=1;n<=10000;n++);
```

表示循环空循环了10 000次,占用了一定的时间,起到了延长时间的效果。

(8)在for语句中,表达式1和表达式3都可以是一项或多项。当多于一项时,各项之间用逗号","分隔,形成一个逗号表达式,语法格式如下:

```
 for(逗号表达式 1;表达式 2;逗号表达式 3)
```

例如:

```
for(n=1,m=100;n<m;n++,m--)
```

```
{ … }
```

其中,表达式1同时为 n 和 m 赋初值,表达式3同时改变 n 和 m 的值。这表示循环可以有多个控制变量,但是,逗号表达式可以与循环有关,也可以与循环无关。

(9) 循环的条件一开始就是为"假",即表达式2一开始就为0,不执行循环体,而是执行 for 结构之后的语句。这一点与 while 语句一致。都是先判断条件后执行循环体语句。"while"语句和"for"语句具有相似性,多数情况下,for 循环可以用等价的 while 循环表示。

```
for(表达式 1;表达式 2;表达式 3)
    语句;
```

等价于

```
表达式 1;
while(表达式 2)
{
    语句;
    表达式 3;
}
```

(10) 表达式3不仅可以自增,也可以自减,还可以是加或减一个整数。
例如:

```
for(i=100;i>=1;i--)          //循环控制变量从 100 递减到 1
for(i=0;i<=10;i+=2)          //循环控制变量从 1 变化到 10,每次增加 2
for(i=10;i>=0;i-=2)          //循环控制变量从 10 变化到 0,每次减少 2
```

for 结构不是狭义上的计数式循环,是广义上的循环结构,它不仅能进行已知循环次数的循环,也能够处理循环次数未知的情况。

【例 4-6】 猴子吃桃问题,猴子第1天摘下若干桃子,当即吃了一半,还不过瘾,又多吃了一个,第2天早上又将剩下的桃子吃掉一半,又多吃了一个。以后每天早上都吃了前一天剩下的一半零一个,直到第 10 天早上只剩下一个桃子。求第1天共摘了多少个桃子?

【问题分析】

本例采用逆向思维方法,从后向前推很容易就解决了问题。因为前一天的桃子数是后一天的桃子数加1的2倍。第 10 天的桃子只有1个,那么第9天的桃子数就是 $(1+1) \times 2$ 个。知道了第9天的桃子数,就可以算出第8天的桃子数是 $(t_9+1) \times 2$ 个 $(t_9$ 表示第9天所拥有的桃子数,递推公式为 $t_i=(t_{i+1}+1) \times 2)$,以此类推,就可以推出第1天的桃子个数。

解决该问题的算法流程图如图 4.14 所示。

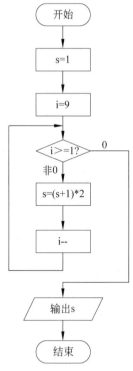

图 4.14　例 4-6 的流程图

【程序代码】

```c
#include <stdio.h>
int main()
{
    int i,s;                    //定义整型变量 i、s
    s=1;                        //变量 s 初值为 1
    for(i=9;i>=1;i--)           //循环,当 i<1 时结束循环
        s=(s+1) * 2;            //逆推求桃子的个数,将结果放入 s 中
    //输出结果
    printf("The total number of peaches is:%d\n",s);
    return 0;
}
```

【运行结果】

程序运行结果如图 4.15 所示。

图 4.15　例 4-6 程序运行结果

【代码解析】

因本例采用逆推思维方式进行求解,循环控制变量 i 的初值为 9,表示第 1 次循环求到第 9 天的桃子数量 s 是多少,这样 i 值从 9 递减到 1,每次循环求到的是相对应天的桃子数量,循环后 i 值自减(i－－)。

4.4 三种循环语句的比较

C 语言中构成循环结构的有 while 语句、do-while 语句和 for 语句,还可以通过 if 和 goto 语句的结合构造循环结构。从结构化程序设计角度考虑,不提倡使用 if 和 goto 语句构造循环。一般采用 while、do-while 和 for 循环语句。下面对它们进行粗略比较。

（1）在一般情况下,这三种循环语句均可处理同一个问题,它们可以相互替代。

【例 4-7】 从键盘输入 10 个整数,求其中的最大数并输出。

【问题分析】

从键盘上输入第一个数,并假定它是最大值存放在变量 max 中。以后每输入一个数便与 max 进行比较,若输入的数较大,则最大值是新输入的数,把它存放到 max。当全部 10 个数输入完毕,最大值也确定了,即是 max 中的值。

解决该问题的算法流程图如图 4.16 所示。

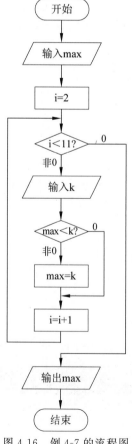

图 4.16 例 4-7 的流程图

＿＿＿＿＿＿＿＿＿ C 语言程序设计

下面用 for 语句来实现这个程序。

【程序代码】

```
#include <stdio.h>
int main()
{
    int i, k, max;                      //定义整型变量 i、k、max
    printf("Please enter k:");          //输出屏幕提示语
    scanf("%d",&max);                   //输入 max 值
    for(i=2;i<11;i++)                   //循环,当 i 大于或等于 11 时结束循环
    {
        scanf("%d",&k);                 //输入 k 值
        if(max<k)                       //若 max 小于 k,则将 k 的值赋给 max
            max=k;
    }
    printf("max=%d\n",max);             //输出结果
    return 0;
}
```

【运行结果】

程序运行结果如图 4.17 所示。

图 4.17 例 4-7 程序运行结果

【代码解析】

从键盘上输入第一个数,并假定它是最大值存放在变量 max 中。然后使用 for 循环语句,循环控制变量 i 的初值为 2,循环条件是"i<11",完成剩余 9 个数的输入及最大值的判断。

下面用 while 语句来实现这个程序。

【程序代码】

```
#include <stdio.h>
int main()
{
    int i, k, max;                      //定义整型变量 i、k、max
    printf("Please enter k:");          //输出屏幕提示语
    scanf("%d",&max);                   //输入 max 值
    i=2;                                //for 语句中的表达式 1
    while(i<11)                         //for 语句中的表达式 2
    {
```

```
        scanf("%d",&k);                    //输入 k 值
        if(max<k)                          //若 max 小于 k,则将 k 的值赋给 max
            max=k;
        i++;                               //for 语句中的表达式 3
    }
    printf("max=%d\n",max);                //输出结果
    return 0;
}
```

【代码解析】

在使用 while 循环完成这个程序时,需要将"i=2;"语句放在 while 循环之前,在循环体中不要忘记加入循环控制变量的改变语句"i++;"。

下面用 do-while 语句实现如下。

【程序代码】

```
#include <stdio.h>
int main()
{
    int i, k, max;                         //定义整型变量 i、k、max
    printf("Please enter k:");             //输出屏幕提示语
    scanf("%d",&max);                      //输入 max 值
    i=2;                                   //for 语句中的表达式 1
    do
    {
        scanf("%d",&k);                    //输入 k 值
        if(max<k)                          //若 max 小于 k,则将 k 的值赋给 max
            max=k;
        i++;                               //for 语句中的表达式 3
    }while(i<11);                          //for 语句中的表达式 2
    printf("max=%d\n",max);                //输出结果
    return 0;
}
```

【代码解析】

在这个程序中,使用 do-while 语句与使用 while 语句来完成基本上是一样的,如循环控制变量的初始化、循环控制条件的设置和循环控制变量的改变等。

(2) for 语句和 while 语句都是先判断循环控制条件,后执行循环体;而 do-while 语句是先执行循环体,后进行循环控制条件的判断。for 语句和 while 语句可能一次也不执行循环体;而 do-while 语句至少执行一次循环体。

(3) 用 while 和 do-while 循环时,循环控制变量初始化的操作应在 while 和 do-while 语句之前完成;而 for 语句可以在表达式 1 中实现循环控制变量的初始化。

(4) 对于 while 和 do-while 循环语句,只在 while 后面指定循环条件,在循环体中应包含使循环趋于结束的语句(如 i++或 i=i+1 等)。for 循环可以在表达式 3 中包含使

循环趋于结束的操作,甚至可以将循环体中的操作全部放到表达式 3 中。因此 for 语句的功能更强,凡用 while 循环语句能完成的,用 for 循环语句都能实现。

(5) do-while 循环语句更适合于第一次循环肯定执行的场合。

例如,输入学生成绩,为了保证输入的成绩均在合理范围内,可以用 do-while 循环语句进行控制。

```
do
    scanf("%d",&n);
while(n>100||n<0);
```

只要输入的成绩 n 不在[0,100]中(即 n>100||n<0),就在 do-while 语句的控制下重新输入,直到输入合法成绩为止。因为肯定要先输入成绩,所以采用 do-while 循环较合适。

用 while 语句实现如下:

```
scanf("%d",&n);
while( n>100||n<0 )
    scanf("%d",&n);
```

用 for 语句实现如下:

```
scanf("%d",&n);
for( ; n>100||n<0; )
    scanf("%d",&n);
```

显然,用 for 语句或 while 语句不如用 do-while 语句自然。

4.5　循　环　嵌　套

一个循环语句的循环体内包含另一个完整的循环结构,称为循环的嵌套。嵌在循环体内的循环称为内循环,嵌有内循环的循环称为外循环。循环嵌套的层次可以有很多重,一个循环的外面包围一层循环叫双重循环,如果一个循环的外面包围两层循环叫三重循环,一个循环的外面包围三层或三层以上的循环叫多重循环。这种嵌套在理论上来说可以是无限的。

设计多重循环程序的关键是,首先要明确每一重循环完成的任务,通常外循环用来对内循环进行控制,内循环用来实现具体的操作。对于双重循环,外层循环控制变量每变化一次,内层的循环从头到尾执行一遍。对于双重循环,内层循环体被执行的次数应为:内层次数×外层次数。

三种循环语句 while、do-while、for 可以互相嵌套,自由组合。外层循环体中可以包含一个或多个内层循环结构。

(1) while 嵌套格式如下:

```
while()
{   …
    while()
    {…}
}
```

（2）for、do-while 可以互相嵌套,格式如下:

```
for(;;)
{
    do
    {
        …
    }while();
}
```

当然还有其他的组合形式,在此不一一列举。但要注意的是,各循环必须完整包含,相互之间绝对不允许有交叉现象。因此每一层循环体都应该用{}括起来。下面的形式是不允许的:

```
do
{   …
    for(; ;)
    {
        …
    }while();
}
```

因为在这个嵌套结果中出现了交叉。

下面通过例子说明多重循环的执行流程:

```
for(i=1; i<3; i++)                      //外层 i 循环
{   printf("i=%d→", i);
    for(j=1; j<3; j++)                  //内层 j 循环
        printf("j=%d  ", j);
    printf("*j=%d\n", j);               //内层 j 循环结束时的 j 值
}
printf("*i=%d\n", i);                    //外层 i 循环结束时的 i 值
```

运行该程序段输出:

```
i=1→j=1 j=2 *j=3
i=2→j=1 j=2 *j=3
*i=3
```

从输出结果可以看出,当外层循环控制变量 i=1 时,内层循环控制变量 j 从 1 变化到 2,j=3 时退出内循环;然后外层循环控制变量 i 增加 1(i=2),对 i=2 时,内层循环控制变

量 j 仍然从 1 变化到 2,j=3 时退出。外层循环控制变量 i 又增加 1(i=3),退出外层循环。所以,执行多重循环时,对外层循环变量的每一个值,内层循环的循环变量从初值变化到终值。对外层循环的每一次循环,内层循环要执行完整的循环语句。

【例 4-8】 编写程序输出 1~1000 的完备数。完备数是特殊的自然数,它所有真因子(即除自身之外的约数)的和,恰好等于它本身,如 6=1+2+3。

【问题分析】

(1) 本题目用两层循环来解决。外层循环变量 i 为 1~1000,对要判断的自然数 i,内循环变量 j 从 1 到 i−1,判断是否为 i 的真因子,若是将 j 加到因子和 sum 中。

(2) 因子和 sum 的初始化要放在外循环体内。

解决该问题的算法流程图如图 4.18 所示。

【程序代码】

```c
#include <stdio.h>
int main()
{
    //定义三个整型变量,i 和 j 是循环控制变量,sum 存放因子的累加和
    int i,j,sum;
    printf("The result is:");            //输出屏幕提示语
    for(i=1;i<=1000;i++)                  //完备数求解的范围
    {
        sum=0;                           //每次循环 sum 都置为 0
        for(j=1;j<i;j++)                 //真因子判断的范围
            if(i%j==0)                   //判断 j 是否为 i 的真因子
                sum+=j;                  //如果 j 是 i 的真因子,将 j 累加到 sum 中
        if(sum==i)                       //若因子的和与 i 相同,则 i 为完备数,输出 i
            printf("%5d",i);
    }
    printf("\n");
    return 0;
}
```

【运行结果】

程序运行结果如图 4.19 所示。

【代码解析】

(1) 本程序中有两个 for 循环,为嵌套关系。

(2) 算法的思想是穷举法,即从给定的数值范围中逐个判断。

【例 4-9】 输出由符号♯组成的如下三角图形,共 10 行,符号♯的数目逐行加 1。

```
#
##
###
####
...
##########
```

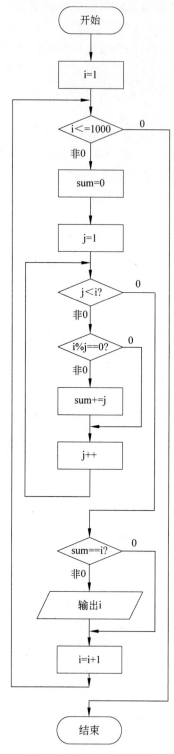

图 4.18 例 4-8 的流程图

图 4.19　例 4-8 程序运行结果

【问题分析】

先来看输出第 i 行的情况：第 i 行有 i 个符号 ♯，可以用 for 循环语句实现，语句如下：

```
for(j=1;j<=i;j++)
    printf("#");
```

若在上述 for 循环语句之外再加一个外循环，使 i 由 1 到 10 依次取值，每次取值后执行上述 for 语句，将很容易实现所要求图案的输出。由分析可知，使用一个两重循环的控制结构，即可实现图案输出。

解决该问题的算法流程图如图 4.20 所示。

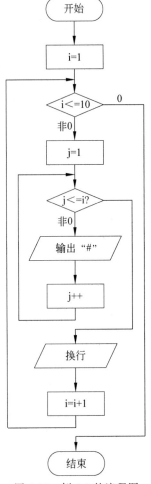

图 4.20　例 4-9 的流程图

【程序代码】

```
#include <stdio.h>
int main()
{
    int i,j;                          //定义整型变量 i、j
    for(i=1;i<=10;i++)                //循环,当 i>10 时结束循环
    {
        for(j=1;j<=i;j++)             //循环,当 j>i 时结束循环
            printf("#");
        printf("\n");                 //换行
    }
    return 0;
}
```

【运行结果】

程序运行结果如图 4.21 所示。

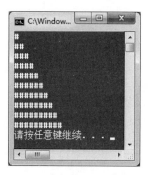

图 4.21   例 4-9 程序运行结果

【代码解析】

这里是由 for 循环语句构成的两重循环,外循环对输出的行数进行控制,内循环控制每行输出的符号♯的个数。程序执行过程中,当由外循环进入内循环后,便执行内循环的循环体,在一行上连续输出符号♯,内循环结束后,继续执行外循环的循环体,printf("\n")实现换行操作,使下一次输出符号♯是在新行上。

【例 4-10】   用一元五角人民币兑换 1 分、2 分和 5 分的硬币(每一种都要有)共 100 枚,问共有几种兑换方案? 每种方案各换多少枚硬币?

【问题分析】

设变量 a、b、c 分别代表 5 分、2 分和 1 分硬币的枚数。根据已知条件,可以列出如下方程:

$$a+b+c=100$$
$$5a+2b+c=150$$

考虑示例中的限制(共一元五角钱,每种硬币都要有),5 分硬币最多可换 29 枚;2 分硬币最多可换 72 枚;1 分硬币可以有 100-a-b 枚(因为要求共换 100 枚)。所以,需要

两重循环来穷举 a 和 b 的可能取值情况。

解决该问题的算法流程图如图 4.22 所示。

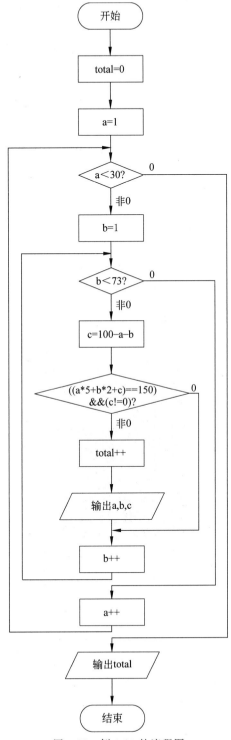

图 4.22　例 4-10 的流程图

【程序代码】

```
#include <stdio.h>
int main()
{
    int a,b,c,total=0;                       //定义整型变量 a、b、c 和 total
    printf("   5分   2分   1分 \n");          //输出屏幕提示语
    for(a=1;a<30;a++)                         //每种硬币都要有,5分硬币最多可换 29 枚
        for(b=1;b<73;b++)                     //每种硬币都要有,2分硬币最多可换 72 枚
        {
            c=100-a-b;                        //1 分硬币的枚数
            if(((a * 5+b * 2+c)==150)&&(c!=0))    //a * 5+b * 2+c 正好为 1 元 5 角
            {
                total++;                      //兑换方案加 1
                printf("%5d%5d%5d\n",a,b,c);  //输出兑换方案
            }
        }
    printf("total=%d\n",total);              //输出兑换方案数
    return 0;
}
```

【运行结果】

程序运行结果如图 4.23 所示。

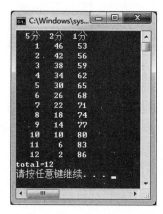

图 4.23　例 4-10 程序运行结果

【代码解析】

条件((a * 5+b * 2+c)==150)&&(c!=0)中的 c!=0 不能省略,这样才能保证每一种硬币都要有。

4.6 break 语句和 continue 语句

在循环结构的循环体中,可以使用 break 语句和 continue 语句来控制循环的流程,其中 break 语句的功能是从循环体中退出,提前结束循环;continue 语句的功能则是终止本次循环,跳过本次循环体中余下尚未执行的语句,转向下一次循环是否执行的循环条件判断。

4.6.1 break 语句

在介绍 switch 语句时已经提到 break 语句,其实 break 语句还可以出现在循环语句中。break 语句的格式如下:

```
break;
```

功能:

(1) 在 switch 语句中,用 break 语句终止正在执行的 switch 流程,跳出 switch 结构,继续执行 switch 语句后的语句。

(2) 在 while、do-while 和 for 语句的循环体中使用 break 语句,强制终止当前循环,即从 break 语句所在的循环体内跳出来,接着执行循环语句的下一条语句。

说明:break 语句只能出现在 switch 语句或循环语句的循环体中。

在循环结构中,break 语句通常与 if 语句一起使用,以便在满足条件时中途跳出循环,格式如下:

```
while(表达式 1)
{
    语句组 1;
    if(表达式 2)
        break;
    语句组 2;
}
```

在执行循环体的过程中,当 break 被执行后,不管循环条件表达式 1 是否成立,当前循环将被立即终止。其执行流程图如图 4.24 所示。

【例 4-11】 从键盘输入一个整数,求 100 以内的整数中能被该数整除的最大数。

【问题分析】

在示例中因为要求 100 以内的整数中能整除某数的最大数,所以,循环从 100 开始,每次减 1,当找到第一个满足条件的数,就是整除某数的最大数,此时就使用 break 语句退出循环。

解决该问题的算法流程图如图 4.25 所示。

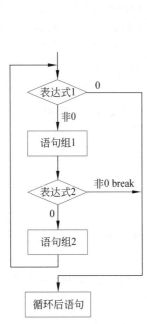

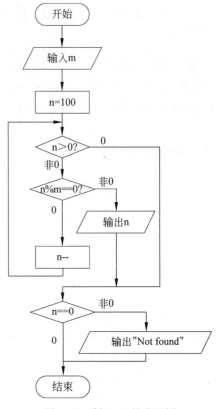

图 4.24　含有 break 语句的循环流程图　　　图 4.25　例 4-11 的流程图

【程序代码】

```
#include <stdio.h>
int main()
{
    int n, m;
    printf("Enter an integer:");              //输出屏幕提示语
    scanf("%d",&m);                           //输入 m 的值
    //进入循环,从最大数 100 开始寻找被该整数整除的数,若找到,这个数为最大
    for( n=100; n>0; n--)
    {
        if(n%m==0)                            //找到则输出这个数
        {
            printf("%d is MAX in 100(%%%d) \n",n,m);
            break;
        }
    }
    if(n==0)                                  //找不到则输出"未找到"
        printf("Not found\n");
```

　　　　　　　　　　C 语言程序设计

```
    return 0;
}
```

【运行结果】

程序运行结果如图 4.26 所示。

图 4.26　例 4-11 程序运行结果

【代码解析】

在输出语句 printf("％d is MAX in 100(％％％d)\n",n,m)中,连续出现了三个
"％",前两个"％"对应输出结果的"％",第三个"％"和"d"构成格式控制参数,表示要输
出一个十进制整数。

【例 4-12】　求调和级数中第多少项的值大于 10。

【问题分析】

所谓调和级数的第 n 项形式为:

$$s = 1 + \frac{1}{2} + \frac{1}{3} + \frac{1}{4} + \frac{1}{5} + \cdots + \frac{1}{n}$$

我们要求的是使值大于 10 的最小的 n。

解决该问题的算法流程图如图 4.27 所示。

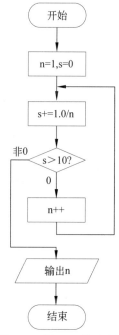

图 4.27　例 4-12 的流程图

【程序代码】

```c
#include <stdio.h>
int main()
{
    int n;
    float s;
    s=0;
    for(n=1; ;n++)                        //进入循环,表达式2为空
    {
        s+=1.0/n;                        //求调和级数
        if(s>10)                         //满足调和级数大于10,退出循环
            break;
    }
    printf("n=%d\n",n);                  //输出n的值
    return 0;
}
```

【运行结果】

程序运行结果如图 4.28 所示。

图 4.28   例 4-12 程序运行结果

【代码解析】

（1）在求和时,语句 s＝s＋1.0/n 中要用 1.0/n,而不能用 1/n,因为在 C 语言中,两个整数相除的结果是整数,如果将语句写成 s＝s＋1/n,那么 s 的值一直等于 1,此程序变成了死循环。

（2）这里 for 循环不判断终止条件,如果循环体中没有退出循环的语句,循环体将无休止地进行下去,而 break 语句的设置正是为了在满足一定条件后,程序能从循环中退出。

从上面的例子可以看出,break 语句在循环体中使用时,总是与 if 语句一起使用,当条件满足（或不满足）时,break 语句负责退出循环。要注意,如果循环体中使用 switch 语句,而 break 语句出现在 switch 语句中,则它只用于结束 switch 语句,而不影响循环。

（3）break 语句只能结束包含它的最内层循环,而不能跳出多重循环,例如:

```c
for( )
{
    ...
    while( )
    {
        ...
```

```
        if()
            break;
        ...
    }
    ...
}
```

break 语句的执行使程序从内层 while 循环中退出,继续执行外层 for 循环的其他语句,而不是退出外层循环。

4.6.2　continue 语句

continue 语句的格式如下:

```
continue;
```

功能:结束本次循环(不是终止整个循环),即跳过循环体中 continue 语句后面的语句,开始下一次循环。

说明:

(1) continue 语句只能出现在 while、do-while 和 for 循环语句的循环体中。

(2) 若执行 while 或 do-while 语句中的 continue 语句,则跳过循环体中 continue 语句后面的语句,直接转去判别下次循环控制条件;若 continue 语句出现在 for 语句中,则执行 continue 语句就是跳过循环体中 continue 语句后面的语句,转而执行 for 语句判断条件中的表达式 3。

在循环结构中,continue 语句通常与 if 语句一起使用,用来加速循环。例如:

```
while(表达式 1)
{
    语句组 1;
    if(表达式 2)
        continue;
    语句组 2;
}
```

在执行上述 while 循环的循环体的过程中,当 continue 被执行后,立即转回到循环体开始位置去判断循环条件,其下的语句组 2 在这次循环中不被执行,即在 continue 被执行的这次循环中,凡是循环体中处于 continue 之后的所有语句都将被忽略。其执行流程图如图 4.29 所示。

【例 4-13】　输出 100～200 中不能被 3 或 7 整除的数。

【问题分析】

能被 3 或 7 整除的数 n 满足的条件是 n%3==0||n%7==0,满足条件则使用

continue 跳出本次循环,否则打印输出这个数。

解决该问题的算法流程图如图 4.30 所示。

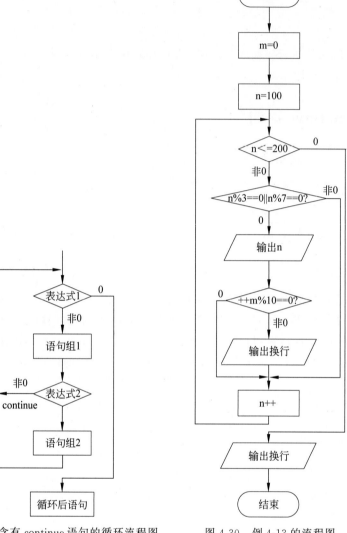

图 4.29 含有 continue 语句的循环流程图   图 4.30 例 4-13 的流程图

【程序代码】

```
#include <stdio.h>
int main()
{
    int n,m=0;                        //定义整型变量 n 和 m
    for(n=100;n<=200;n++)             //循环,当 n>200 时结束循环
    {
        if(n%3==0 || n%7==0)          //若 n 能被 3 或 7 整除,则退出本次循环,开始下次循环
```

```
            continue;
        printf(" %5d", n);          //输出 n
        if(++m%10==0)               //控制每行仅输出 10 个数
            printf("\n");
    }
    printf("\n");                   //换行
    return 0;
}
```

【运行结果】

程序运行结果如图 4.31 所示。

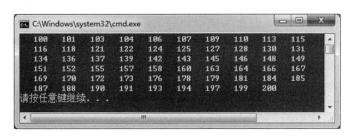

图 4.31　例 4-13 程序运行结果

【代码解析】

（1）对于本示例，即 n＝100,101,…,199,200。若不满足要求,应跳过输出语句转而考察下一个 n。所以用 continue 语句结束本次循环。若 n 满足要求,则输出 n。

（2）本示例中变量 m 是为了控制每行输出元素的个数而设置的。

continue 语句和 break 语句的区别：

① continue 语句只能出现在循环语句的循环体中；而 break 语句既可以出现在循环语句中,也可以出现在 switch 语句中。

② break 语句终止它所在的循环语句的执行；continue 语句不是终止它所在的循环语句的执行,而是结束本次循环,并开始下一次循环。

4.7　goto 语句和标号

goto 语句是无条件转移语句。其功能是改变程序控制的流程,无条件地将控制转移到语句标号所在处。语法格式如下：

```
goto 语句标号;
```

其中：语句标号用标识符来命名,当它放在某个语句行的前面做该语句行的标识时,它的后面需要有冒号“:”。

例如：

error: 语句;

在 C 语言中,语句标号通常与 goto 语句配合使用,表示无条件跳转到语句标号指定的语句位置。在程序中,标号必须与 goto 语句同处于一个函数中,但可以不在一个循环层中。goto 语句通常与 if 条件语句配合使用,实现条件转移、循环以及中断循环处理等功能。

例如:

```
goto error:
…
error: if(x==0)
printf("error information");
```

goto 语句不常用,主要是因为大量使用它会破坏程序的结构化,使程序的流程控制混乱,可读性降低,调试困难。但是,对于多层循环嵌套(三层以上),采用 goto 语句可以直接从内循环跳转到循环外。这种"直接跳转"没有任何限制,提高程序的执行效率。通常情况下,不允许使用 goto 语句从循环体外跳转到循环体内。

【例 4-14】 求 $1+2+3+\cdots+100$,即 $\sum\limits_{i=1}^{100} i$。

【问题分析】

在本示例中,每次求和后需要判断是否进行下次循环,因此,在 if 语句前加上语句标号,并在每次求和后,用 goto 语句转向语句标号处。

【程序代码】

```
#include <stdio.h>
int main()
{
    int i,sum=0;           //定义整型变量 i、sum,并初始化 sum 为 0
    i=1;                   //变量 i 赋初值 0
    loop: if(i<=100)       //若 i 小于或等于 100,则求和
    {
        sum=sum+i;         //求和,将结果放入 sum 中
        i=i+1;             //变量 i 的值增加 1
        goto loop;         //转向 loop
    }
    printf("sum=%d\n",sum);  //输出结果
    return 0;
}
```

【运行结果】

程序运行结果如图 4.32 所示。

图 4.32　例 4-14 程序运行结果

【代码解析】

goto 语句的跳转只能在函数内部,不能在不同的函数之间进行,因此 goto 语句与语句标号必须在同一个函数体中。

【例 4-15】 i、j、k 是 100 以内的三个数,找出满足 $i^2+j^2+k^2>100$ 的 i、j、k(只要求找出其中一个)。

【问题分析】

用循环嵌套穷举出三个数 i、j、k 全部可能的组合,即通过循环嵌套让 i、j、k 遍历,它们的取值范围 1~99,当找到一个满足要求的数时,即退出循环。

【程序代码】

```
#include <stdio.h>
int main()
{
    int i,j,k;                                  //定义循环控制变量 i、j、k
    for(i=1;i<100;i++)                          //循环,穷举出所有的 i、j、k
        for(j=1;j<100;j++)
            for(k=1;k<100;k++)
                if(i*i+j*j+k*k>100)             //满足条件,goto 语句退出三层循环
                    goto loop;
    loop: printf("i=%d,j=%d,k=%d\n",i,j,k);     //输出结果
    return 0;
}
```

【运行结果】

程序运行结果如图 4.33 所示。

图 4.33　例 4-15 程序运行结果

【代码解析】

本程序表明仅用一个 goto 语句可以退出多层循环。当需要退出多重循环时,若用 break 语句,则因为 break 语句只能退出本层循环,需要使用多个 break 语句来实现。注意,使用 goto 语句,可以从循环体内,转向循环体外,但绝对不能从循环体外,转入循环体内。

4.8　应 用 举 例

【例 4-16】 用递推法求斐波那契数列的前 20 项。

【问题分析】

斐波那契数列的发明者,是意大利数学家列昂纳多·斐波那契。斐波那契数列又由

数学家列昂纳多·斐波那契以兔子繁殖为例子而引入,故又称为"兔子数列"。该问题是这样给出的:假设兔子在出生两个月后,就有繁殖能力,每对兔子每个月能生出一对小兔子来。如果所有兔子都不死,第一个月兔子没有繁殖能力,所以还是一对兔子,同样第二个月还是一对兔子,第三个月,生下一对小兔,共有两对兔子,第四个月,老兔子又生下一对小兔子,因为小兔子还没有繁殖能力,所以一共是三对小兔子,以此类推,斐波那契数列为:$1,1,2,3,5,8,13,21,34,\cdots$。

不难发现:

$f_1 = 1$

$f_2 = 1$

$f_3 = f_1 + f_2$

$f_4 = f_2 + f_3$

...

$f_n = f_{n-2} + f_{n-1}$

可以用如下递推公式求它的第 n 项:

$$\begin{cases} f_1 = 1 & n = 1 \\ f_2 = 1 & n = 2 \\ f_n = f_{n-2} + f_{n-1} & n \geqslant 3 \end{cases}$$

为了程序设计方便,我们只使用三个变量 f_n、f_1、f_2,且均声明为长整型。

开始让 $f_1 = 1$,$f_2 = 1$,根据 f_1 和 f_2 可以计算出 f_n($f_n = f_1 + f_2$)。此后 f_1 的值不再需要,将 f_2 的值复制到 f_1 中,将 f_n 的值复制到 f_2 中,仍旧执行语句 $f_n = f_1 + f_2$,这时计算出的 f_n 值实际上是 f_4 的值。如此反复,可以计算出斐波那契数列的每项值。

解决该问题的算法流程图如图 4.34 所示。

【程序代码】

```c
#include <stdio.h>
int main()
{
    long fn, f1, f2;                    //定义长整型变量 fn、f1、f2
    int i;                              //定义整型变量 i
    f1 = f2 = 1;                        //初始化变量 f1 和 f2 为 1
    printf("%-6ld%-6ld", f1, f2);       //输出 f1、f2
    for( i=3; i<=20; i++)               //产生第 3~20 项
    {
        fn=f1+f2;                       //递推出第 i 项
        printf("%-6ld", fn);            //输出 fn
        if( i%4==0 )
            printf("\n");               //每行输出 4 个数
        f1=f2;                          //为下一步递推做准备
        f2=fn;
    }
    return 0;
}
```

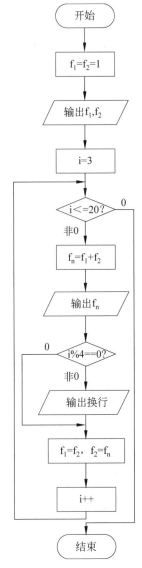

图 4.34　例 4-16 的流程图

【运行结果】

程序运行结果如图 4.35 所示。

图 4.35　例 4-16 程序运行结果

【代码解析】

以上程序还可以改进。当 f1＋f2→fn 时，f1 对下次递推已无作用，所以用 f1 存放当前递推结果是很自然的。下次递推公式为 f2＋f1→f2，注意，此时 f1 是上次的递推结果，同样，本次递推后，f2 已经无用了，故用 f2 存放当前递推结果。

例如，

```
f1=f2=1
f1=f1+f2 →  f1=1+1=2
f2=f2+f1 →  f2=1+2=3
f1=f1+f2 →  f1=2+3=5
…
```

这样，循环体中可用如下语句进行递推：

```
f1=f1+f2;
f2=f2+f1;
```

一次可产生两项。循环次数减少一半。下面是改进后的程序：

```c
#include <stdio.h>
int main()
{
    long fn, f1, f2;                       //定义长整型变量 fn、f1、f2
    int i;                                 //定义整型变量 i
    f1 = f2 = 1;                           //初始化变量 f1 和 f2 为 1
    printf("%-6ld%-6ld", f1,f2);           //输出 f1,f2
    for( i=2; i<=10; i++)                  //产生第 3~20 项
    {
        f1 = f1+f2;                        //递推出 2 项
        f2 = f2+f1;
        printf("%-6ld%-6ld", f1,f2);       //输出 f1,f2
        if( i%2==0 )                       //若 i 能被 2 整除,则换行
            printf("\n");                  //每行输出 4 个数
    }
    return 0;
}
```

【例 4-17】 求 3～100 的所有素数。
【问题分析】

一个自然数,若除了 1 和它本身外不能被其他整数整除,则称为素数。例如 2、3、5、7、…。根据定义,测试自然数 k 能否被 2、3、…、k−1 整除,只要能被其中一个整除,则 k 不是素数,否则是素数。

本示例要求 3～100 的所有素数,可以在外层加一层循环,用于提供要考察的整数：k=3、4、…、99、100,即外层循环提供要考察的整数 k,内层循环则判别 k 是否是素数。

为了提高效率,我们可对素数的判定做下面的改进：

（1）在 3～100 的素数,应均为奇数,因此,外层循环可以改为:

```
for ( k=3; k<=100; k+=2 )
```

这样减少一半数的判断,节省了时间。

（2）若自然数 k 是素数,则 k 不能被 2、3、…、$\sqrt{k}$ 整除,所以内层循环可以改为:

```
for ( i=2; i<=sqrt(k); i++ )
```

这样当 k 较大时,用这种办法,除的次数大大减少,提高了运行效率。

这里注意,在程序开头增加预处理命令 ♯include ＜math.h＞,因为 sqrt( )函数是在 math.h 文件中定义的。

解决该问题的算法流程图如图 4.36 所示。

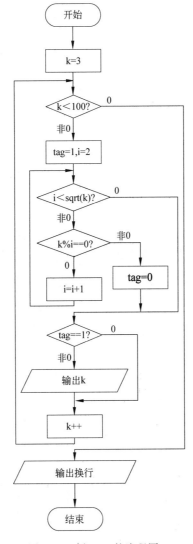

图 4.36　例 4-17 的流程图

【程序代码】

```c
#include <math.h>
#include <stdio.h>
int main()
{
    int tag, i, k;                              //定义整型变量 tag、i、k
    for( k=3; k<100; k+=2 )                     //循环,当 i>100 结束循环
    {
        tag=1;                                  //初始化 tag 为 1
        //i 循环中分别检测 k 能否被 i 整除,i=2,3,…, sqrt(k)
        for( i=2; i<=sqrt((float)k); i++)
            if ( k%i==0 )                       //k 能被 i 整除,k 不是素数,令 tag=0
            {
                tag=0;
                break;
            }
        if( tag==1 )                            //若 tag 为 1,则 k 为素数,否则为非素数
            printf ("%5d", k);
    }
    printf("\n");                               //换行
    return 0;
}
```

【运行结果】

程序运行结果如图 4.37 所示。

图 4.37   例 4-17 程序运行结果

【代码解析】

程序中设置标志变量 tag,若 tag 为 0,k 不是素数;若 tag 为 1,k 是素数。

【例 4-18】   A、B、C 三条军舰同时放礼炮 21 响。A 舰每隔 5 秒放一次;B 舰每隔 6 秒放一次;C 舰每隔 7 秒放一次。假设时间完全准确,问共能听到几次礼炮声?

【问题分析】

解决这一问题的方法是不唯一的。假设以鸣放礼炮的时间为主线,从第 0 秒开始放第一响,到放完最后一响,最长时间是 20×7。可以用一个 for 循环来模拟每一秒钟的时间,如果时间是 5 的倍数且 21 响未放完,A 舰放一响;如果时间是 6 的倍数且 21 响未放完,B 舰放一响;依次类推。但要注意,当两舰或三舰同时鸣放时,应作为一响统计。

解决该问题的算法流程图如图 4.38 所示。

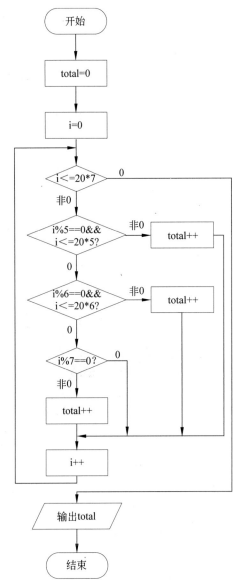

图 4.38   例 4-18 的流程图

【程序代码】

```c
#include <stdio.h>
int main()
{
    int i,total=0;              //定义整型变量 i 和 total
    for(i=0;i<=20 * 7;i++)      //从第 0 秒开始放第一响,到放完最后一响,最长时间是
                                //  20×7 秒
    {
        if(i%5==0&&i<=20 * 5)   //如果时间是 5 的倍数且 21 响未放完,A 舰放一响
```

```
            {
                total++;
                continue;
            }
            if(i%6==0&&i<=20*6)          //如果时间是 6 的倍数且 21 响未放完,B 舰放一响
            {
                total++;
                continue;
            }
            if(i%7==0)                    //如果时间是 7 的倍数且 21 响未放完,C 舰放一响
                total++;
        }
        printf ("total=%d\n",total); //输出结果
        return 0;
    }
```

【运行结果】

程序运行结果如图 4.39 所示。

图 4.39　例 4-18 程序运行结果

【代码解析】

可以看出程序中使用了 continue 语句,它的作用是跳过循环中的后续语句,立即结束本次循环。在本例中,使用 continue 语句保证了同一时间内鸣放的礼炮,只作为一响统计。

【例 4-19】　编写一个程序,输出以下乘法表。

1×1＝1
1×2＝2　2×2＝4
1×3＝3　2×3＝6　3×3＝9
1×4＝4　2×4＝8　3×4＝12　4×4＝16
…　　　…　　　…　　　…
1×9＝9　2×9＝9　3×9＝27　4×9＝36　…　9×9＝81

【问题分析】

乘法表的特点是:

(1) 共有 9 行;

(2) 每行的式子数很有规律,即属于第几行,就有几个式子;

(3) 对于每一个式子,既与所在的行数有关,又与所在行的具体位置有关。

我们先看输出其中一行的情况:

设要输出的行为第 i 行,对于该行的 i 个式子,可以使用以下程序段输出:

```
for(j=1;j<=i;j++)
    printf("%d*%d=%-3d",j,i,i*j);
printf("\n");
```

如果给上述程序加一个外循环,使 i 从 1 到 9 发生变化,那么,每执行一次内循环,乘法表中的一行也就被输出了。

解决该问题的算法流程图如图 4.40 所示。

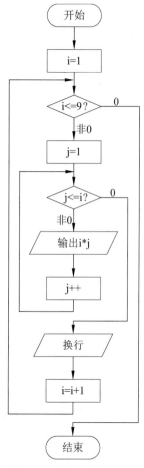

图 4.40　例 4-19 的流程图

【程序代码】

```
#include <stdio.h>
int main()
{
    int i,j;                              //定义循环控制变量 i 和 j
    for(i=1;i<=9;i++)                     //外循环控制输出的行数
    {
```

```
        for(j=1;j<=i;j++)                          //内循环输出表中的一行
            printf("%d*%d=%-3d",j,i,i*j);
        printf("\n");                               //换行控制,使下一次的式子输出在新行上
    }
    return 0;
}
```

【运行结果】

程序运行结果如图 4.41 所示。

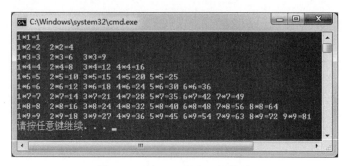

图 4.41　例 4-19 程序运行结果

【代码解析】

（1）设要输出的行为第 i 行,对于该行有 i 个式子,因此 j 的取值为:初值为 1,最大为 i。

（2）语句 printf("\n") 是在内循环之后,也就是输出第 i 行后换行。

【例 4-20】　在 3 位数中找第一个满足下列要求的正整数 n:其各位数字的立方和恰好等于它本身。例如,$371=3^3+7^3+1^3$。

【问题分析】

要判断一个 3 位数 n 是否满足要求,必须将它的各位数字拆分开。

百位数字:n/100。n 是整数,所以 n/100 不保留商的小数位,甩掉的是十位和个位数字,结果必然是百位数字。例如 371/100 的结果是 3。

十位数字:n/10%10。n/10 的结果甩掉的是个位数字,保留 n 的百位和十位数字,再除以 10 取余数,结果必然是 n 的十位数字。例如 371/10 的结果是 37,37%10 的结果是 7。

个位数字:n%10。n 除以 10 取余数,结果一定是 n 的个位数字。371%10 的结果是 1。

解决该问题的算法流程图如图 4.42 所示。

【程序代码】

```
#include <stdio.h>
int main()
{
    int n, i, j, k;                               //定义整型变量 n、i、j、k
```

C 语言程序设计

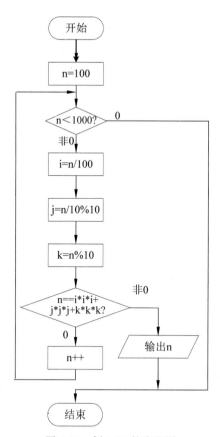

图 4.42 例 4-20 的流程图

```
for( n=100; n<1000; n++)                //对所有的 3 位数循环
{
    i=n/100;                            //n 的百位数字
    j=n/10%10;                          //n 的十位数字
    k=n%10;                             //n 的个位数字
    //若 i 的立方加上 j 的立方加上 k 的立方之和等于 n,则打印输出
    if( n ==i * i * i+j * j * j+k * k * k)
    {
        printf("%d=%d * %d * %d+%d * %d * %d+%d * %d * %d\n",n,i,i,i,j,j,j,k,
        k,k);
        break;                  //只要求找第一个满足条件的数,所以找到后立即退出循环
    }
}
return 0;
}
```

【运行结果】

程序运行结果如图 4.43 所示。

图 4.43　例 4-20 程序运行结果

【代码解析】

(1) 3 位数的范围是 [100,999]，所以用一个 for 循环在所有 3 位数中寻找满足条件的数，循环控制变量 n 取遍所有的 3 位数。在循环体中，先把 n 的百位、十位和个位数字拆开(用 i、j 和 k 表示)，然后判断是否满足条件。由于只要求找一个数，所以在循环中一旦找到一个满足条件的数，就立即用 break 语句退出循环。若要求找出 3 位数中全部满足要求的数，则去掉 break 语句即可。

(2) 本示例还可以使用三重循环来实现。最外层循环的循环控制变量从 1 到 9，表示百位上可能出现的数字；中层循环的循环控制变量从 0 到 9，表示十位上可能出现的数字；最内层循环的循环控制变量从 0 到 9，表示个位上可能出现的数字。这样我们不需要再进行数字的拆分，部分参考代码如下：

```
for( i=1; i<10; i++)          //外循环表示百位可能出现的数字
    for( j=0; j<10; j++)      //中层循环表示十位可能出现的数字
        for( k=0; k<10; k++)  //内循环表示个位可能出现的数字
        {   n=i * 100+j * 10+k;
            //若 i 的立方加上 j 的立方加上 k 的立方之和等于 n,则打印输出
            if ( n ==i * i * i+j * j * j+k * k * k)
            {
                printf("%d = %d * %d * %d+%d * %d * %d+%d * %d * %d\n", n, i, i, i,
                    j,j, j, k, k, k);
                break;        //只要求找第一个满足条件的数,所以找到后立即退出循环
            }
        }
```

4.9　常见错误分析

在进行循环程序设计时，一定要搞清楚在循环前做什么事？在循环中做什么事？在循环后做什么事？通常在循环前要做一些准备工作，例如累加和变量置 0，累乘积变量置 1 等。在循环中进行计算、处理。在循环后输出计算结果，但有时要在循环内一边计算，一边输出。在编写多重循环时，首先要确定它是几重循环，在每一重循环前、循环中、循环后应做什么事？当内外循环次数有依赖关系时，可以通过 for 语句的三个表达式、while 语句、do-while 语句的表达式正确地反应这个依赖关系。总之，如果把该做的事情忘了，或把它们放错了位置，就不能得出正确和满意的结果。

——————————— C 语言程序设计

(1) 误把＝作为等于使用。

这与条件语句中的情况一样，例如：

```
while(x=1)
{
    ...
}
```

这是一个恒真条件的循环，正确的写法应是：

```
while(x==1)
{
    ...
}
```

(2) 忘记用大括号括起循环体中的多个语句，这也与条件语句类似，例如：

```
while(x<=10)
    printf("%d",x);
    x++;
```

由于没有使用大括号，循环体就只剩下 printf("%d", x)一条语句。正确的写法应为：

```
while(x<=10)
{
    printf("%d",x);
    x++;
}
```

(3) 在不该加分号的地方加了分号。例如：

```
for(i=1;i<=10;i++);
    s+=i;
```

由于 for 后加了一个分号，表示循环体为空，而 s＋＝i 与循环无关。正确的写法应为：

```
for(i=1;i<=10;i++)
    s+=i;
```

(4) 大括号不匹配。

由于各种控制结构的嵌套，有些左右大括号相距可能较远，这就可能会忘掉右侧的大括号而造成大括号不匹配，这种情况在编译时可能产生许多莫名其妙的错误，而且错误提示与实际错误无关。解决的办法可以是在括号后加上表示层次的注释，例如：

```
while()//1
{
    ...
```

```
    while()//2
    {
        ...
        if()//3
        {
            ...
            for()//4
            {
                ...
            }//4
            ...
        }//3
        ...
        for()//3
        {
            ...
        }//3
        ...
    }//2
    ...
}//1
```

每次遇到嵌套左括号时就把层次加 1,每次遇到右括号时就把层次减 1,当括号不匹配时最后的右括号的层次号就不是 1,可以肯定有括号丢失。

(5) 死循环。

由于某种原因使循环无休止地运行,或直到出错才结束循环,例如:

```
i=1;
while(i<=10)
    s+=i;
```

由于 i 没有改变,所有 i<=10 永远为真,循环将一直延续下去。另一种情况是,虽然有改变循环条件的运算,但改变的方向不对,例如:

```
i=1;
while(i>=0){
    s+=i;
    i++;
}
```

i 开始就大于 0,而以后每次都增加 i 的值,使条件 i>=0 总是成立,直到 i 值为 32767 后再加 1,超越正数的表示范围而得到负值时才结束,这时的结果肯定与希望的不同。

再有一种情况是循环条件被跳过而造成的,例如:

```
for(i=1;i==10;i+=2)
```

```
{
    ……}
```

由于 i 值每次增加 2,所以取值为 1、3、5、7、9、11,把 10 跳过去了,正确的写法应为:

```
for(i=1;i<=10;i+=2)
{
    …
}
```

当 i 值超过 10 时循环就结束了。

本 章 小 结

循环控制结构是 C 语言程序的三种控制结构之一,它由循环语句实现。循环语句涉及三个要素:循环的初始状态、循环执行的条件,以及在每次循环中需要执行的操作,即循环体。对一个循环过程的描述需要首先声明循环开始前的初始状态,然后判断当前状态是否满足循环执行的条件,并在满足循环执行的条件下执行循环体中的操作。在每次执行完循环体中的操作后,需要修改与循环条件相关的状态,然后再判断是否满足继续执行循环的条件。

本章介绍了构成循环结构的三种循环语句:while 语句、do-while 语句和 for 语句。通常,用某种循环语句写的程序段,也能用另外两种循环语句实现。while 语句和 for 语句属于"当型"循环,即"先判断,后执行";而 do-while 语句属于"直到型"循环,即"先执行,后判断"。在实际应用中,for 语句多用于循环次数明确的问题,而无法确定循环次数的问题采用 while 语句或 do-while 语句比较自然。for 语句的三个表达式有多种变化,例如省略部分表达式或全部表达式,甚至把循环体也写进表达式 3 中,循环体为空语句,以满足循环语句的语法要求。

出现在循环体中的 break 语句和 continue 语句能改变循环的执行流程。它们的区别在于:break 语句能终止整个循环语句的执行;而 continue 语句只能结束本次循环,并开始下次循环。break 语句还能出现在 switch 语句中;而 continue 语句只能出现在循环语句中。

任何循环语句实现的循环都允许嵌套,但在循环嵌套时,要注意外循环和内循环在结构上不能出现交叉。

if 语句和 goto 语句虽然可以构成循环,但效率不如循环语句,更重要的是,结构化程序设计不主张使用 goto 语句,因为它会搅乱程序流程,降低程序的可读性。

习 题

一、选择题

1. 语句 while(!E)中的表达式!E 等价于( )。

A. E==0   B. E！=1   C. E！=0   D. E==1

2. 设有程序段：

```
int k=10;
while(k=0)
    k=k-1;
```

下面描述中正确的是(　　)。

    A. while 循环执行 10 次   B. 循环是无限循环

    C. 循环体语句一次也不执行   D. 循环体语句执行一次

3. 执行语句 for(i=1;i++<4;)后,i 的值是(　　)。

    A. 3   B. 4   C. 5   D. 不定

4. 下列说法中正确的是(　　)。

    A. break 用在 switch 语句中,而 continue 用在循环语句中

    B. break 用在循环语句中,而 continue 用在 switch 语句中

    C. break 能结束循环,而 continue 只能结束本次循环

    D. continue 能结束循环,而 break 只能结束本次循环

5. 以下程序段的循环次数是(　　)。

```
for(i=2; i==0; )
    printf("%d", i--);
```

    A. 无限次   B. 0 次   C. 1 次   D. 2 次

6. 有以下程序：

```
#include <stdio.h>
int main()
{
    int i,j,x=0;
    for(i=0;i<2;i++){
        x++;
        for(j=0;j<=3;j++){
            if(j%2==0)
                continue;
            x++;
        }
        x++;
    }
    printf("x=%d\n",x);
    return 0;
}
```

程序的运行结果是(　　)。

    A. x=4   B. x=6   C. x=8   D. x=12

7. 有以下程序：

```c
#include <stdio.h>
int main()
{
    int sum=0,x=5;
    do{
        sum+=x;
    }while(!--x);
    printf("%d\n",sum);
    return 0;
}
```

程序的运行结果是(   )。

  A. 0　　　　　　　　B. 5　　　　　　　　C. 14　　　　　　　　D. 15

8. 有以下程序：

```c
#include <stdio.h>
int main()
{
    int a=-2,b=0;
    while(a++&&++b);
    printf("%d,%d\n",a,b);
    return 0;
}
```

程序的运行结果是(   )。

  A. 1，3　　　　　B. 0，2　　　　　C. 0，3　　　　　D. 1，2

9. 有以下程序：

```c
#include <stdio.h>
int main()
{
    int i,j;
    for(i=1;i<=2;i++)
        for(j=1;j<=2;j++)
            printf("i=%d\tj=%d\n",i,j);
    return 0;
}
```

程序的运行结果是(   )。

  A. i=1　　j=1　　　　　　　B. i=1　　j=1

      i=1　　j=2　　　　　　　 i=1　　j=1

      i=2　　j=1　　　　　　　 i=2　　j=2

      i=2　　j=2　　　　　　　 i=2　　j=2

C. i＝1　　j＝1　　　　　　　　　D. i＝1　j＝2
　　i＝2　　j＝2　　　　　　　　　　 i＝2　j＝2

10. 有以下程序：

```
#include <stdio.h>
int main()
{
    int i,j,m=1;
    for(i=1;i<3;i++)
    {
        for(j=3;j>0;j--)
        {
            if(i*j>3)
                break;
            m*=i*j;
        }
    }
    printf("m=%d\n",m);
    return 0;
}
```

程序的运行结果是(　　)。
　　A. m＝6　　　　　B. m＝2　　　　　C. m＝3　　　　　D. m＝5

11. 有以下程序：

```
#include <stdio.h>
int main()
{
    int a=1,b=2;
    for(;a<8;a++)
    {
        b+=a;
        a+=2;
    }
    printf("%d,%d\n",a,b);
    return 0;
}
```

程序的运行结果是(　　)。
　　A. 9,18　　　　　B. 8,11　　　　　C. 7,11　　　　　D. 10,14

12. 以下程序的变量已正确定义：

```
for(i=0;i<4;i++,i++)
    for(k=1;k<3;k++);
        printf("*");
```

程序的运行结果是(　　　)。

    A. ******　　　　　　B. ****　　　　　　C. **　　　　　　D. *

13. 有以下程序:

```
#include <stdio.h>
int main()
{
    int i=0,s=0;
    for(;;){
        if(i==3||i==5)
            continue;
        if(i==6)
            break;
        i++;
        s+=i;
    }
    printf("%d\n",s);
    return 0;
}
```

    程序的运行结果是(　　　)。

    A. 10　　　　　　　　　　　　　　　B. 13

    C. 21　　　　　　　　　　　　　　　D. 程序进入死循环

14. 若变量已正确定义,要求程序段完成 5! 的计算,不能完成此操作的程序段是(　　　)。

    A. for(i＝1,p＝1;i≤=5;i＋＋)　　　p＊＝i;

    B. for(i＝1;i≤=5;i＋＋){ p＝1;　p＊＝i;}

    C. i＝1; p＝1;while(i≤=5){p＊＝i;　i＋＋;}

    D. i＝1; p＝1; do {p＊＝i;　i＋＋;}while(i≤=5);

15. 要求通过 while 循环不断读取字符,当读取字母 N 时结束循环。若变量已正确定义,以下程序段正确的是(　　　)。

    A. while((ch＝getchar())! ＝'N') printf("%c",ch);

    B. while(ch＝getchar()! ＝'N') printf("%c",ch);

    C. while(ch＝getchar()＝＝'N') printf("%c",ch);

    D. while((ch＝getchar())＝＝'N') printf("%c",ch);

二、填空题

1. 设有定义 int n＝1，s＝0,则执行语句 while(s＝s＋n, n＋＋, n≤=10)后变量 s 的值为_____。

2. 至少执行一次循环体的循环语句是_____。

3. 下面的程序运行时,循环体语句 a＋＋运行的次数为_____。

```
#include <stdio.h>
```

```
int main()
{
    int i,j,a=0;
    for(i=0;i<2;i++)
        for(j=4;j>=0;j--)
            a++;
    return 0;
}
```

4. 假定运行下列程序的输出是：***，请填写程序中缺少的语句成分。

```
#include  <stdio.h>
int main()
{
    int x=6;
    do{
        printf("*");
        x--;
        x--;
    }while(_____);
    return 0;
}
```

5. 下面程序的功能是：输出 100 以内能被 3 整除且个位数为 6 的所有整数，请填空。

```
#include  <stdio.h>
int main()
{
    int  i, j;
    for(i=0 ;____①____; i++){
        j=i*10+6 ;
        if(____②____)
            continue ;
        printf("\n%d",j);
    }
    return 0;
}
```

6. 下面程序段的功能是统计从键盘输入的字符中数字字符的个数，用换行符结束循环。请填空。

```
int n=0,c;
c=getchar();
while(____①____)
{
    if(____②____)
        n++;
```

```
        c=getchar();
    }
```

7. 下面程序的输出结果是_____。

```
#include <stdio.h>
int main()
{
    int i=1,j=3,k=5;
    do{
        if(i%j==0)
            if(i%k==0){
                printf("%d\n", i);
                break;
            }
        i++;
    }while(i!=0);
    return 0;
}
```

8. 下面程序的功能是计算所有三位数中其各位数字之和为 9 的数的个数。请填空。

```
#include <stdio.h>
int main()
{
    int i,j,s,count=0;
    for(i=100;i<1000;i++) {
        s=0;
        _____①_____
        while(_____②_____) {
            s+=j%10;
            j=j/10;
        }
        if(s==9)
        _____③_____
    }
    printf("%d",count);
    return 0;
}
```

9. 设一个两位数为 ab,打印出符合条件的所有两位数,并统计其个数。条件为 |a−b|=3 并且 ab 能被 3 整除。请根据下面的程序填空。

```
#include <stdio.h>
int main()
{
    int i,j,c,n,count=0;
```

```
for(i=1;i<10;i++)
    for(_____①_____;j<=9;j++) {
        if(____②____)
            c=j-i;
        else
            c=i-j;
        _____③_____
        if(c==3&&n%3==0) {
            printf("%4d",n);
            count++;
        }
    }
return 0;
}
```

10. 设 $s=1^1+2^2+3^3+\cdots+n^n$，编程求 s 不大于 40000 时最大的 n。

```
#include <stdio.h>
int main()
{
    int n,s,t,i;
    n=0;
    s=0;
    while(s<40000) {
        n=n+1;
        _____①_____;
        for(i=1;i<=n;i++)
            _____②_____;
        s=s+t;
    }
    printf("the n is %d",_____③_____);
    return 0;
}
```

三、编程题

1. 求 $1-3+5-7+\cdots-99+101$ 的值。

2. 任意输入 10 个实数,计算所有正数的和、负数的和以及这 10 个数的总和。

3. 编写程序,求 e 的近似值。

$$e\approx 1+\frac{1}{1!}+\frac{1}{2!}+\frac{1}{3!}+\cdots+\frac{1}{n!}$$

计算各项,直到最后一项的值小于 10^{-4} 为止(即计算的项均大于或等于 10^{-4})。

4. 编写程序,使用循环语句输出以下图形:

```
        *
       ***
      *****
     *******
      *****
       ***
        *
```

5. 输出两位数中所有能同时被 3 和 5 整除的数。

6. 计算并输出 200～600 中能被 7 整除,且至少有一位数字是 3 的所有数的和。

7. 百钱买百鸡问题。公鸡一只 5 钱,母鸡一只 3 钱,小鸡 3 只一钱,现有一百钱要买一百只鸡,问一百只鸡中公鸡、母鸡、小鸡各多少只?

8. 已知 $abc+cba=1333$,其中 a、b、c 均为一位数,编写一个程序求出 abc 分别代表什么数字?

9. 马克思手稿中的数学题:有 30 个人,在一家饭馆里吃饭共花了 50 先令,每个男人各花 3 先令,每个女人各花 2 先令,每个小孩各花 1 先令,问男人、女人和小孩各有几人?

10. 有一个八层灯塔,每层所点灯数都等于该层上一层的两倍,一共有 765 盏灯,求塔底灯数(采用穷举法。例如,假设顶层有 1 个、2 个、…、n 个,则分别计算对应的灯数有多少,直到满足总灯数为 765)。

第 **5** 章 数 组

学习了 C 语言的基本数据类型和程序流程控制结构后,很多问题都可以描述和解决了。但是对于大规模的数据,尤其是相互间具有一定联系的数据,怎么表示和组织才能达到高效呢? C 语言的数组类型为同类型数据的组织提供了一种有效的形式。

为了更好地理解数组的作用,请考虑这样一个问题:在程序中如何存储和处理具有 n 个整数的数列? 如果 n 很小,比如 n 等于 3 时,显然不成问题,简单地声明 3 个 int 变量就可以了。如果 n 为 1000,用 int 变量来表示这 1000 个数,就需要声明 1000 个 int 变量,其烦琐程度可想而知。用什么方法来处理这 1000 个变量呢? 数组就是针对这样的问题的,它是用于存储和处理大量同类型数据的一种构造型数据类型。数组是具有一定顺序关系的同类型数据的集合,这些数据使用相同的名字(即数组名)和不同的下标进行区分,我们称之为数组元素。将数组与循环结合起来,可以有效地处理大批量的数据,大大提高了工作效率,十分方便。

字符串应用广泛,但 C 语言中没有专门的字符串类型,字符串是使用字符数组来存放的。同时,C 语言标准函数库中提供有专门的字符串处理函数,方便对字符串的处理。

本章介绍在 C 语言中如何定义和使用数组,包括一维数组,二维数组,以及字符串数据的存储和处理。

学习目标:
- 掌握一维数组的定义、引用和初始化。
- 掌握二维数组的定义、引用和初始化。
- 掌握字符数组的定义、引用和初始化。
- 掌握字符串的处理方法,熟悉字符串常用处理函数。
- 熟悉数组基本操作算法,能够正确使用数组解决一般应用问题。

5.1 一 维 数 组

5.1.1 一维数组的定义和引用

1. 一维数组的定义

在 C 语言中使用数组前必须先进行定义。一维数组的定义方式为:

```
类型声明符 数组名[常量表达式];
```

其中：

（1）类型声明符是任一种基本数据类型或构造数据类型，即 int、float、char 等基本数据类型，以及第 9 章中将介绍的结构体数据类型。从这里可以看出，数组是建立在其他数据类型的基础之上的，因此数组是构造类型。

（2）数组名是用户定义的数组标识符，命名规则遵循标识符命名规则。对于数组元素来说，它们具有一个共同的名字，即数组名。

（3）方括号中的常量表达式表示数组元素的个数，也称为数组的长度。例如：

```
float b[10], c[20];          //定义实型数组 b,有 10 个元素;定义实型数组 c,有 20 个元素
char ch[20];                 //定义字符数组 ch,有 20 个元素
```

对于数组定义，应注意以下几点：

（1）数组的类型实际上是指数组元素的取值类型。对于同一个数组，其所有元素的数据类型都是相同的。

（2）数组名不能与其他变量名相同。例如：

```
int main()
{
    int a;
    float a[10];            //错误,数组名和变量名相同
    ...
    return 0;
}
```

（3）方括号中常量表达式表示的是数组元素的个数，如 a[5]表示数组 a 有 5 个元素。但是其下标从 0 开始计算，因此这 5 个元素分别为 a[0]、a[1]、a[2]、a[3]、a[4]。

（4）不能在方括号中用变量来表示数组元素的个数，但可以用符号常数或常量表达式。例如：

```
#define D 5
int main()
{
    int a[3+5],b[4+D];      //合法的定义
    ...
    return 0;
}
```

而下述定义方式是错误的：

```
int main()
{
    int n=10;
```

```
    int a[n];                //不合法的定义,因为 n 为变量
    ...
    return 0;
}
```

2. 一维数组元素的存储

每个数组元素都占用内存中的一个存储单元,每个元素都是一个变量,可以像以前讲过的普通变量一样使用,只不过数组元素是通过数组名和方括号中的下标来确定的。系统在内存中为数组元素分配连续的存储单元。

例如,定义语句 int a[15],声明了以下几个问题:

(1) 数组名为 a。

(2) 数组元素的数据类型为 int。

(3) 数组元素的下标值从 0 开始。数组元素的个数为 15,分别是 a[0]、a[1]、a[2]、…、a[13]、a[14]

(4) 数组名 a 是数组存储区的首地址,即存放数组第一个元素的地址。a 等价于 &a[0],因此数组名是一个地址常量。不能对数组名进行赋值或运算。在这个例子中,数据元素的存储形式如图 5.1 所示。

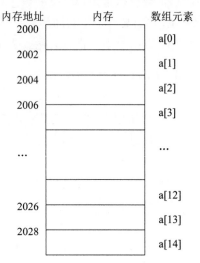

图 5.1　一维数组的存储形式

3. 一维数组元素的引用

对数组元素的引用与对变量的引用类似,但与变量引用不同的是,只能对数组元素进行引用,而不能一次引用整个数组。一维数组元素的引用格式如下:

数组名[下标]

其中:

(1) 下标可以是整型常量或整型常量表达式,如 a[3]、a[3+2]。

(2) 下标还可以是整型变量或整型变量表达式,如 a[i]、a[i+j]、a[i++]。

(3) 如果下标是表达式,首先要计算表达式,计算的最终结果为下标值。

(4) 下标值从 0 开始,而不是从 1 开始。

(5) 数组的引用下标不能越限,如用 int a[15]定义的数组,引用时的下标不能超过或等于 15,即 a[15]=10 是错误的。

定义数组时使用的"数组名[常量表达式]"和引用数组元素时使用的"数组名[下标]"形式相同,但含义不同。在数组定义的方括号中给出的是数组的长度,而在数组元素中的下标是该元素在数组中的位置标识,下标取值范围为 0 到数组长度值减 1。前者只能是

常量,后者可以是常量、变量或表达式。

【例 5-1】 从键盘输入 10 个整数,求其中的最大数并输出。

【问题分析】

(1) 定义一个一维数组,数组长度为 10,用于存储从键盘输入的 10 个整数。

(2) 求一组数的最大数:首先假定第一个数最大,把该数放到变量 max 中,然后依次处理后面 9 个数,如果当前正在处理的这个数比 max 还大,则更改 max 的值为这个数。将数组与 for 循环相结合,可以轻松完成此任务。

解决该问题的算法流程图如图 5.2 所示。

【程序代码】

```
#include <stdio.h>
int main()
{
    int a[10];                              //定义整型数组 a
    int i,max;                              //定义循环控制变量 i 和存放最大数的变量 max
    printf("Please enter ten integers:\n");    //输出屏幕提示语
    for(i=0;i<=9;i++)                       //循环 10 次
        scanf("%d",&a[i]);                  //从键盘接收数据,并存放到数组元素 a[i]中
    for(i=0;i<=9;i++)                       //循环 10 次
        printf("%d  ",a[i]);                //输出数组元素 a[i]的值
    max=a[0];                               //给 max 变量赋值,假定第一个数最大
    for(i=1;i<=9;i++)                       //循环 9 次
        if(max<a[i]) /* 比较 max 与数组中当前正在处理的数组元素的大小,将较大者赋给
                         max * /
            max=a[i];
    printf("\nThe max is %d\n",max); //输出求得的最大数
    return 0;
}
```

【运行结果】

程序运行结果如图 5.3 所示。

【代码解析】

(1) main()函数中的 int a[10]是数组的定义语句,定义一个长度为 10 的整型数组,用于存储从键盘输入的 10 个整数。

(2) main()函数中的第一个 for 循环,实现从键盘接收 10 个整数,并存放到数组 a 中。

(3) main()函数中的第二个 for 循环,实现把 10 个整数输出到屏幕。

(4) main()函数中的第三个 for 循环,实现求 10 个整数中的最大数。在此段代码中,变量 max 用来存放当前已比较过的各数中的最大数。开始时设 max 的值为 a[0],然后将 max 与 a[1]比较,如果 a[1]大于 max,则 max 重新取值为 a[1],下一次以 max 的新值与 a[2]比较,如果 a[2]大于 max,则 max 重新取值为 a[2],此时 max 的值是 a[0]、a[1]、a[2]中的最大数。以此类推,经过 9 轮循环的比较,max 最后的值就是 10 个数中的最大数。

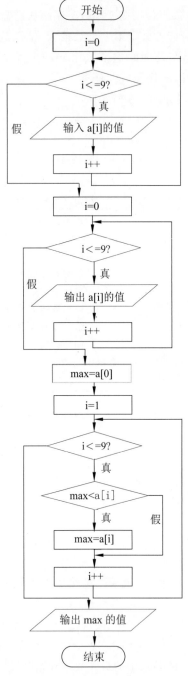

图 5.2　例 5-1 的流程图

C 语言程序设计

图 5.3　例 5-1 程序运行结果

（5）最后一条输出语句输出求得的最大数。

说明：此示例只是为了演示一维数组的定义与引用。在实际问题中，如果只是要求找出一组数中的最大或者最小数，那么这组数据可以不保存，采用边读边求最大或者最小数的方式，程序更简洁、高效，实现代码参见例 4-7。

【例 5-2】　有等差数列 $a_n = 5 \times n + 1$，要求分别按正序和逆序输出该数列的前 10 项到屏幕。n 为 0～9 的整数。

【问题分析】

（1）计算数列的第 n 项的值：通过示例中给出的数列通项公式计算即可。

（2）由于示例要求逆序输出数列的前 10 项，故需要一个长度为 10 的整型数组来存储数列的前 10 项的值。

（3）数组与 for 循环相结合，完成数列前 10 项的计算、存储、正序和逆序输出。

【程序代码】

```c
#include <stdio.h>
int main()
{
    int a[10];                        //定义整型数组 a
    int n;                            //定义循环控制变量 n
    for(n=0;n<=9;n++)                 //循环 10 次,计算数列的前 10 项,并按正序输出
    {
        a[n]=5*n+1;                   //计算数列的第 n 项的值,并赋给第 n 个数组元素
        printf("a[%d]=%d ",n,a[n]);   //输出数列的第 n 项的值
    }
    printf("\n");                     //换行
    for(n=9;n>=0;n--)                 //循环 10 次,逆序输出数列的前 10 项
    {
        printf("a[%d]=%d ",n,a[n]);
    }
    printf("\n");
    return 0;
}
```

【运行结果】

程序运行结果如图 5.4 所示。

图 5.4   例 5-2 程序运行结果

【代码解析】

（1）mian 函数中的语句 int a[10]，定义一个长度为 10 的整型数组 a，用于存储数列的前 10 项。

（2）main 函数中的第一个 10 次的 for 循环，循环控制变量从 0 开始依次递增 1，实现求数列的前 10 项，数列的第 n 项存储到数组元素 a[n] 中，并正序输出。

（3）main 函数中的第二个 10 次的 for 循环，循环控制变量从 9 开始依次递减 1，实现逆序输出数列的前 10 项。

5.1.2   一维数组的初始化

与一般变量的初始化一样，数组的初始化就是在定义数组的同时，给其数组元素赋初值。数组初始化是在编译阶段进行的，这样将减少运行时间，提高效率。

一维数组初始化赋值的一般形式为：

> 类型声明符 数组名[常量表达式]={数值 1，数值 2，…，数值 n}；

其中赋值号右边大括号中的各数据值即为各数组元素的初值，各值之间用逗号间隔。例如：

int a[3]={0,1,2};

相当于

a[0]=0；a[1]=1；a[2]=2；

C 语言对数组的初始化有以下几点规定：

（1）可以只给部分数组元素赋初值。当大括号中值的个数少于数组元素个数时，只为前面部分数组元素赋值。例如：

int a[10]={0,1,2,3,4};

相当于只为 a[0]、a[1]、a[2]、a[3]、a[4] 赋初值，而后 5 个元素自动赋为 0 值。

（2）只能给数组元素逐个赋值，不能给数组整体赋值。例如，给 10 个元素全部赋值为 1，只能写为：

int a[10]={1,1,1,1,1,1,1,1,1,1};

而不能写为:

```
int a[10]=1;
```

（3）如给全部元素赋值,则在数组声明中,可以不给出数组元素的个数。例如:

```
int a[5]={1,2,3,4,5};
```

可写为:

```
int a[]={1,2,3,4,5};
```

（4）大括号中数值的个数多于数组元素的个数是语法错误。

5.1.3 一维数组应用举例

【例5-3】 参照例4-16中提出的兔子问题,应用数组计算2年后有多少对兔子?

【问题分析】

根据题意,以f[n]表示n个月以后兔子的总对数,其规律为f[n]=f[n−2]+f[n−1],如此构成的数列如下:

f[1]=1,f[2]=1,f[3]=2,f[4]=3,f[5]=5,…,f[n]=f[n−2]+f[n−1],…

即斐波那契数列。此问题转化为求斐波那契数列第24项的值,其算法流程图如图5.5所示。

【程序代码】

```
#include <stdio.h>
int main()
{   int n, f[25];                    //定义整型变量n,整型数组f
    f[1]=f[2]=1;                      //为f[1]和f[2]赋初值1
    for(n=3;n<=24;n++)               //循环22次
        f[n]=f[n-1]+f[n-2];          //计算f[n]的值
    for(n=1;n<=24;n++)               //输出数列中所有项的值
    {   if((n-1)%4==0)               //每输出4个数后换行
            printf("\n");
        printf("%10d",f[n]);         //输出数列中第n项的值
    }
    printf("\n");
    return 0;
}
```

【运行结果】

程序运行结果截图如图5.6所示。

说明:很多数列的问题都可以类似于上述的斐波那契数列的计算方法,用数组来进行存储和计算。

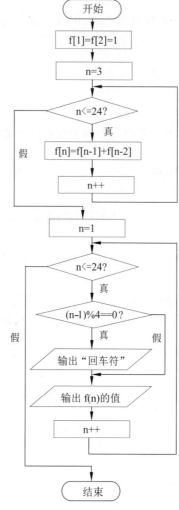

图 5.5　例 5-3 的流程图

图 5.6　例 5-3 程序运行结果

【例 5-4】 给定 n 个任意数,按由小到大对其排序,并输出排序结果。

【问题分析】

这个问题是一组数的排序问题,排序方法有多种,这里采用冒泡排序法。

冒泡排序法的思路是,将相邻两个数比较,将小的数调到前头(或将大的数调到后面)。比如有 5 个数,分别是 7、6、10、4、2,依次将其放入数组 a 中。我们看一下冒泡排序法的处理过程。

(1) 第一趟(如图 5.7 所示),经过 4 次比较。

第 1 次:将第 1 个数 a[0]和第 2 个数 a[1]进行比较,将较大的数调到下面。也就是说,若后面的数小,就将两数交换,否则不交换。这里把 7 和 6 对调位置,结果如图 5.7(b)所示。

第 2 次:将第 2 个数 a[1]和第 3 个数 a[2]进行比较,将较大的调到下面。这里是 7 和 10 比较,这次比较不用对调这两个元素的位置,结果如图 5.7(c)所示。

第 3 次:将第 3 个数 a[2]和第 4 个数 a[3]进行比较,将较大的调到下面。这里是 10 和 4 比较后对调位置,结果如图 5.7(d)所示。

第 4 次:将第 4 个数 a[3]和第 5 个数 a[4]进行比较,将较大的调到下面。这里是 10 和 2 比较后对调位置,结果如图 5.7(e)所示。

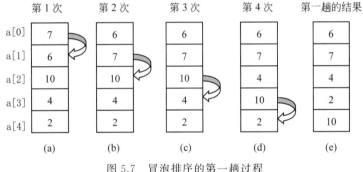

图 5.7 冒泡排序的第一趟过程

如此进行共 4 次,结果得到 6-7-4-2-10 的顺序,最大的数 10 成为最下面的一个数。最大的数"沉底",最小的数 2 向上"浮起"一个位置(冒第一个泡)。

这 4 次处理过程都是类似的,都是"相邻两数比较,若后面的数小,则两数交换,否则不交换";所不同的是"比较的两个数,它们的位置不同",先是 a[0]和 a[1]比较,再是 a[1]和 a[2]比较,然后是 a[2]和 a[3]比较,最后是 a[3]和 a[4]比较。我们会发现一个规律,每次比较后,往下移了一位,所以可以用一个变量 i 控制,每次都是 a[i]和 a[i+1]比较,而每次比较完后 i+1,总共比较 4 次,这样就可以用一个循环来实现,即:

```
for(i=0;i<4;i++)
    if(a[i]>a[i+1])
    {
        temp=a[i]; a[i]=a[i+1]; a[i+1]=temp;
    }
```

（2）第二趟（如图 5.8 所示），经过 3 次比较。

经过第一趟后最大数 10 已经沉到底了，第二趟就对余下的 4 个数（6-7-4-2）按上述的方法，经过 3 次比较，得到次大的数 7"沉底"，最小数 2 又向上"浮起"一个位置（冒第二个泡），结果得到 6-4-2-7 的顺序。

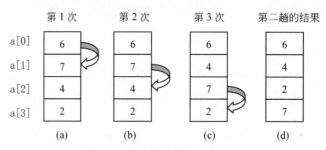

图 5.8　冒泡排序的第二趟过程

这趟比较的代码跟第一趟几乎一样，区别是比较的次数不一样，即是循环次数不一样，这趟是循环 3 次。用循环语句实现如下：

```
for(i=0;i<3;i++)
    if(a[i]>a[i+1])
    {
        temp=a[i]; a[i]=a[i+1]; a[i+1]=temp;
    }
```

（3）第三趟（如图 5.9 所示），经过 2 次比较。

对余下的三个数（6-4-2）按上述方法，经过 2 次比较，得到第三大数 6"沉底"，最小数 2 又"浮起"一个位置（冒第三个泡）。

这趟比较的代码与上一趟类似，只不过循环次数变成了 2 次。

（4）第四趟（如图 5.10 所示），经过 1 次比较。

对余下的两个数（4-2）按上述方法，经过 1 次比较，得到第四大数 4"沉底"，最小数 2 又"浮起"一个位置（冒第四个泡）。

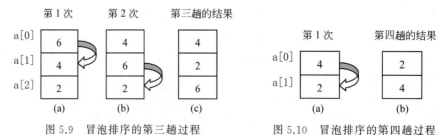

图 5.9　冒泡排序的第三趟过程　　　图 5.10　冒泡排序的第四趟过程

最后得到 5 个数的排序结果为 2-4-6-7-10（从小到大）。

从上面的四趟处理过程中可以看出，每一趟都很类似，都是"最大的数下沉，最小数向上浮起一个位置"；所不同的是，"每趟比较的次数不同"，第一趟 4 次，第二趟 3 次，第三趟 2 次，第四趟 1 次，所以引入"趟次"循环变量 j，一共需要 4 趟，故 j 从 1 到 4，而每趟比较的次数都是 5—j。因此，我们可以用两个 for 循环来实现，"趟次"循环变量 j 作为外层循环控制变量，每趟里面的次数作为内循环：

```
for(j=1;j<=4;j++)                    //j是趟次循环变量(外循环变量)
    for(i=0;i<5-j;i++)               //i是每趟中两两比较的次数变量(内循环变量)
        if(a[i]>a[i+1])
        {   //比较相邻两数大小,将较小的数放在前面
            temp=a[i]; a[i]=a[i+1]; a[i+1]=temp;
        }
```

也就是说，冒泡排序最重要的是确定趟数和每趟的次数。我们来分析一下：其一，需要比较的趟数——5 个数需要冒 4 个泡，即比较 4 趟，所以 n 个数要比较(n—1)趟；其二，每趟比较次数——5 个数排序，第一趟比较 4 次，第二趟比较 3 次，第三趟比较 2 次，第四趟比较 1 次，得出规律"n 个数排序，第 j 趟要比较 n—j 次"。

综上所述，n 个数需要进行 n—1 趟比较，在第 j 趟的比较中要进行 n—j 次两两比较。所以，任意 n 个数进行排序的程序如下：

【程序代码】

```
#include <stdio.h>
#define N 10                         //定义符号常量,对几个数排序,N的值就是几
int main()
{
    int a[N];                        //定义数组
    int i,j,temp;                    //定义变量
    printf("Please enter ten integers:\n");    //输出屏幕提示语
    for(i=0;i<N;i++)                 //从键盘接收N个数据放入数组a中
        scanf("%d",&a[i]);
    printf("\n");                    //输出换行符
    for(j=1;j<N;j++)                 //j是趟次循环变量(外循环变量)
        for(i=0;i<N-j;i++)           //i是每趟中两两比较的次数变量(内循环变量)
            if(a[i]>a[i+1])          //比较相邻两数大小,将较小的数放在前面
            {   temp =a[i];    a[i]=a[i+1]; a[i+1]=temp;    }
    printf("The sorted numbers:\n");     //输出屏幕提示
    for(i=0;i<N;i++)                 //将排序好的数组输出
        printf("%d  ",a[i]);
    printf("\n");
    return 0;
}
```

【运行结果】

程序运行结果截图如图 5.11 所示。

思考：如何优化上述冒泡排序算法？

实际上，针对某些待排序的数据序列，有可能当排序进行到某一趟时，全部数据已经有序，但是上述算法仍然会继续后面的排序操作，这就是多余的了。如何对上述算法进行改进呢？

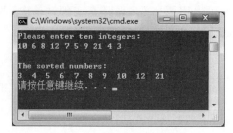

图 5.11　例 5-4 程序运行结果

5.2　二 维 数 组

5.2.1　二维数组的定义和引用

前面介绍的数组只有一个下标,称为一维数组,其数组元素也称为单下标变量。在实际问题中,有很多量是二维或多维的,比如最常见的矩阵就是二维的,因此 C 语言允许构造多维数组。多维数组元素有多个下标,以标识它在数组中的位置,所以也称为多下标变量。本节只介绍二维数组,多维数组可由二维数组类推而得到。

1. 二维数组的定义

二维数组定义的一般形式是:

```
类型声明符 数组名[常量表达式 1][常量表达式 2];
```

其中常量表达式 1 表示第一维的长度,常量表达式 2 表示第二维的长度。

说明:

(1) 类型声明符、数组名的声明同一维数组的声明。

(2) 下标为整型常量或整型常量表达式。

(3) 数组元素个数为:常量表达式 1×常量表达式 2。

(4) 下标值从 0 开始。

例如:

```
int x[2][3];
```

x 是二维数组名,这个二维数组共有 6 个元素,分别是 x[0][0]、x[0][1]、x[0][2]、x[1][0]、x[1][1]、x[1][2],且其元素数值均为整型。

2. 二维数组的存储

二维数组在概念上是二维的,比如说矩阵,但其存储器单元是按一维线性排列的。在一维存储器中存放二维数组,有两种方式:一种是按行排列,即放完一行之后顺次放入第二行；另一种是按列排列，即放完一列之后再顺次放入第二列。在 C 语言中，二维数组是按行排列的。例如：

```
int x[2][3];
```

先放第一行，即 x[0][0]、x[0][1]、x[0][2]，再放第二行，即 x[1][0]、x[1][1]、x[1][2]。如图 5.12 所示。

图 5.12　二维数组的存储

3. 二维数组的引用

与一维数组一样，不能对一个二维数组的整体进行引用，只能对具体的数组元素进行引用。二维数组元素的引用格式如下：

数组名[下标 1][下标 2]

说明：

（1）下标可以是常量（大于等于 0）、常量表达式、变量或变量表达式。

（2）要特别注意下标越限问题。因为有的程序编译系统不会检查数组下标越限问题，所以程序设计者应特别注意。

（3）严格区分数组定义时使用的 a[2][3] 和引用元素时使用的 a[2][3]。下标变量和数组声明在形式中有些相似，但这两者具有完全不同的含义。

5.2.2　二维数组的初始化

二维数组的初始化即定义数组的同时对其元素赋值，初始化有两种方法。

（1）把初始化值括在一对大括号内，例如二维数组定义：

```
int x[2][3]={1,2,3,4,5,6};
```

初始化结果是 x[0][0]＝1，x[0][1]＝2，x[0][2]＝3，x[1][0]＝4，x[1][1]＝5，x[1][2]＝6。

（2）把多维数组分解成多个一维数组，也就是把二维数组可看作一种特殊的一维数组，该数组的每一个元素又是一个一维数组。例如：

```
int x[2][3];
```

可把数组 x 看成是具有两个元素的一维数组，其元素是 x[0] 和 x[1]。而每个元素 x[0]、x[1] 又都是具有三个元素的一维数组，其元素分别是 x[0][0]、x[0][1]、x[0][2]、x[1][0]、x[1][1]、x[1][2]。

$$x: \begin{cases} x[0]: x[0][0], x[0][1], x[0][2] \\ x[1]: x[1][0], x[1][1], x[1][2] \end{cases}$$

因此，上例二维数组的初始化可分解成两个一维数组的初始化：

```
int x[2][3]={{1,2,3},{4,5,6}};
```

对于二维数组初始化赋值还有以下几点说明：

（1）可以只对部分元素赋初值，未赋初值的元素自动取 0 值。例如：

```
int x[2][2]={{1},{2}};
```

是对每一行的第一列元素赋值，未赋值的元素取 0 值。赋值后各元素的值为 x[0][0]＝1、x[0][1]＝0、x[1][0]＝2、x[1][1]＝0。

（2）如对全部元素赋初值，则第一维的长度可以不给出。例如，对二维数组 x 的初始化：

```
int x[2][3]={1,2,3,4,5,6};
```

也可写成：

```
int x[][3]={1,2,3,4,5,6};
```

即第一维长度省略，但第二维长度不能省略。

5.2.3　二维数组应用举例

【例 5-5】　某公司 2020 年上半年产品销售统计表如表 5.1 所示，求每种产品的月平均销售量和所有产品的总月平均销售量。

表 5.1　产品销售统计表

月份	产品 A	产品 B	产品 C	产品 D	产品 E
1	30	21	50	35	42
2	35	15	60	40	40
3	32	18	56	37	50
4	40	25	48	42	48
5	36	23	52	33	46
6	41	19	55	39	52

【问题分析】

（1）定义一个二维数组 a[5][6]用于存放该公司 5 种产品 6 个月的月销售量。再定义一个一维数组 aver[5]用于存放所求的 5 种产品的月平均销售量,定义变量 average 存放所有产品 6 个月的总月平均销售量。

（2）使用双重 for 循环,外层循环次数为 5 次,内层循环次数为 6 次。内层循环实现一种产品 6 个月的销量的累加。外层循环每循环一次,求出一种产品的 6 个月的月平均销售量。

（3）使用一个循环次数为 5 次的 for 循环语句,求 5 种产品的月平均销售量的累加和,该值除以 5 即可得到所有产品的总月平均销售量。

【程序代码】

```
#include <stdio.h>
int main()
{   //定义循环控制变量 i 和 j,存放累加和的变量 sum
    int i,j,sum=0;
    /*定义各产品月平均销售量数组 aver[5]、各产品月平均销售量累加和变量 total 和总月
      平均销售量 average*/
    float aver[5],total=0.0,average;
    //定义二维数组,并初始化
    int a[5][6]={{30,35,32,40,36,41},{21,15,18,25,23,19},
                {50,60,56,48,52,55},{35,40,37,42,33,39},
                {42,40,50,48,46,52}};
    for(i=0;i<5;i++)                      //外层循环
    {
        for(j=0;j<6;j++)                  //内层循环
            sum=sum+a[i][j];              //累加各产品的月销售量
        aver[i]=sum/6.0;                  //计算各产品月平均销售量
        sum=0;                            //sum 清零,为累加下一产品的月销售量做准备
    }
    for(i=0;i<5;i++)
    {   total+=aver[i];    }              //累加各产品月平均销售量
    average=total/5;                      //计算所有产品 6 个月的总月平均销售量
    for(i=0;i<5;i++)                      //输出各产品的月平均销售量
    {   printf("产品%c 的月平均销售量:%.2f\n",65+i,aver[i]);    }
    printf("所有产品 6 个月的总月平均销售额:%.2f\n",average);
    return 0;
}
```

【运行结果】

程序运行结果如图 5.13 所示。

【代码解析】

（1）main 函数中定义了一个整型二维数组 a[5][6],用于存放公司 5 种产品 6 个月的月销售量。

图 5.13 例 5-5 程序运行结果

（2）main 函数中定义了一个实型一维数组 aver[5]，用于存放各产品的月平均销售量，aver[0]存放产品 A 的月平均销售量，aver[1]存放产品 B 的月平均销售量，以此类推。语句 aver[i]= sum/6.0;实现计算各产品月平均销售量。由于累加和变量 sum 为整型，所以把分母书写为 6.0 以便能得到较精确的运算结果。

【例 5-6】 编写一个程序实现 3×4 的矩阵的转置。矩阵转置是把矩阵的行和列互换，例如：

$$\begin{pmatrix} 1 & 2 & 3 & 4 \\ 5 & 6 & 7 & 8 \\ 9 & 10 & 11 & 12 \end{pmatrix}$$

转置后变成 4×3 的矩阵：

$$\begin{pmatrix} 1 & 5 & 9 \\ 2 & 6 & 10 \\ 3 & 7 & 11 \\ 4 & 8 & 12 \end{pmatrix}$$

【问题分析】

（1）定义两个二维数组，数组 a 为 3 行 4 列，存放转置前的 3×4 的矩阵，数组 b 为 4 行 3 列，存放转置后的 4×3 的矩阵。

（2）使用双重 for 循环，将数组 a 中的元素 a[i][j]赋值给 b[j][i]，即可完成矩阵转置。

【程序代码】

```c
#include <stdio.h>
int main()
{
    int a[3][4],b[4][3];              //定二维数组 a[3][4]和 b[4][3]
    int i,j;                          //定义循环控制变量
    printf("请输入 3 行 4 列的矩阵 a:\n"); //输出屏幕提示语
    for(i=0;i<3;i++)                  //输入矩阵 a
        for(j=0;j<4;j++)
            scanf("%d",&a[i][j]);
    for(i=0;i<3;i++)                  //矩阵转置
```

```
    for(j=0;j<4;j++)
        b[j][i]=a[i][j];              //两个矩阵行和列互换
    printf("转置后的矩阵 b 为:\n");      //输出屏幕提示语
    for(i=0;i<4;i++)                   //输出转置后的矩阵 b
    {
        for(j=0;j<3;j++)
            printf("%5d",b[i][j]);
        printf("\n");                  //每输出三个元素后输出一个回车符
    }
    return 0;
}
```

【运行结果】

程序运行结果如图 5.14 所示。

图 5.14　例 5-6 程序运行结果

【代码解析】

（1）main 函数中的第一个双重 for 循环,外层循环次数为 3 次,内层循环次数为 4 次,实现从键盘接收转置前的矩阵的各元素值。第二个双重 for 循环,外层循环次数为 3 次,内层循环次数为 4 次,用于实现矩阵转置。考虑程序执行效率,可以合并这两个 for 循环的循环体。

（2）main 函数中的第三个双重 for 循环,用于输出矩阵 b,应该注意,每输出一行数据元素后,即内循环结束,使用语句 printf("\n")换行。

5.3　字符数组和字符串

　　前面介绍的都是数值型数组,即数组元素都是数值。还有一种数组,其每个元素都是一个字符,也就是说,数组元素的数据类型都是 char 类型的,除此之外,它与前面讲的数组没有区别。这种用来存放字符的数组称为字符数组。

　　字符串应用广泛,但 C 语言中没有专门的字符串类型,字符串是存放在字符数组中的。

5.3.1 字符数组的定义和初始化

字符型数组的定义格式如下:

```
char  数组名[字符个数];
```

例如:

char c[5];

字符数组也可以是二维或多维数组。例如,char c[3][4]即为二维字符数组。

同样,字符数组也允许在定义时进行初始化赋值。字符数组初始化的过程与数值型数组初始化的过程完全一样。例如:

char c[4]={'G','o','o','d'};

赋值后各元素的值为 c[0]= 'G'、c[1]='o'、c[2]='o'、c[3]='d'。

字符型数组与数值型数组在初始化中的区别如下。

初始化时,提供的数据个数如果少于数组元素个数,则多余的数组元素初始化为空字符'\0',而前面讲过数值型数组初始化为 0。例如:

char b[9]={'G', 'o', 'o', 'd'};

由于初始化时,提供的字符个数少于数组元素个数,则多余的数组元素初始化为空字符'\0',即 b[0]= 'G'、b[1]= 'o'、b[2]= 'o'、b[3]= 'd'、b[4]= '\0'、b[5]= '\0'、b[6]= '\0'、b[7]= '\0'、b[8]= '\0'。

【例 5-7】 编写程序,使用字符数组存储下面的一问一答的问候语,并输出。

How are you?
Fine! Thank you, and you?

【问题分析】

根据要求,可以使用两个一维字符数组来存放这两句问候语,也可以使用一个二维字符数组来存放这两句问候语。数组与 for 循环语句相结合,输出字符数组中的各个字符,即可实现输出问候语。

【程序代码】

```c
#include <stdio.h>
int main()
{
    //定义并初始化字符数组 greetings1, greetings2
    char greetings1[13]={'H','o','w',' ','a','r','e',' ','y','o','u','?'};
    char greetings2[24]={'F','i','n','e','!','T','h','a','n','k',' ','y',
                         'o','u',',','a','n','d',' ','y','o','u','?' };
```

```
        int i;                              //定义循环控制变量 i
        for(i=0;i<13;i++)                    //输出字符数组 greetings1 中每个元素的值
            printf("%c", greetings1[i]);     //格式化输出语句中,输出字符用%c
        printf("\n");

        for(i=0;i<24;i++)                    //输出字符数组 greetings2 中每个元素的值
            printf("%c", greetings2[i]);
        printf("\n");
        return 0;
    }
```

【运行结果】

程序运行结果如图 5.15 所示。

图 5.15　例 5-7 程序运行结果

【代码解析】

（1）main 函数中定义了两个字符数组 greetings1[13]和 greetings2[24],分别存储问候语"How are you?"和"Fine! Thank you,and you?"。

（2）main 函数中的第一个 for 循环输出第一句问候语,第二个 for 循环输出第二句问候语。格式化输出语句中,输出字符使用格式控制符%c。

（3）也可以使用一个二维字符数组存放这两句问候语,该数组定义如下:

```
char greetings[2][24]={{'H', 'o', 'w', ' ', 'a', 'r', 'e', ' ', 'y', 'o', 'u', '?
'}, {'F', 'i', 'n', 'e', '!', 'T',   'h', 'a', 'n', 'k', ' ', 'y', 'o', 'u', ',', 'a',
'n', 'd', ' ', 'y', 'o', 'u', '?'}};
```

说明:对于例 5-7 中两个字符数组的长度的确定,依据的是其所存储的问候语中字符的个数,为字符个数+1。当然,这两个字符数组长度也可以是其所存储的问候语中字符的个数。为什么长度要多 1 呢? 请看接下来的内容。

5.3.2　字符串

在 C 语言中没有专门的字符串类型,相应地也就没有字符串变量,C 语言使用字符数组来存放字符串。前面介绍字符串常量时,已声明字符串总是以'\0'作为串的结束符。因此当把一个字符串存入一个数组时,也把结束符'\0'存入数组,并以此作为该字符串是否结束的标志。有了'\0'标志后,就不必再用字符数组的长度来判断字符串的长度了。例如:

```
char string[6]="China";
```

赋值结果是,字符串数组 string 有 6 个元素,最后一个元素为'\0'.

存放字符串的字符数组的初始化有两种方法。

(1) 用字符常量初始化数组,用字符常量给字符数组赋初值时,要用大括号将赋值的字符常量括起来。例如:

```
char str[6]={'C', 'h', 'i', 'n', 'a', '\0' };
```

数组 str[6]被初始化为"China",其中最后一个元素的赋值'\0'可以省略。

(2) 用字符串常量初始化数组。例如:

```
char str[6]="China";
```

或

```
char str[6]={"China"};
```

不管是用字符常量初始化字符数组,还是用字符串常量初始化数组,若字符个数少于数组长度,程序都自动在末尾字符后加'\0'.

字符数组初始化应注意以下几个问题:

(1) 如果提供赋值的字符个数多于数组元素的个数,则为语法错误。例如:

```
char str[4]={'C', 'h', 'i', 'n', 'a', '\0' };      //错误
char string[4]="China";                            //错误
```

(2) 如果提供赋值的字符个数少于数组元素的个数,则多余数组元素自动赋值为'\0'.例如:

```
char string[20]="China";
```

字符数组 string 从第六个元素开始之后全部赋值为'\0'.

(3) 用字符串常量初始化时,字符数组的长度可以省略,其数组存放字符的个数由赋值的字符串的长度决定。例如:

```
char str[]={"1a2b3c"};
```

等同于

```
char str[7]={"1a2b3c"};
```

(4) 初始化时,若字符个数与数组长度相同,则字符末尾不加'\0',此时字符数组不能作为字符串处理,只能作为字符逐个处理。初始化时是否加'\0',要看是否作为字符串处理。

【例 5-8】 编程实现把一个已知字符串放入一维字符数组中,并输出。

```
#include <stdio.h>
int main()
{
    //定义字符数组 str,并将字符串"Hello\nworld"放入该数组中
```

```
        char str[]="Hello\nworld";
        printf("%s\n",str);                    //输出字符串,字符串整体输出用%s格式符
        return 0;
}
```

【运行结果】

程序运行结果如图 5.16 所示。

图 5.16 例 5-8 程序运行结果

【代码解析】

(1) main 函数中的语句 char str[]="Hello\nworld",定义字符数组 str 并使用字符串常量进行初始化。内存中数组 str 的存储情况为:

H	e	l	l	o	\n	w	o	r	l	d	\0

(2) main 函数中的语句 printf("%s\n",c)将整个字符串一次输出,使用%s格式符,输出项是字符数组名 str。

5.3.3 字符数组的输入和输出

字符数组的输入/输出有两种方法:一种方法是逐个把字符输入/输出,另一种方法是整个字符串一次输入/输出。

scanf/printf 可以输入/输出任何类型的数据。若要输入/输出字符,格式为%c,若要输入/输出字符串,格式为%s。

(1) 字符数组的输入。从键盘逐个读取字符:

```
scanf("%c",字符数组元素地址);
```

从键盘读取一串字符:

```
scanf("%s",字符数组名);
```

注意:当从键盘输入完要输入的字符串时,字符数组自动包含一个结束标志'\0'。

scanf( )的格式要求操作数是地址。假如 c 是字符数组名,scanf("%s",&c)的写法是不正确的。因为,字符数组名是字符串第一个字符的地址,是地址常量,对其操作不要再加地址运算符号。

（2）字符数组的输出。向显示器逐个输出字符：

```
printf("%c",字符数组元素);
```

向显示器输出一串字符：

```
printf("%s",字符数组名);
```

注意：输出字符串字符时，遇到'\0'则结束。

【例5-9】 编程实现从键盘输入一个字符串，存放于一个字符数组中，并将该数组输出。

（1）用格式化输入/输出字符的实现如下：

```
#include <stdio.h>
int main()
{
    char a[10];                          //定义字符数组 a,能够存放 10 个字符
    int i;                               //定义循环控制变量 i
    printf("请输入一个长度不超过 10 的字符串:\n");
    for(i=0;i<10;i++)                    //循环实现逐个输入 a[i]的值
        scanf("%c",&a[i]);               //用 scanf()函数对字符数组进行赋值
    for(i=0;i<10;i++)                    //循环实现逐个输出 a[i]的值
        printf("%c",a[i]);               //用 printf()函数输出字符数组中的内容
    printf("\n");                        //输出回车符
    return 0;
}
```

【运行结果】

程序运行结果如图 5.17 所示。

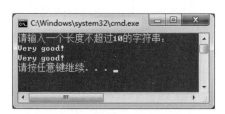

图 5.17　例 5-9 程序运行结果 1

【代码解析】

实现格式化输入字符时，需要逐个读取字符并放入相应数组元素中，所以需要用循环语句来实现，输入时不能超过 10 个字符，注意回车符也算一个字符。如果输入超过 10 个字符，则只将前 10 个字符赋值给数组 a；输出数组时也就只输出前 10 个字符。

注意：如果从键盘输入的字符个数达到 10，末尾字符后面没有'\0'，此时的字符数组

不能作为字符串处理，只能作为字符逐个处理。

（2）用格式化输入/输出字符串的实现如下：

```
# include <stdio.h>
int main()
{
    char a[10];                        //定义数组 a,能够存放 10 个元素
    printf("请输入一个长度小于 10 的字符串:\n");
    scanf("%s",a);                     //用 scanf()函数对字符串数组进行赋值
    printf("%s",a);                    //用 printf()函数输出字符数组中的内容
    printf("\n");
    return 0;
}
```

【运行结果】

程序运行结果如图 5.18 所示。

图 5.18　例 5-9 程序运行结果 2

【代码解析】

（1）scanf()函数调用和 printf()函数调用中的格式符若是%s,则可以实现对整个字符串的输入/输出;当输入字符少于 10 个时,可以输入,而输出的是一样的字符串。但是当输入字符大于或等于 10 个时就会造成溢出,从而导致运行出错。

（2）默认情况下空格、回车符以及 Tab 键是作为字符串输入的结束符,scanf()函数调用时的格式符%s,不能实现字符串中包含空格的字符串的输入。这时需要使用格式符%[ ]。

```
char b[20];
scanf("%[^\n]",b);                     //以换行符作为字符串输入的结束
```

5.3.4　字符串处理函数

在 C 语言标准库函数中,提供了一些专门用于处理字符串的函数,常用的有 gets( )/puts( )函数、strlen( )函数、strcmp( )函数、strlwr( )/strupr( )函数、strcat( )函数、strcpy( )/strncpyy( )函数。

（1）gets( )/puts( )是字符串输入/输出函数。

其中,gets( )函数是字符串输入函数。函数调用格式如下：

```
gets(字符数组名)
```

函数功能：从终端输入一个字符串到字符数组。

puts( )函数是字符串输出函数。函数调用格式如下：

```
puts(字符数组名)
```

函数功能：将一个字符串（以'\0'结束的字符序列）输出到终端,输出完字符串后换行。

例如：

```
char a[10];                    //定义长度为 10 的字符数组 a
gets(a);                       //用 gets( )函数对字符数组 a 进行赋值
puts(a);                       //用 puts( )函数输出字符数组 a 中的内容
```

注意：gets( )和 puts( )函数是对整个字符串的输入/输出函数,对于这里定义的字符数组 a,当输入字符数少于 10 个时,输入什么,输出也是什么。但当输入字符数大于或等于 10 个时就会造成溢出,从而导致运行出错。

（2）strlen( )是测字符串长度函数。函数调用格式如下：

```
strlen(字符数组名)
```

函数功能：测字符串的实际长度（不含字符串结束标志'\0'）,并作为函数值返回。

例如：

```
char s[]="C language";              //初始化字符串 s
k=strlen(s);                        //调用 strlen()函数求字符串 s 的长度
printf("The length of the string is %d\n",k);   //输出字符串的长度值
```

（3）strcmp( )是字符串比较函数。函数调用格式如下：

```
strcmp(字符数组名 1, 字符数组名 2)
```

函数功能：将两个字符数组中的字符串从左至右逐个比较,比较字符的 ASCII 码大小,并由函数返回值返回比较结果。

• 字符串 1＝字符串 2,返回值＝0。
• 字符串 1＞字符串 2,返回值＞0。
• 字符串 1＜字符串 2,返回值＜0。

本函数也可用于比较两个字符串常量,或比较字符数组和字符串常量。例如：

```
char str1[15],str2[15];             //定义字符数组 str1 和 str2
printf("Please enter string1:\n");  //输出屏幕提示语
gets(str1);                         //输入字符串 1
```

```
printf("Please enter string2:\n");            //输出屏幕提示语
gets(str2);                                    //输入字符串 2
k=strcmp(str1,str2);                           //调用函数 strcmp()比较字符串 1 和字符串 2 的大小
if(k==0) printf("str1=str2\n");   //返回值为 0,那么字符串 1=字符串 2
if(k>0) printf("str1>str2\n");    //返回值>0,那么字符串 1>字符串 2
if(k<0) printf("str1<str2\n");    //返回值<0,那么字符串 1<字符串 2
```

（4）strlwr( )/strupr( )是字符串大小写转换函数。

其中,strlwr( )是转换为小写函数。函数调用格式如下:

```
strlwr(字符数组名)
```

函数功能:将字符串中的大写字符转换成小写。

strupr( )是转换为大写函数。函数调用格式如下:

```
strupr(字符数组名)
```

函数功能:将字符串中的小写字符转换成大写。
例如:

```
char s[]="how ARE You? ";      //定义字符数组 s,并初始化
strlwr(s);                     //将 s 中的字符转换成小写
puts(s);                       //输出 s
strupr(s);                     //将 s 中的字符转换成大写
puts(s);                       //输出 s
```

（5）strcat( )是字符串连接函数。函数调用格式如下:

```
strcat(字符数组名 1,字符数组名 2)
```

函数功能:把字符数组 2 中的字符串连接到字符数组 1 中字符串的后面,并删去字符串 1 后的串标志"\0"。本函数返回值是字符数组 1 的首地址。例如:

```
//定义字符数组 str1 和 str2,并初始化
char str1[30]="My name is ",str2[]="Xiao ming";
strcat(str1,str2);             //调用字符串连接函数 strcat()将 str2 接到 str1 的后面
puts(str1);                    //输出 str1
```

注意:字符数组 str1 应定义足够的长度,否则不能全部装入被连接的字符串。

（6）strcpy( )/strncpy( )是字符串复制函数。

其中,strcpy( )是字符串复制函数。函数调用格式如下:

```
strcpy(字符数组名 1, 字符数组名 2)
```

函数功能：把字符数组 2 中的字符串复制到字符数组 1 中。串结束标志"\0"也一同复制。字符数组 2 也可以是一个字符串常量。这时相当于把一个字符串赋给一个字符数组。strncpy( )是字符串复制函数。函数调用格式如下：

```
strncpy(字符数组名 1, 字符数组名 2, n)
```

函数功能：把字符数组 2 中的前 n 个字符复制到字符数组 1 中，取代字符数组 1 中原有的前 n 个字符。例如：

```
char str1[20],str2[]="These are apples.", str3[]="Those are bananas.";
strcpy(str1,str2);          //调用字符串复制函数 strcpy()，将字符串 2 复制到字符串 1 中
puts(str1);                 //输出字符串 1
/* 调用字符串复制函数 strncpy()，将字符串 3 中的前 4 个字符复制到字符串 2 中，取代字符串
   2 中原有的前 4 个字符。*/
strncpy(str2,str3,4);
puts(str2);                 //输出字符串 2
```

注意：在使用字符串处理函数时，应该在程序文件的开头使用

```
#include <string.h>
```

把 string.h 文件包含到本文件中。

5.3.5　字符数组应用举例

【例 5-10】　编程实现凯撒加密，即是将待加密文本中的每个字符替换为其后面第 k 个字符。

【问题分析】　定义两个字符数组，一个字符数组 S 用来存放待加密文本字符串，一个字符数组 C 用来存放加密后的文本字符串。根据加密规则，密码字符的计算公式如下。

若是大写英文字母，计算公式为：

```
S[i]-'A'+k)%26+'A';
```

若是小写英文字母，计算公式为：

```
S[i]-'a'+k)%26+'a';
```

【程序代码】

```
#include <stdio.h>
#include <string.h>
#define MAX 100                        //待加密文本最大长度
int main()
{
    char S[MAX];                       //定义字符数组 S，存放待加密文本
    char C[MAX];                       //定义字符数组 C，存放加密后文本
```

```
    int i,k=3;                              //定义循环控制变量 i,密码规则变量 k
    printf("Enter passage\n");              //输出屏幕提示语
    gets(S);                                //从键盘读取待加密文本,存入字符数组 S
    i=0;
    while(S[i]!='\0')                       //依次处理待加密文本中的每个字符
    {
        if ((S[i]>='A') && (S[i]<='Z') )    //若为大写英文字母
            C[i]=(S[i]-'A'+k)%26+'A';       //密文字符
        else if ((S[i]>='a') && (S[i]<='z') )  //若为小写英文字母
            C[i]=(S[i]-'a'+k)%26+'a';       //密文字符
        else                                //非字母字符
            C[i]=S[i];                      //保持不变
        i++;
    }
    C[i]='\0';                              //在密文字符串的末尾添加字符串结束标志'\0'
    printf("Password\n%s\n",C);             //输出加密后的文本
    return 0;
}
```

【运行结果】

程序运行结果如图 5.19 所示。

图 5.19 例 5-10 程序运行结果

【代码解析】

(1) 为方便处理不同长度的待加密文本时修改程序,定义了符号常量 MAX。

(2) while 循环用于处理待加密文本的每个字符,对于当前正在处理的字符 S[i],如果它是大写英文字母,则对应的密码字符 $C[i]=(S[i]-'A'+k)\%26+'A'$;如果它是小写英文字母,则对应的密码字符 $C[i]=(S[i]-'a'+k)\%26+'a'$;非字母字符保持不变。

(3) while 循环结束,文本加密结束,在密文的末尾加上字符串结束标志\0'。

【例 5-11】 约瑟夫环问题。设有编号为 $1,2,\cdots,n$ 的 n 个($n>0$)个人围成一个圈,从第 1 个人开始报数,报到 m 时停止报数,报 m 的人出圈,再从他的下一个人起重新报数,报到 m 时停止报数,报 m 的出圈,$\cdots$,如此下去,直到剩余 1 个人为止。当任意给定 n 和 m 后,求 n 个人出圈的次序。程序要求按出圈次序打印每个出圈人的姓名。

【问题分析】

(1) 定义一个二维字符数组来存放所有人员的姓名,即 name[N][LEN],一旦人员出圈,则将对应数组姓名字符串置为空串。

（2）如何在数组中找到出圈人员呢？这里设置一个下标变量和两个计数器变量；

- index：下标变量。
- counter：报数计数器变量。
- outCounter：出圈人数统计计数器变量。

（3）下标 index 从 0～N−1 不断累加循环，当 index＝N 时，重置为 0，继续循环，直到只剩下最后一个人出圈。这就构成了整个程序的主循环。循环的结束条件是出圈总人数达到 N 即结束。

（4）主循环每循环一次，index 自增（index＋＋），然后判断字符数组 name 当前 index 下标所在元素是否为空，即 name[index]是否为空串，如果为空串，表示此人已经出圈，直接进入下一次循环；name[index]不为空串，表示此人还没有出圈，此时报数计数器＋1，然后判断该报数计数器是否与之前设定的 k 值相等，如果不相等，则不是要出圈人员，进入下一次循环；如果与 k 相等，则找到一个出圈人员，此时出圈人数统计计数器＋1，设置 name[index]为空串，表示该人员已出圈，counter 清零，重新开始计数，继续循环。

【程序代码】

```c
#include <stdio.h>
#include <string.h>
#define MAX 20              //总人数上限
#define LEN 10              //人员姓名长度上限
int main()
{
    char name[MAX][LEN+1];
    int order[MAX];         //记录出圈顺序数组
    int N;                  //总人数
    int index=0;            //姓名字符数组下标,当 index 为 N 时,重置 index=0
    int counter=0;          //报数计数器,当 counter 为 k 时,该人出圈,counter 重置 0
    int outCounter = 0;     //出圈人数统计计数器,当 outCounter 为 N 时,循环结束
    int k;                  //表示数到第 k 时该人出圈
    int i;                  //循环控制变量 i
    printf("请输入总人数:");
    scanf("%d",&N);
    printf("请输入数到第几个人退出:");
    scanf("%d",&k);
    printf("请依次输入%d个人的姓名(姓名长度不超过 10 个字符):\n",N);
    for(i=0;i<N;i++){    scanf("%s",name[i]);    }
    while(outCounter<N)    //只要出圈人数小于总人数,继续循环
    {
        if(strcmp(name[index],"\0")!=0)        //该人员未出圈
        {
            counter++;                          //报数计数器+1
            if(counter ==k)                     //报数到第 k 时,该人出圈
            {
                ++outCounter;                   //出圈人数统计计数器+1
```

```
                    //该人退出,用'\0'标记
                    printf("第%2d个人退出者:%s\n",outCounter,name[index]);
                    strcpy(name[index],"\0");
                    order[index]=outCounter;      //记录出圈顺序
                    counter=0;                     //counter重置0
                }
            }
            index++;
            if(index==N) index=0;
        }
        printf("出圈顺序:\n");
        for(i=0;i<N;i++)                           //输出出圈顺序
            printf("%d ",order[i]);
        printf("\n");
        return 0;
    }
```

【运行结果】

程序运行结果如图 5.20 所示。

图 5.20   例 5-11 程序运行结果

　　思考：复杂约瑟夫环问题：1～n 个人构成一圈,每个人手中有个号码,读入一个数 m,从第一个人开始报数,报到 m 的人出圈;下一个人接着从 1 报数,报到出圈人手里的号码的人出圈,依次进行。求 n 个人出圈的次序。

5.4   常见错误分析

(1) 定义数组时,数组元素个数用变量,例如：

```
float x[2*j-1];
```

```
int y[j][15];
```

是错误的,因为数组在定义时,元素个数应是整型常量或整型常量表达式。

【编译报错信息】

编译报错信息如图 5.21 所示。

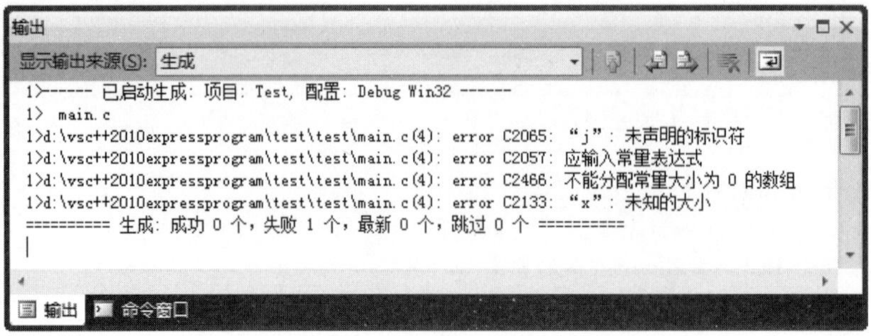

图 5.21　编译错误提示信息截图 1

【错误分析】

提示需要常量表达式,不能分配常量大小为 0 的数组,x 为未知的大小。

(2)数组下标越界,例如:

```
int a[5],i;
for(i=0;i<=5;i++)
    scanf("%d",&a[i]);
```

由于数组 a 定义有 5 个元素,下标为 0~4,当 i 为 5 时,实际上 scanf()形式为:

```
scanf("%d",&a[5]);
```

而数组 a 中根本就没有 a[5]这个元素,所以这次接收输入是错误的。C 语言本身对下标越界不做检查,因此发生程序运行错误。

【运行报错信息】

运行报错信息如图 5.22 所示。

(3)不能对数组整体进行读取操作。例如:

```
int c[5]={1,23,67,52};
printf("c=%d",c);
```

是错误的,C 语言不允许对数组做整体操作,如果想把数组 c 的元素输出,需要使用循环来实现,例如:

```
int c[5]={1,23,67,52};
for(i=0;i<4;i++)
    printf("%d",c[i]);
```

同样也不能用 scanf 一次接收一整个数组的值,如 scanf("%d",&a)是错误的,也得使用循环来实现。但是这两种情况在编译时都不会提示错误,而在运行时程序结果是错误的。

图 5.22 运行错误提示信息截图

（4）二维数组初始化时，第二维长度不能省略，例如：

```
int b[][]={{1,1,1,1 },{2,2,2,2 },{3,3,3,3 }};
char c[3][]={"good", "morning", "Wang! " };
```

是错误的。一维数组初始化时长度可以省略，二维数组初始化时第一维长度可以省略，但第二维长度不能省略。

【编译报错信息】

编译报错信息如图 5.23 所示。

图 5.23 编译错误提示信息截图 2

【错误分析】

提示下标丢失。

(5) 接收字符串时,使用了取址运算符,例如:

```
char str[10];
scanf("%s",&str);
```

是错误的,由于数组名本身就代表地址,所以不应再加 & 符号。实际上,只要是使用%s 控制字符,其对应字符数组名前就不加 & 符号了,正确的写法为 scanf("%s",str)。这种错误在编译的时候同样不会提示错误。

(6) 数组赋值只能是对每个元素赋值,不能整体赋值,例如:

```
int data[];
data={1, 2 ,3, 4};
```

或

```
char str[];
str="hello";
str[6]="hello";
```

都是错误的,其实这种错误跟第(3)种错误是一样的,C 语言不支持对数组的整体操作,但使用者由于看到数组初始化的情形,就以为能够把字符串赋给一个数组。这种错误出现的频率很高,应加以重视。这种赋值只能在初始化时进行。

【编译报错信息】

编译报错信息如图 5.24 所示。

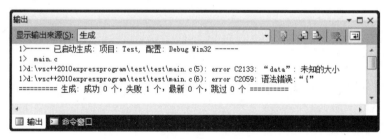

图 5.24　编译错误提示信息截图 3

【错误分析】

提示 data 大小未知和左大括号"{"附近存在语法错误。

(7) 字符数组初始化时,若字符个数与数组长度相同,则字符末尾不加'\0',此时字符数组不能作为字符串处理,只能对字符逐个处理。初始化时是否加'\0',要看是否作为字符串处理。例如,char b[4]={'G', 'o', 'o', 'd'}只能对字符逐个处理,不能作为字符串处理。

本 章 小 结

数组是程序设计中最常用的构造类型。数组是一组相同类型数据的有序集合,它们都拥有同一个名字,在大批量数据处理和字符串操作时,广泛使用数组。数组可分为数值数组(整数数组、实数数组)、字符数组以及后面将要介绍的指针数组、结构体数组等。数组可以是一维的、二维的或多维的。

数组中的每一个元素都属于同一种数据类型。不能把不同类型的数据放在同一个数组中。

字符串应用广泛,但 C 语言中没有专门的字符串类型,字符串是存放在字符数组中的。字符数组并不要求它的最后一个字符为'\0',但在使用字符数组存储字符串时,数组中最后一个字符一定要是'\0',否则此时的字符数组不能作为字符串处理,调用字符串处理函数会发生程序运行错误。

将数组和循环结合起来,可以有效处理大批量数据,大大提高工作效率,十分方便。

在本章中,重点是一维数组的概念及其应用;对于多维数组,仅以二维数组作以简单介绍;本章还对字符串的概念、应用以及常用的字符串函数做了介绍。

习   题

一、选择题

1. 下列数组定义合法的是(   )。
    A. char a[5]= "string";   B. int a[5]={0,1,2,3,4,5};
    C. char s="string";   D. int c[]={0,1,2,3,4,5};
2. 以下对一维数组 a 进行初始化不正确的是(   )。
    A. int a[10]=(0,0,0,0);   B. int a[10]={};
    C. int a[]={0};   D. int a[10]={10 * 2};
3. 在定义 int a[5][4]之后,对数组元素的引用正确的是(   )。
    A. a[2][4]   B. a[5][0]   C. a[0][0]   D. a[0,0]
4. 在 int a[4]={5,3,8,9}中,a[3]的值为(   )。
    A. 5   B. 3   C. 8   D. 9
5. 以下 4 个数组定义中,(   )是错误的。
    A. int a[7];   B. #define N 5   long b[N];
    C. char c[5];   D. int n, d[n];
6. 在数组中,数组名表示(   )。
    A. 数组第 1 个元素的首地址   B. 数组第 2 个元素的首地址

C. 数组所有元素的首地址　　　　　　　　D. 数组最后 1 个元素的首地址

7. 设有定义 char s[12] = "string",则 printf("%d\n",strlen(s))的输出是(　　　)。

    A. 6　　　　　　　　B. 7　　　　　　　　C. 11　　　　　　　　D. 12

8. 若有以下数组声明,则数值最小的和最大的元素下标分别是(　　　)。

```
int a[12] = {1,2,3,4,5,6,7,8,9,10,11,12};
```

    A. 1,12　　　　　　　B. 0,11　　　　　　　C. 1,11　　　　　　　D. 0,12

9. 下面程序中有错误的一行是(　　　)。

```
#include <stdio.h>
int main(){
    float array[5]={0.0};          //第 A 行
    int i;
    for(i=0;i<5;i++)
        scanf("%f",&array[i]);
    for(i=1;i<5;i++)
        array[0]=array[0]+array[i];  //第 B 行
    printf("%f\n",array[0]);        //第 C 行
    return 0;
}
```

    A. 第 A 行　　　　　　B. 第 B 行　　　　　　C. 第 C 行　　　　　　D. 没有

10. 以下二维数组声明正确的是(　　　)。

    A. int a[][]={1,2,3,4,5,6};　　　　　　B. int a[2][]={1,2,3,4,5,6};

    C. int a[][3]={1,2,3,4,5,6};　　　　　　D. int a[2,3]={1,2,3,4,5,6};

11. 数组定义为 int a[3][2]={1,2,3,4,5,6},其中值为 6 的数组元素是(　　　)。

    A. a[3][2]　　　　　　B. a[2][1]　　　　　　C. a[1][2]　　　　　　D. a[2][3]

12. 下列语句中,正确的是(　　　)。

    A. char a[3][ ]={'abc', '1'};　　　　　　B. char a[ ][3]={'abc', '1'};

    C. char a[3][ ]={'a', "1"};　　　　　　D. char a[ ][3]={ "a", "1"};

13. 以下程序的输出结果是(　　　)。

```
#include <stdio.h>
int main(){
    char ch[3][5]={"AAAA","BBB","CC"};
    printf("\"%s\"\n",ch[1]);
    return 0;
}
```

    A. "AAAA"　　　　　　B. "BBB"　　　　　　C. "BBBCC"　　　　　　D. "CC"

14. 若有以下声明和语句,则输出结果是(　　　)。

```
char str[]="\"c:\\abc.dat\"";
printf("%s",str);
```

A. 字符串中有非法字符　　　　　　B. \"c:\\abc.dat\"

C. "c:\abc.dat"　　　　　　　　　　D. "c:\\abc.dat"

15. 若有以下声明和语句,则输出结果是(　　　)。

(strlen(s)为求字符串 s 的长度的函数)
```
char sp[]="\t\v\\\0will\n";
printf("%d",strlen(sp));
```

A. 14　　　　　　　　　　　　　　B. 3

C. 9　　　　　　　　　　　　　　　D. 字符串中有非法字符

二、填空题

1. 执行 static int b[5],a[ ][3]={1,2,3,4,5,6}后,b[4]=_____,a[1][2]=_____。

2. 设有定义语句 static int a[3][4]={{1},{2},{3}},则 a[1][0]值为_____,a[1][1]值为_____,a[2][1]的值为_____。

3. 如定义语句为 char a[ ]= "windows",b[ ]= "2000",语句 printf("%s",strcat(a,b))的输出结果为_____。

4. 下列程序的功能是:把 a 数组中的最大值放在 a[0]中,最小值放在 a[1]中,再把 a 数组元素中的次大值放在 a[2]中,次小值放在 a[3]中,以此类推。例如,若 a 数组中的数据最初排列为:1、4、2、3、9、6、5、8、7,按规则移动后,数据排列为:9、1、8、2、7、3、6、4、5。

请在下画线处填入正确的内容,使程序得出正确的结果。

```
#include <stdio.h>
#include <stdio.h>
#define N 9
int main()
{
    int   a[N]={1,4,2,3,9,6,5,8,7};
    int   i, j, max, min, px, pn, t;
    printf("\nThe original data  :\n");
    for (i=0; i<N; i++)  printf("%4d ",  ①  );
    printf("\n");
    for (i=0; i<N-1; i+=  ②  )
    {
        max = min = a[i];
        px = pn = i;
        for (j=  ③  ; j<N; j++)
        {
            if (max <a[j])
            {  max = a[j]; px = j;  }
            if (min >a[j])
            {  min = a[j]; pn = j;  }
```

```
        }
        if (px !=i)
        {   t = a[i]; a[i] = max; a[px] = t;
            if (pn ==i) pn=px;
        }
        if (pn !=i+1)
        {   t = a[i+1]; a[i+1] = min; a[pn] = t; }
    }
    printf("\nThe data after moving   :\n");
    for (i=0; i<N; i++)  printf("%4d ", a[i]);
    printf("\n");
    return 0;
}
```

5. 下列程序的功能是：将字符数组 s 中下标为奇数的字符取出，并按 ASCII 码大小递增排序，将排序后的字符存入字符数组 p 中，形成一个新字符串。

请在下画线处填入正确的内容，使程序得出正确的结果。

```
#include  <stdio.h>
int main()
{
    char s[80]="baawrskjghzlicda", p[50];
    int   i, j, n, x, t;
    printf("\nThe original string is :  %s\n",s);
    n=0;
    for(i=0; s[i]!='\0'; i++)  n++;
    for(i=1; i<n-2; i=i+2) {
        ____①____ ;
        for(j=____②____+2; j<n; j=j+2)
            if(s[t]>s[j]) t=j;
        if(t!=i)
        {   x=s[i]; s[i]=s[t]; s[t]=x; }
    }
    for(i=1,j=0; i<n; i=i+2, j++)  p[j]=s[i];
    p[j]=____③____ ;
    printf("\nThe result is :  %s\n",p);
    return 0;
}
```

三、编程题

1. 编程实现将一个一维数组的元素按逆序重新放置。

2. 编程实现，输入某年某月某天，求这个日期是该年的第几天（提示：首先判断所输入的年份是否是闰年，因为平年 2 月是 28 天，闰年 2 月是 29 天。该年的第几天＝该年该月之前的各月份天数和＋输入的天数)。

3.编程实现查找数组中是否存在与给定值相同的元素,若存在,输出该元素在数组中的序号,若不存在,输出未找到。

4.使用随机数生成函数 rand( )生成 10 个 100 以内的随机整数存入一维数组,并按升序排序后输出。

5.有一个非递减有序的数组,编程实现插入一个数,要求插入该数后的数组仍然非递减有序。

6.编程实现求如下 5×5 矩阵周边元素的平方和并输出。

$$\begin{pmatrix} 0 & 1 & 2 & 7 & 9 \\ 1 & 11 & 21 & 5 & 5 \\ 2 & 21 & 6 & 11 & 1 \\ 9 & 7 & 9 & 10 & 2 \\ 5 & 4 & 1 & 1 & 1 \end{pmatrix}$$

7.编程实现从键盘输入一个字符串,判断是否形成回文(即正序和逆序一样)。

8.编程实现在输入的字符串中的所有数字字符前加一个＄字符。例如,输入 A1B23CD45,则输出为 A＄1B＄2＄3CD＄4＄5。

9.编程实现在一个字符串中统计各元音字母(即 A、E、I、O、U)的个数。

注意,字母不分大小写。例如,输入 THIs is a boot,则输出应为 1 0 2 2 0。

10.从键盘输入 10 个候选人的姓名和得票数,编程实现如下功能:

(1)统计总票数;

(2)打印得票数最多的候选人的姓名和得票数;

(3)给定姓名,查询该候选人的得票数;

(4)按得票数从高到低的顺序,打印所有候选人的姓名和得票数。

第 6 章 函 数

函数是组成 C 语言程序的基本单位,为了提高程序设计的质量和效率,C 系统提供了大量的标准函数。在前面几章中,我们已经调用了一些系统定义的库函数,如 printf()、scanf()、getchar()、putchar()等。根据实际需要,我们也可以自己定义一些函数来完成特定的功能。

本章介绍用户自定义函数的定义及调用,以及在函数调用过程中涉及的函数的参数、函数的返回值、变量的作用域、变量的存储类别、变量的生存周期、内部函数和外部函数。

学习目标:

- 理解函数的概念。
- 掌握自定义函数的定义和调用方法。
- 熟悉函数参数传递过程。
- 熟悉变量的作用域和生存期。
- 理解内部函数和外部函数。
- 了解递归函数的设计与应用。

6.1 函 数 概 述

6.1.1 函数的概念

在前几章的程序中,由于程序规模较小,一个程序中只有 main()函数。对于复杂的程序,如果只有一个 main()函数,将会影响可读性,不能体现结构化程序设计的思想。因此,需要将某种特定功能的代码定义为函数,一个 C 程序由一个 main()函数和其他若干函数组成,每个函数在程序中形成既相对独立又互相联系的模块。main()函数可以调用其他函数,其他函数也可以互相调用,同一函数可以被一个或多个函数调用任意次。

一个简单的函数调用如例 6-1 所示。

【例 6-1】 用星号 * 输出如图 6.1 所示的英文字母 C 的图案。

【问题分析】

(1) 英文字母 C 图案的第一行通过 printf()函数输出由 2 个空

```
 ****
*    *
*
*
*
*
*    *
 ****
```

图 6.1 英文字母 C 的图案

格和 4 个星号组成的字符串实现,图案的最后一行与第一行相同,这里用一个自定义函数 printC1(),实现输出由 2 个空格和 4 个星号组成的字符串的功能。

(2) 英文字母 C 图案的第二行通过 printf() 函数输出由 1 个空格、1 个星号、3 个空格、1 个星号组成的字符串实现,图案的倒数第二行与正数第二行相同,这里再用一个自定义函数 printC2(),实现输出由 1 个空格、1 个星号、3 个空格、1 个星号组成的字符串的功能。

(3) 英文字母 C 图案的第三行通过 printf() 函数输出 1 个星号实现,接下来的 5 行与第三行相同,这里再定义一个自定义函数 printC3(),实现输出 1 个星号的功能。

【程序代码】

```
#include<stdio.h>
void printC1()                    //定义 printC1() 函数
{
    printf("  ****\n");           //输出由 2 个空格和 4 个星号组成的字符串
}
void printC2()                    //定义 printC2() 函数
{
    //输出由 1 个空格、1 个星号、3 个空格、1 个星号组成的字符串
    printf(" *   * \n");
}
void printC3()                    //定义 printC3() 函数
{
    printf("* \n");               //输出 1 个星号
}
int main()
{
    int i;                        //循环控制变量
    printC1();                    //调用 printC1() 函数
    printC2();                    //调用 printC2() 函数
    for(i=0;i<6;i++)
        printC3();                //调用 printC3() 函数
    printC2();
    printC1();
    return 0;
}
```

【运行结果】
程序运行结果如图 6.2 所示。

【代码解析】

(1) main() 函数首先调用 printC1() 函数,打印英文字母 C 图案的第一行。

(2) 接下来调用 printC2() 函数,打印英文字母 C 图案的第二行。

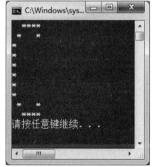

图 6.2 例 6-1 程序运行结果

（3）接下来的 6 次 for 循环，每次循环调用一次 printC3 函数，打印图案的第 3～8 行。

（4）调用 printC2()函数，打印英文字母 C 图案的倒数第二行。

（5）最后调用 printC1()函数，打印英文字母 C 图案的最后一行。

本示例中的 3 个自定义函数都很简单，都是既没有函数参数，也没有函数返回值。对它们的调用也很简单，只需把被调用函数的函数名写出来，后跟一对小括号即可。

说明：

（1）函数是按规定格式书写的能完成特定功能的一段程序。

（2）所有函数都是平行的，在定义时相互独立，一个函数不属于另一个函数。函数不可以嵌套定义，但可以相互调用。一个函数可以多次被调用。但是有一点需要注意：main 函数可以调用任何函数，而其他函数不能调用 main()函数。

（3）不管 main()函数放在程序的任何位置，C 语言程序总是从 main 函数开始执行，调用其他函数后，最终在 main()函数中结束。

（4）函数的调用顺序与函数的编写顺序无关。可以把多个功能相近的一类函数存放在一个源程序文件中。

（5）C 语言是以源文件为单位进行编译的。

（6）一个功能复杂的 C 程序可以由多个源文件组成，这样便于分别编写、编译和调试程序，团队中的多人可以合作开发。

（7）一个源程序文件可以为多个 C 程序共用。

6.1.2　库函数

从用户使用的角度来说，C 语言的函数可分为库函数和用户自定义函数。库函数是由系统提供的，用户不必自己定义而可以直接使用。库函数由系统预定义在相应的文件中，使用时需要在程序的开头把该函数所在的头文件包含进来。例如，为了调用 printf 函数和 scanf 函数，需要在程序开头用♯include ＜stdio.h＞包含 stdio.h 头文件；为了调用 sqrt 函数和 log 函数，需要在程序开头用♯include ＜math.h＞包含 math.h 头文件。

使用库函数应注意以下几个问题：

（1）函数的功能。

（2）函数参数的数目和顺序，以及每个参数的意义及类型。

（3）函数返回值的意义及类型。

（4）需要使用的包含文件。

C 标准库函数完成一些最常用的功能，包括基本输入和输出、文件操作、存储管理以及其他一些常用功能函数，例如，log 函数的功能是求以 e 为底的对数，即 lnx，函数原型为 double log(double x)，对 double 型的数据求对数后返回值也为 double 型，该函数包含在 math.h 头文件中。

常用 C 标准库函数见附录 D。

6.2　用户自定义函数

6.2.1　函数定义的格式

函数由函数名、形参列表和函数体组成。函数名是用户为函数起的名字,用来唯一标识一个函数;函数的形参列表用来接收调用函数传递给它的数据,形参列表也可以是空的,此时函数名后的括号不能省略;函数体则是函数实现自身功能的一组语句。

1. 无参函数的定义格式

```
[类型声明符] 函数名()
{
    函数体
}
```

或

```
[类型声明符] 函数名(void)
{
    函数体
}
```

其中,方括号括起来的内容是可选项。

类型声明符指定函数值的类型,即函数返回值的类型。如果一个函数没有返回值,该函数返回值的类型为 void。例 6-1 中的自定义函数都是 void 类型,表示没有函数值。函数名的命名规则与变量的命名规则相同。

无参函数的函数名后面的括号中为空或为 void,表示没有参数。

2. 有参函数的定义格式

```
[类型声明符] 函数名(形式参数声明)
{
    函数体
}
```

其中,类型声明符指定函数返回值的类型,可以是任何有效类型,如果省略类型声明符,系统默认函数的返回值为 int 型,当函数只完成特定操作而不需返回函数值时,可用 void 类型。

有参函数在函数名后的括号内必须有形式参数表,用于调用函数和被调函数之间的数据传递,故必须对其进行类型声明,这由形式参数声明部分完成。一般情况下,函数执行需要多少原始数据,函数的形式参数列表中就有多少个形式参数,每个形参存放一个数据,形参之间用逗号隔开。例如:

```
int min(int a,int b)              //函数头部分
{
    int c;                        //定义整型变量 c
    c=a<b? a:b;                   //进行数值比较
    return (c);                   //返回操作结果
}
```

这是一个求 a 和 b 两者中较小者的函数,函数的类型声明符为 int 型,表示函数的返回值为整型。a 和 b 是形参,它接收主调函数的实际参数,两个参数的类型声明用逗号分隔。大括号内是函数体,其中 int c 是函数体的数据定义语句,后面一条语句用于求 a 和 b 中的较小者,return 语句的作用是将 c 的值作为函数值返回到主调函数中,返回值 c 是整型。

早期版本 C 的中,上述函数也可以写成如下格式:

```
int min(a,b)                      //函数头部分
int a, b;                         //对 min()函数形式参数列表中的变量 a、b 进行定义
{
    int c;                        //定义整型变量 c
    c=a<b? a:b;                   //进行数值比较
    return (c);                   //返回操作结果
}
```

3. 空函数

C 语言中可以有空函数,它的形式为:

```
[类型声明符] 函数名()
{ }
```

例如:

```
fun()                             //函数头部分
{ }
```

调用此函数时,什么工作也不做。在主调函数中编写 fun( ),表明这里要调用一个函数而现在这个函数不起作用,等以后扩充函数功能时再补上,这在程序调试时很有用处。

6.2.2 形式参数和实际参数

在调用有参函数时,主调函数和被调函数之间往往有数据传递关系。在定义函数时

函数名后面小括号内的变量为形式参数(简称形参),函数调用时用于接收主调函数传来的数据。在调用函数时,主调函数的函数调用语句的函数名后面小括号中的参数称为实际参数(简称实参)。实参可以是常量、变量或表达式。

【例 6-2】 编写函数求 3 个整数中的最小数。

【问题分析】

在定义自定义函数时,要确定以下 4 个方面的内容:

(1) 函数名:命名规则与变量名命名规则相同,同时要做到见名知义,函数名体现函数功能,本示例中的自定义函数实现求 3 个整数中的最小数,故命名为 min。

(2) 函数类型:显然,三个整数中的最小数同样是整数,因此 min( )函数应当是int 型。

(3) 函数参数的个数和类型:min( )函数应该有 3 个整型参数,以便接收从 main( )函数传递过来的 3 个整数。

(4) 函数体:实现函数功能的代码。实现求 3 个整数中的最小数的代码比较简单,在这里不再赘述,参见下面的程序代码。

【程序代码】

```c
#include <stdio.h>
int min(int x,int y, int z)    //定义 min( )函数,求 3 个整数中的最小数
{
    int temp=x;                //定义临时整型变量,用于存放最小数
    if(temp>y) temp=y;         //进行数值比较
    if(temp>z) temp=z;         //进行数值比较
    return (temp);            //求得的最小数作为 min( )函数的返回值返回 main( )函数
}
int main()
{
    int a,b,c,result;                               //定义整型变量
    printf("Please enter three integers:");         //输出屏幕提示语
    scanf("%d%d%d", &a, &b, &c);                     //输入 3 个整数
    result=min(a,b,c);                              //调用函数 min( )
    printf("min(%d,%d,%d) is %d\n",a,b,c,result);   //输出结果
    return 0;                                       //程序结束
}
```

【运行结果】

程序运行结果如图 6.3 所示。

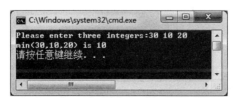

图 6.3 例 6-2 程序运行结果

【代码解析】

(1) 代码第 2~8 行定义 min() 函数。第 2 行为函数头部分,包括函数名 min()、函数的类型 int 和函数参数列表,函数参数列表中有 3 个形参,即 x、y、z,形参的类型皆为 int。注意第一行的末尾没有分号。

(2) main 函数中的语句 result＝min(a,b,c),通过调用 min 函数求 a、b、c 中的最小数,结果存放入 result 变量。此处函数名 min 后面小括号内的 a、b、c 是实参。a、b 和 c 是主调函数 main 函数中定义的变量,x、y 和 z 是被调函数 min 中定义的形参,通过函数调用,使两个函数之间实现数据传递。实参 a、b 和 c 的值按顺序对应传递给被调函数的形参 x、y 和 z,即 a 传给 x,b 传给 y,c 传给 z,如图 6.4 所示。在 min 函数中,临时变量 temp 存放求得的 x、y 和 z 中的最小数,temp 的值作为函数的返回值返回给主调函数,赋给变量 result。

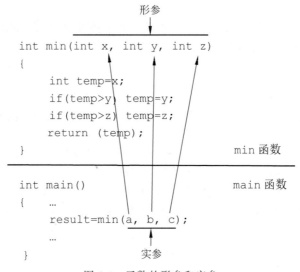

图 6.4 函数的形参和实参

【例 6-3】 编写函数求 3 个实数的平均值。

【问题分析】 根据示例要求,自定义函数来实现求平均值的功能,确定其函数名为 average,该函数应该有 3 个实型参数,以便接收从 main 函数传递过来的 3 个实数,该函数的函数类型为实型,因为实数的平均数肯定是一个实数。

【程序代码】

```c
#include <stdio.h>
float average(float x,float y,float z)          //定义 average 函数
{
    float ave;                                  //定义实型变量
    ave=(x+y+z)/3;                              //计算平均值
    return ave;                                 //把运算结果作为函数值返回
}
int main()
```

```
{
    float a=1.8f,b=2.6f,c=3.5f,result;              //定义实型变量
    result=average(a,b,c);                          //第一次调用 average 函数
    //输出结果
    printf("The average of %5.2f, %5.2f and %5.2f is %5.2f\n",a,b,c,result);
    a=1.0;                                          //给变量 a 赋值
    b=2.0;                                          //给变量 b 赋值
    c=3.0;                                          //给变量 b 赋值
    //第二次调用函数 average
    printf("The average of %5.2f, %5.2f and %5.2f is %5.2f\n",  a, b, c, average
        (a,b,c));
    result =average(a,b,a+b);                       //第三次调用 average() 函数
    //输出结果
    printf("The average of %5.2f, %5.2f and %5.2f is %5.2f\n", a, b, a+b,
        result);
    result =average(2.0,4.0,5.0);                   //第四次调用 average() 函数
    //输出结果
    printf("The average of 2.0, 4.0 and 5.0 is %5.2f\n",result);
    return 0;                                       //程序结束
}
```

【运行结果】

程序运行结果如图 6.5 所示。

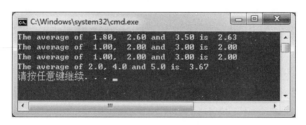

图 6.5   例 6-3 程序运行结果

【代码解析】

在本示例中,求 3 个实数的平均数函数 average()有 3 个形参 x、y 和 z,这三个参数用来接收调用函数时传递来的变量或表达式的值。该程序主函数调用了 4 次 average 函数,第一次调用时,用形参 x、y 和 z 接收实参 a、b 和 c 的值;第二次调用出现在 printf 语句中;第三次调用时,用表达式 a+b 作为实参之一;第四次调用时,用常量作为实参。

关于形参和实参的说明如下:

(1) 函数中指定的形参,在未出现函数调用时,并不占用存储空间。在发生函数调用时,被调函数的形参被临时分配存储空间,调用结束后,形参所占的存储空间被自动释放。

(2) 函数一旦被定义,就可多次调用。调用时实参与形参的数据类型应相同或者赋值兼容。例 6-3 中实参和形参的数据类型相同,都是 float 型,这是合法的。如果实参为 int 型而形参为 float 型,或者相反,则按不同类型数值的赋值规则进行转换。例如,实参 a

为 int 型变量,其值为 1,而形参 x 为 float 型,则在传递时先将整数 1 转换成实数 1.0,然后送到形参 x。字符型与整型可以互相通用。

(3)实参可以是常量、变量或表达式,例如,average(2.0,4.0,5.0)、average(a,b,a+b),但要求它们有确定的值。在调用时将实参的值赋给形参。

(4)在被定义的函数中,必须指定形参的类型。

(5)C 语言规定,实参对形参的数据传递是"值传递",即单向传递,只能由实参传给形参,而不能由形参传回给实参。

6.2.3　函数的返回值

通常是希望通过函数调用使主调函数从被调函数得到一个确定的值,这就是函数的返回值。在 C 语言中,是通过 return 语句来实现的。return 语句的一般形式有如下 3 种:

```
return (表达式);
return 表达式;
return;
```

说明:

(1)return 语句有双重作用:它使函数从被调函数中退出,返回到调用它的代码处,并向调用函数返回一个确定的值。

如果需要从被调函数返回一个函数值(供主调函数使用),被调函数中必须包含 return 语句且 return 中带表达式,此时使用 return 语句的前两种形式均可;如果不需要从被调函数返回函数值,应该用不带表达式的 return 语句;也可以不要 return 语句,这时被调函数一直执行到函数体的末尾,然后返回主调函数,在这种情况下,有一个不确定的函数值被返回,一般不提倡用这种方法返回。

(2)一个函数中可以有多个 return 语句,执行到哪一个 return 语句,哪个 return 语句就起作用。

(3)在定义函数时应当指定函数的类型,并且函数的类型一般应与 return 语句中表达式的类型相一致,当二者不一致时,以函数的类型为准,即函数的类型决定返回值的类型。对于数值型数据,可以自动进行类型转换。

【例 6-4】　将例 6-3 中程序稍作改动,修改后的程序代码如下所示,函数返回值的类型与指定的函数类型不同,分析其处理方法。

```
#include <stdio.h>
int average(float x,float y,float z)          //定义 average()函数
{
    float ave;                                //定义实型变量
    ave=(x+y+z)/3;                            //计算平均值
    //在 average 函数内部输出运算结果
```

```
        printf("function: The avergae of %5.2f, %5.2f and %5.2f is %5.2f\n", x, y, z,
            ave);
        return ave;                                    //把运算结果作为函数值返回
    }
    int main()
    {
        float a=1.8f,b=2.6f,c=3.5f;                    //定义实型变量
        int result;                                    //定义整型变量
        result=average(a,b,c);                         //调用 average()函数
        //输出结果
        printf("The average of %5.2f, %5.2f and %5.2f is %d\n",a,b,c,result);
        return 0;                                      //程序结束
    }
```

【运行结果】

程序运行结果如图 6.6 所示。

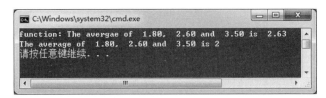

图 6.6 例 6-4 程序运行结果

【代码解析】

在本示例中,average()函数的形参是 float 型,主调函数 main 中的实参也是 float 型。在调用 average(a,b,c)时,把 a、b、c 的值 1.8、2.6、3.5 分别传递给参数 x、y、z。执行 average()函数中的语句 ave=(x+y+z)/3,使得变量 ave 的值为 2.63(保留小数点后 2 位),return 语句中 ave 为 float 型,而函数定义为 int 型,要把 ave 的值作为函数的返回值,首先应将 ave 转换为 int 型,得到 2,它就是函数得到的返回值。最后 average(a,b,c) 把一个整型值 2 返回到主调函数 main 中。

如果将 main 函数中的 result 改为 float 型,用%f 格式符输出,则输出 2.000000。因为调用 average()函数得到的是 int 型,函数值为整数 2。

这种方法通过系统自动完成类型转换,但并不是所有的类型都能互相转换,因此一般不提倡使用这种方法。

6.3 函数的调用

所谓函数的调用,是指一个函数(调用函数,也叫主调函数)暂时中断本函数的运行,转去执行另一个函数(被调函数)的过程。被调函数执行完后,返回到调用函数中断处继续调用函数的运行,这是一个返回过程。函数的一次调用必定伴随着一个返回过程。在

调用和返回两个过程中,两个函数之间发生信息的交换。

6.3.1 函数调用的一般形式

函数调用的一般形式为:

```
函数名(实参列表);
```

说明:

(1) 如果调用无参函数,则实参列表可以没有,但括号不能省略。

(2) 实参列表中实参的类型及个数必须与形参相同,并且顺序一致,当有多个实参时,参数之间用逗号隔开。

(3) 实参可以是常量,有确定值的变量或表达式及函数调用。如在例 6-3 中,可进行如下调用:

```
average(2.0,4.0,5.0);
average(a,b,a+b) ;
average(a,b,average(a,b,c));
```

6.3.2 函数的调用方式

按被调用函数在主调函数中出现的位置和完成的功能划分,函数调用有下列 3 种方式:

(1) 把函数调用作为一个语句。如例 6-1 中的 printC1( ),这时不要求函数返回值,只要求函数完成一定的操作。

(2) 在表达式中调用函数,这种表达式称为函数表达式。这时要求函数返回一个确定的值以参加表达式的运算。例如:

```
c=average(a,b,c);
d=5 * average(a,b,c);
```

(3) 将函数调用作为另一个函数调用的实参。例如:

```
printf("The avergae of %5.2f, %5.2f and %5.2f is %5.2f\n",
        a,b,c,average(a,b,c));
```

这里把 average(a,b,c)作为 printf 函数的一个参数。

第(2)、(3)两种情况将调用函数作为一个表达式,一般允许出现在任何表达式允许出现的地方。在这种情况下,被调用函数运行结束后,返回到调用函数处,并返回函数的返回值,以参与运算。

【例 6-5】 编写函数判断一个数是否是素数。

【问题分析】

（1）素数的定义是对于大于 1 的自然数，只能被 1 和它本身整除的数，称为素数。因此要判断一个数 n 是否为素数，就要判断它能否被 2～n−1 的所有数整除，只要能被其中一个整除，则 x 就不是素数，否则是素数。但是，一个数的因子不可能大于其平方根，因此可以缩小检测范围，只需要判断它能否被 2～sqrt(n) 的所有数整除。

（2）根据示例要求，自定义一个函数来实现，确定其函数名为 isPrime，该函数应该有一个整型参数，以便接收从 main 函数传递过来的一个自然数，该函数的函数值为 1 或 0，如果从 main 函数传递过来的自然数是素数，则返回 1，否则返回 0，所以该函数的函数类型为整型。

【程序代码】

```
#include <stdio.h>
#include <math.h>
int isPrime(int n){                   //定义 isPrime() 函数
    int i;
    int k;
    if(n<=1) return 0;                 //1 不是素数
    if(n==2) return 1;                 //2 是素数
    k=sqrt(n);
    for(i=2;i<=k;i++)
        if(n%i==0) return 0;           //n 不是素数，把 0 最为函数返回值带回 main 函数
    return 1;                          //n 是素数，把 1 最为函数返回值带回 main 函数
}
int main(){
    int x,result;                      //定义整型变量
    printf("Please enter an integer:"); //输出屏幕提示语
    scanf("%d",&x);                    //输入整数
    result=isPrime(x);                 //调用 isPrime() 函数
    if(result==1)                      //x 是素数
        printf("%d is prime!\n",x);    //输出判断结果
    else                               //x 不是素数
        printf("%d isn't prime!\n",x); //输出判断结果
    return 0;                          //程序结束
}
```

【运行结果】

程序运行结果如图 6.7 所示。

图 6.7　例 6-5 程序运行结果

【代码解析】

（1）代码第 3～10 行先定义 isPrime 函数。第 3 行为函数头部分，包括函数名 isPrime、函数的类型 int 和函数参数列表，函数参数列表中有一个形参 n，形参的类型为 int。

（2）main 函数中的语句 result＝isPrime(x)调用 isPrime 函数，如果 x 是一个素数，isPrime(x)函数的返回值为 1，否则为 0。函数的返回值存入变量 result。

（3）main 函数中的 if 语句根据变量 result 的值是 1 还是 0，输出判定结果。

6.3.3 函数调用的过程

下面以例 6-5 为例，详细描述函数的调用过程。

（1）在例 6-5 中，函数 main 在程序启动时自动调用，从 main 函数的第一句开始执行。

（2）执行到语句 result＝isPrime(x)时，遇到 isPrime(x)函数调用。当 isPrime(x)函数被调用时，系统为 isPrime 函数的形参临时分配存储空间，并把实参 x 的值传给形参 n，然后程序控制权转移到 isPrime 函数，开始执行 isPrime 函数。

（3）在 isPrime 函数执行期间，由于形参 n 已有值，就可以利用 n 进行有关的运算。

（4）当 isPrime 函数的 return 语句被执行后，isPrime 函数将返回值返回给主调函数 main，并将程序的控制权转移给 main。

（5）调用结束，形参存储单元被释放。

（6）回到主程序 main 后，isPrime 函数的返回值赋值给 result 变量，接下来继续执行语句 result＝isPrime(x)；后面的语句。

图 6.8 解释了 isPrime 函数调用的过程。

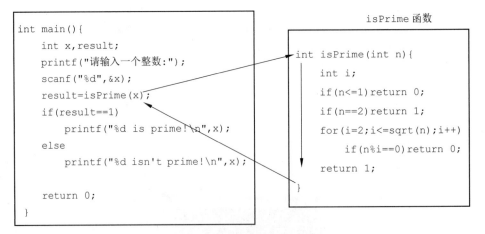

图 6.8 isPrime 函数调用过程

6.3.4 函数的原型声明

与变量的定义和使用一样,函数的调用也要遵循"先定义或声明,后调用"的原则。在一个函数调用另一个函数时,需具备下列条件:

(1) 被调函数必须已经存在。

(2) 如果使用库函数,一般还应该在本程序开头用♯include 命令将调用有关库函数时所需用到的信息包含到本程序中,例如:

```
#include <math.h>                        //使用数学库中的函数
#include <stdio.h>                       //使用输入输出库中的函数
```

(3) 如果使用用户自己定义的函数,并且该函数与主调函数在同一个文件中,这时,一般被调用函数应该放在主调函数之前定义。如果函数调用的位置在函数定义之前,则在函数调用之前必须对所调用的函数进行函数原型声明,函数原型声明的一般形式为:

> 类型声明符 函数名(形参表);

函数原型声明是向编译器表示一个函数的名称、将接收什么样的参数和有什么样的返回值,使编译器能够检查函数调用的合法性。实际上就是函数定义时的函数头,最后加分号构成一条声明语句。与函数头的区别是,函数声明中形参列表中可以只写类型名,而不写形参名。例如:

```
float average(float x,float y,float z);
```

也可以写为:

```
float average(float,float,float) ;
```

可以将例 6-3 编写函数求 3 个实数的平均值的程序代码改写如下。

```
#include <stdio.h>
float average(float x,float y,float z);          //average 函数原型声明
int main()
{
    …(main 函数的函数体代码与例 6-3 相同,在此省略)
}
float average(float x,float y,float z)            //定义 average 函数
{
    float ave;                                    //定义实型变量
    ave=(x+y+z)/3;                                 //计算平均值
    return ave;                                    //把运算结果作为函数值返回
}
```

上面代码把对 average 函数进行原型声明的语句放在了 main 函数前面,也可以把函

数原型声明语句编写在主调函数中。

【例 6-6】 编写函数求任意两个整数的和。

```
#include <stdio.h>
int main()
{
    int sum(int, int);                              //sum 函数原型声明
    int a,b;                                        //定义整型变量
    printf("Please enter two integers:");           //输出屏幕提示语
    scanf("%d,%d", &a, &b);                          //输入两个整数
    printf("The sum of %d and %d is %d\n",a,b,sum(a,b));   //输出运算结果
    return 0;                                        //程序结束
}
int sum(int a, int b)                               //sum 函数的定义
{
    return (a+b);                                   //返回运算结果,结束
}
```

【运行结果】

程序运行结果如图 6.9 所示。

图 6.9　例 6-6 程序运行结果

【代码解析】

本示例中,把对 sum 函数进行原型声明的语句放在了 main 函数中,并且声明时形参列表中只写了类型名,没写形参名。

注意:函数原型声明与函数定义是不同的。函数原型声明不是一个独立的、完整的函数单位,它仅仅是一条语句,因此在函数原型声明后面一定要加上分号。

main 函数位于其他自定义函数定义的前面,因为 main 函数是程序使用者最关心的。请大家以后也要慢慢养成这样的程序编写习惯。

6.3.5　函数的参数传递

在 C 语言中进行函数调用时,有两种不同的参数传递方式,即值传递和地址传递。

1. 值传递

在函数调用时,实参将其值传递给形参,这种传递方式即为值传递。

C 语言规定,实参对形参的数据传递是值传递,即单向传递,也就是只能由实参传递给形参,而不能由形参传回来给实参。这是因为,在内存中,实参与形参占用不同的存储单元。在调用函数时,给形参分配存储单元,并将实参对应的值传递给形参,调用结束后,形参的存储单元被释放,实参的存储单元仍保留并维持原值。因此,在执行一个被调用函数时,形参的值如果发生变化,并不会改变调用函数中实参的值。

【例 6-7】 运行下面程序代码,观察 main 函数中的 swap 函数调用能否交换 x、y 的值。

```
#include <stdio.h>
int swap(int a,int b);                              //swap 函数原型声明
int main()
{
    int x,y;                                        //定义整型变量
    x=10;                                           //给变量 x 赋值
    y=20;                                           //给变量 y 赋值
    swap(x,y);                                      //调用 swap 函数
    printf("main:x=%d y=%d\n",x,y);                 //输出结果 x,y 的值
    return 0;                                       //程序结束
}
int swap(int a,int b)                               //定义 swap 函数
{
    int temp;                                       //定义临时整型变量
    temp=a;                                         //交换 a、b 的数值
    a=b;
    b=temp;
    printf("function:a=%d b=%d\n",a,b);             //输出交换结果
}
```

【运行结果】

程序运行结果如图 6.10 所示。

图 6.10　例 6-7 程序运行结果

【代码解析】

本示例的运行结果说明:虽然在 swap 函数内部交换了 a 和 b 的值,但函数返回后,实参 x 和 y 的值并没有改变,因为 C 语言函数调用时的参数传递是单向值传递,swap 函数的形参 a 和 b 只是接收实参 x 和 y 的值,而 a 和 b 的值不能再传回给 x 和 y。

2. 地址传递

地址传递指的是函数调用时,实参将某些量(如变量、字符串、数组等)的地址传递给形参。这样实参和形参指向同一个内存空间,在执行被调用函数的过程中,对形参所指向空间中内容的改变,能够直接影响到调用函数中对应的量。

在地址传递方式下,形参和实参可以是指针变量(见第 8 章)或数组名,其中,实参还可以是变量的地址。

6.4 函数的嵌套调用和递归调用

6.4.1 函数的嵌套调用

C 语言中函数的定义是相互平行的,在定义函数时,一个函数不能包含另一个函数,但是,一个函数在被调用的过程中可以调用其他函数,这就是函数的嵌套调用。

图 6.11 给出函数的两层嵌套示意图,其中 main 函数调用 a 函数,a 函数又调用 b 函数,b 函数执行完毕后返回 a 函数,a 函数执行完毕后返回 main 函数,main 函数继续执行函数调用后面的语句直至结束。这种函数间层层调用的关系即为函数的嵌套调用。

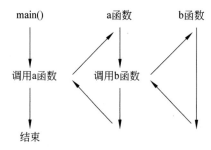

图 6.11　函数的嵌套调用

【例 6-8】　计算 $1+2!+3!+\cdots+10!$。用函数的嵌套调用来处理。

【问题分析】

(1) 用一个自定义函数实现求 n!。该函数的函数名为 factorial,函数的形参列表有一个 int 型参数,以便接收从主调函数传递过来的一个整数,求得的阶乘值通过函数值返回,10! 为 3628800,Visual C++、GCC 以及其他多数 C 编译器为 int 型分配 4 个字节,能表示的最大数为 2 147 483 647,所以该函数的函数类型指定为 int 型。

(2) 用一个自定义函数实现 $1\sim10$ 这 10 个数的阶乘值的累加。该函数的函数名为 sum,为了提高该函数的通用型,在其形参列表设置一个 int 型参数,用于接收从主调函数传递过来的累加项的个数,求得的累加和通过函数值返回,该函数的函数类型同样指定为 int 型。该函数调用 factorial()函数来获取每一个累加项的值。

【程序代码】

```
#include <stdio.h>
#define N 10                          //宏定义,N为累加项个数
int main()
{
    int sum(int n);                   //对 sum()函数进行原型声明
    printf("1!+2!+3!+......+10!=%-d\n",sum(N)); //调用 sum()函数
    return 0;
}
int factorial(int n)                  //定义 factorial()函数,求 n!
{
    int i;
    int t=1;
    for(i=2;i<=n;++i)
        t *=i;
    return t;
}
int sum(int n)                        //定义 sum 函数,求 1!+2!+3!+......+10!
{
    int i;
    int  s=0;
    for(i=1;i<=n;++i)
        s+=factorial(i);              //调用 factorial()函数
    return s;
}
```

【运行结果】

程序运行结果如图 6.12 所示。

图 6.12　例 6-8 程序运行结果

【代码解析】

在上述程序中,factorial 函数实现了求阶乘功能,sum 函数实现了求和功能。程序执行过程中,main 函数调用了 sum 函数,sum 函数又调用了 factorial 函数。对于 factorial 函数和 sum 函数,如果 n 的值较大,可将它们的函数类型指定为 long long、unsigned long long、float 或 double 型。

6.4.2　函数的递归调用

在调用一个函数的过程中又直接或间接地调用该函数本身,这称为函数的递归调用。

递归是一种非常实用的程序设计技术。许多问题具有递归的特性，在某些情况下，用其他方法很难解决的问题，利用递归可以轻松解决。C语言支持函数的递归调用。

【例 6-9】 利用递归方法计算 $n!$。

【问题分析】

我们知道，正整数 n 的阶乘可以这样定义：

$$n! = \begin{cases} 1 & \text{当 n=0,1 时} \\ n \times (n-1)! & \text{当 n>1 时} \end{cases}$$

也就是说，如果需要求 4!，根据阶乘定义，4!=4×3!，而 3!=3×2!,2!=2×1!,1!=1，依次回推，2!=2×1!=2×1=2,3!=3×2!=3×2=6,4!=4×3!=4×6=24，这样我们就能求得 4!。我们把这种思想融入程序代码中。

【程序代码】

```
#include <stdio.h>
#include <stdlib.h>
int main()
{
    unsigned long rFactorial(int n);        //对 rFactorial 函数进行原型声明
    int n;                                   //定义整型变量
    unsigned long f;                         //定义长整型变量
    printf("Please enter an integer:");      //输出屏幕提示语
    scanf("%d",&n);                          //输入整数 n
    f=rFactorial(n);                         //调用 rFactorial 函数
    printf("%d!=%-lu\n",n,f);                //输出计算结果
    return 0;                                //程序结束
}

unsigned long rFactorial(int n)              //递归求 n!
{
    if(n<0)                                  //检验 n<0 的情况
    {
        printf("Negative argument to fact!\n");
        exit(-1);
    }
    else if (n<=1){                          //检验 n<=1 的情况
        return 1;
    }
    else{
        return n * rFactorial(n-1);          //函数的递归调用
    }
}
```

【运行结果】

程序运行结果如图 6.13 所示。

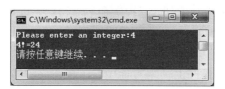

图 6.13　例 6-9 程序运行结果

【代码解析】

由于在递归函数中存在着自调用语句,故它将无休止地反复进入它的函数体。为了使这种自调用过程得以控制,在函数体内必须设置一定的条件,只有在条件成立时才继续执行递归调用,否则就不再继续。

请注意当形参 n 大于 1 时的情况。函数的返回值为 n * rFactorial(n−1),又是一次函数调用,而调用的正是 rFactorial 函数,这就是一个函数调用自身的情况,即函数的递归调用,这种函数称为递归函数。

返回值是 n * rFactorial(n−1),而 rFactorial(n−1) 的值当前还不知道,要调用完才能知道,例如,当 n=4 时,返回值是 4 * rFactorial(3),而 Factorial(3) 调用的返回值是 3 * rFactorial(2),仍然是个未知数,还要先求出 rFactorial(2),而 rFactorial(2) 也不知道,它的返回值是 2 * rFactorial(1),现在 rFactorial (1) 的返回值为 1,是一个已知数。然后回过头来根据 rFactorial(1) 求出 rFactorial(2),将 rFactorial(2) 的值乘以 3 求出 rFactorial(3),将 rFactorial(3) 的值乘以 4 得到 rFactorial(4)。

可以看出,递归函数在执行时,将引起一系列的调用和回推的过程。当 n=4 时,其调用和回推过程如图 6.14 所示。从图中可以看出,递推过程不应无限制地进行下去,当调用若干次后,就应当到达调用的终点,得到一个确定值(例如本例中的 rFactorial(1)=1),然后进行回推,回推的过程是从一个已知值推出下一个值,实际上这是一个回归过程。

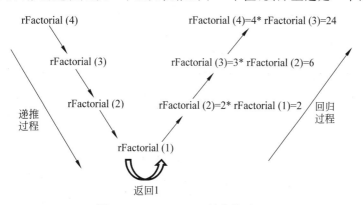

图 6.14　rFactorial(4) 的求值过程

递归算法的设计,就是把一个大型而复杂的问题层层转化为一个个与原问题相似的规模较小的子问题,直至不能再划分子问题或者子问题已经可以求解为止。在逐步解决小问题后,最后返回得到大问题的解。递归算法设计的关键在于找到递归关系和递归终止条件。

【例 6-10】 汉诺(Hanoi)塔问题。问题描述：古代有一座汉诺塔,塔内有 A、B、C 共 3 个座。开始时 A 座上有 64 个大小不等的盘子,大的在下,小的在上。有一个老和尚想把这 64 个盘子从 A 座移到 C 座,但规定每次只允许移动一个盘子,且在移动过程中在 3 个座上都保持大盘在下,小盘在上。编写程序输出移动盘子的步骤。

【问题分析】

汉诺塔问题是一个古典的数学问题,是一个用递归方法求解的典型例子。对于该问题,当只移动一个盘子时,直接将盘子从 A 座移动到 C 座。若移动的盘子数为 n(n>1),则分成几步走：①将 A 座上(n−1)个盘子借助 C 座先移到 B 座上；②把 A 座上的最后一个盘子移到 C 座；③将 B 座上(n−1)个盘子借助 A 座移到 C 座上。每做一遍,移动的盘子少一个,逐次递减,最后当 n 为 1 时,问题解决,递推过程到达终点。图 6.15～图 6.17 为转移流程图解。

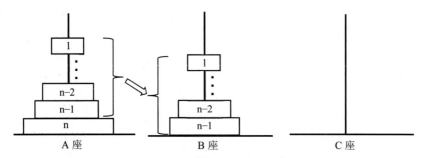

图 6.15　将 n−1 个盘子从 A 座移动到 B 座(借助 C 座)

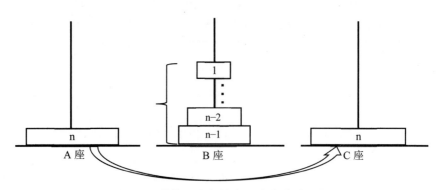

图 6.16　将第 n 个盘子从 A 座移动到 C 座

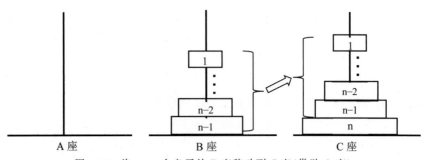

图 6.17　将 n−1 个盘子从 B 座移动到 C 座(借助 A 座)

设 hanoi(n，x，y，z)表示将 n 个盘子从 x 借助 y 移到 z 上,则上述递推分解过程可描述如下,其中 move(x,n,z)是可以直接操作的。

```
hanoi(n,x,y,z);  →    hanoi(n-1,x,z,y);
                      move(x,n,z);      //将编号为 n 的盘子从 x 移到 z
                      hanoi(n-1,y,x,z);
```

【程序代码】

```
#include <stdio.h>
int main()
{
    int hanoi(int,char,char,char);      //hanoi()函数原型声明
    int n,counter;                       //定义变量
    printf("Enter the number of diskes:"); //输出屏幕提示语
    scanf("%d", &n);                     //输入 n 值
    printf("\n");                        //输出换行
    counter=hanoi(n,'A','B','C');        //从 A 座借助 B 座将 n 个盘子移动到 C 座
    return 0;
}
//参数 n 表示盘子的个数,将 n 个盘子从 x 座移到 z 座,借助于 y 座
int hanoi(int n,char x,char y,char z)
{
    int move(char,int,char);
    if(n==1)
        move(x,1,z);                     //将编号为 1 的盘子直接从 x 到 z
    else
    {
        hanoi(n-1,x,z,y);                //通过 z 将 1 至 n-1 个盘子从 x 移到 y
        move(x,n,z);                     //将编号为 n 的盘子从 x 移到 z
        hanoi(n-1,y,x,z);                //通过 x 将 1 至 n-1 个盘子从 y 移到 z
    }
    return 0;
}
//将编号为 n 的盘子从 getone 移到 putone
int move(char getone,int n,char putone)
{
    static int k=1;
    printf("step %2d:%3d #%c---%c\n",k,n,getone,putone);
    if(k++%3==0)
        printf("\n");
    return 0;
}
```

【运行结果】

程序运行结果如图 6.18 所示。

图 6.18　例 6-10 程序运行结果

【代码解析】

本程序中的 hanoi() 为递归函数,递归终止条件为参数 n 的值等于 1。该递归函数每被调用一次,问题的规模减少 1。当问题的规模减为 1 时,递归终止。

从例 6-9 和例 6-10 的递归函数代码可以看出:递归函数的结构十分简练,只需少量的程序代码即可描述复杂的求解过程。

6.5　数组作为函数的参数

前面已经讲过了可以用变量作为函数参数,数组元素也可以作为函数参数,其用法与变量相同,在此不再赘述。下面介绍用数组名作为函数形参,实参是数组名,传递的是整个数组。

6.5.1　一维数组名作为函数的参数

可以用一维数组名作为函数参数,此时形参与实参都要用一维数组名(或数组指针,见第 8 章)。用数组名作为函数实参时,向形参传递的是数组的地址值。

【例 6-11】　编写函数求一组整数的平均值。

【问题分析】　根据要求自定义一个函数,确定其函数名为 average,该函数应该有两个参数:一个一维整型数组参数和一个整型参数,以便接收从 main 函数传递过来的一组整数和这组整数的个数,求得的平均值通过函数返回,所以该函数的函数类型为实型。

【程序代码】

```
#include <stdio.h>
```

```
float average(int x[],int n)                    //定义 average()函数
{
    int i,sum=0;                                //定义整型变量
    float ave;                                  //定义实型变量
    for(i=0;i<n;i++)
        sum=sum+x[i];                           //求数组元素和
    ave=(float)sum/n;                           //计算数组元素平均值
    return(ave);                                //返回计算结果
}
int main()
{
    int i,a[10];                                //定义循环控制变量 i 和整型数组 a
    float ave;                                  //定义存放平均值的变量 ave
    printf("Please enter ten integers:\n");     //输出屏幕提示语
    for(i=0;i<10;i++)
        scanf("%d",&a[i]);                      //输入数组元素的值
    ave=average(a,10);                          //调用 average()函数,计算平均值
    printf("The average is %5.2f\n",ave);       //输出计算结果
    return 0;                                   //程序结束
}
```

【运行结果】

程序运行结果如图 6.19 所示。

图 6.19　例 6-11 程序运行结果

【代码解析】

(1) 用数组名作为函数参数,应该在主调函数和被调用函数分别定义数组,本示例中 x 是形参数组名,a 是实参数组名,分别在其所在函数中定义,不能只在一方定义。

(2) 实参数组与形参数组类型应一致,如不一致,结果将出错。

(3) 数组名作为函数参数时,把实参数组的起始地址传递给形参数组,这样两个数组就共同占用一段存储空间。如图 6.20 所示,假如 a 的起始地址为 1000,则 x 数组的起始地址也是 1000,显然 a 和 x 共同占用一段存储空间,a[0]和 x[0]共同占用一个单元……这种传递方式称为地址传递。由此可以看出,形参数组中各元素的值如发生变化,会使实参数组元素的值也同时发生变化。

(4) C 语言编译器对形参数组大小不做检查,只是将实参数组的首地址传给形参

a[0]	a[1]	a[2]	a[3]	a[4]	a[5]	a[6]	a[7]	a[8]	a[9]
2	4	6	8	10	12	14	16	18	20
x[0]	x[1]	x[2]	x[3]	x[4]	x[5]	x[6]	x[7]	x[8]	x[9]

图 6.20　数组参数传递

组。所以形参数组一般不指定大小,指定大小也不起任何作用,在定义形参数组时,在数组名后跟一个空的方括号即可。为了调用函数处理的需要,可以另设一个参数,以传递数组的大小。

【例 6-12】　编写函数求一组数的中位数。

【问题分析】

中位数的定义是指:一组数据从小到大排列,位于中间的那个数,可以是一个(数据为奇数),也可以是 2 个的平均(数据为偶数)。所以要想求一组数的中位数,首先需要对这组数进行排序。

定义自定义函数 bubbleSort 来实现对一组数的冒泡排序,该函数使用一维数组作为形参。关于冒泡排序在例 5-3 中已详细介绍过,在此不再赘述。

对排序后的这组数据,有 n 个数,若 n 为奇数,则选择第(n+1)/2 个数为中值,若 n 为偶数,则中值是第 n/2 与 n/2+1 两个数的平均数。

【程序代码】

```c
#include <stdio.h>
#define MAXSIZE 10
void bubbleSort(int x[],int n)            //改进的冒泡排序,对 x[0...n-1]递增排序
{
    int i,j,temp;                         //定义整型变量
    int flag;                             //定义标志变量
    for(i=n-1;i>=1;i--)                   //进行 n-1 趟排序
    {   flag=0;                           //每趟排序前置 flag=0
        for(j=0;j<i;j++)                  //j 是每趟中两两比较的次数变量
        {
            if(x[j]>x[j+1])               //比较相邻两数大小,将较小的数放在前面
            {
                temp=x[j]; x[j]=x[j+1]; x[j+1]=temp;
                flag=1;                   //本趟排序发生交换,置 flag=1
            }
        }
        if(flag==0) return;               //本趟未发生交换时,结束排序
    }
}

int main()
```

```
{
    int a[MAXSIZE];
    int i,count,mid;
    printf("请输入数据的个数:");
    scanf("%d",&count);
    printf("请输入%d个整数\n",count);
    for(i=0;i<count;i++)
    {
        scanf("%d",a+i);
    }
    bubbleSort(a,count);                    //调用冒泡排序算法
    if(count%2!=0)
    {   mid=count/2;
        printf("中位数为%d\n",a[mid]);
    }
    else
    {   mid=count/2;
        printf("中位数为%.2f\n",(a[mid-1]+a[mid])/2.0);
    }
    return 0;
}
```

【运行结果】

程序运行结果如图 6.21 所示。

图 6.21　例 6-12 程序运行结果

【代码解析】

(1) 本示例中的 bubbleSort 函数为改进的冒泡排序,其中设置了一个标志 flag,如果在一趟排序中发生了数据交换,则 flag=1,否则为 0。

(2) 求中位数。对排序后的 a 数组,若有 n 个数,n 为奇数,则下标为 n/2 的数组元素是中值;若 n 为偶数,则中值是下标为 n/2−1 和 n/2 的数组元素的平均数。

6.5.2　二维数组名作为函数的参数

可以用二维数组名作为函数参数,此时的实参可以直接使用二维数组名,在被调用函数中可以指定形参所有维数的大小,也可以省略一维大小的声明。例如:

```
void find(char x[3][10]);
void find (char x[][10]);
```

这两个声明都合法而且等价,但是不能把第二维或者更高维的大小省略,如下面的定义是不合法的:

```
void fun(int array[][]);
```

这是为什么呢?

这是因为在内存中,二维数组是按照行主序进行存储的,从内存的角度来看,二维数组本质就是一个一维数组。如果把二维数组的每一行看成一个整体,即看成一个数组中的一个元素,那么整个二维数组就是一个一维数组。而二维数组的名字代表二维数组第0行的首地址(注意它是代表一行元素的首地址,而不是第0行第0列元素的首地址,虽然是相等的,但不能这么理解)。在定义二维数组时必须指定第二维的大小(列数)。如果在形参中不指定列数,则系统无法决定应为多少行多少列。

在第二维相同的情况下,形参数组的第一维可以与实参数组不同,例如实参数组定义为:

```
int array[5][10];
```

而形参数组定义为:

```
void fun(int array[3][10]);
```

或

```
void fun(int array[8][10]);
```

均可以,这时形参数组和实参数组都是由相同类型的一维数组组成的,C语言系统不检查第一维的大小。

【例 6-13】　编写函数实现两个 3×4 矩阵 A 和 B 的加法运算。

【问题分析】

(1) 定义自定义函数 printMatirx 打印矩阵,该函数应该有两个参数:一个二维整型数组参数和一个整型参数,以便接收从 main 函数传递过来的矩阵和这个矩阵的行数,该函数的函数类型为 void。

(2) 定义自定义函数 matirxAdd 实现两个矩阵相加,该函数应该有四个参数:三个二维整型数组参数和一个整型参数,分别接收从 main 函数传递过来的矩阵 A、矩阵 B、存放求和结果的矩阵 C,以及矩阵的行数,该函数的函数类型为 void。

【程序代码】

```c
#include <stdio.h>
#include <stdlib.h>
#include <time.h>
void printMatirx(int X[][4],int rows);      //打印矩阵函数原型声明
//矩阵相加函数原型声明
void matirxAdd(int X[][4],int Y[][4],int Z[][4],int rows);
int main()
{
    int i,j;                                 //定义循环控制变量
    int A[3][4],B[3][4],C[3][4];             //定义二维数组,用于存储矩阵
    srand(time(0));                          //使用当前时间使随机数发生器随机化
    for(i=0;i<3;i++)                         //控制行
    {
        for(j=0;j<4;j++)                     //控制列
        {
            A[i][j]=rand()%100;              //生成0~99的一个随机数,并赋值给A[i][j]
            B[i][j]=rand()%100;              //生成0~99的一个随机数,并赋值给B[i][j]
        }
    }
    printf("矩阵A:\n");                      //输出屏幕提示语
    printMatirx(A,3);                        //调用printMatirx函数,打印矩阵A
    printf("\n");                            //输出换行符
    printf("矩阵B:\n");                      //输出屏幕提示语
    printMatirx(B,3);                        //调用printMatirx()函数,打印矩阵B
    printf("\n");                            //输出换行符
    printf("矩阵A+矩阵B=\n");                //输出屏幕提示语
    matirxAdd(A,B,C,3);                      //矩阵求和
    printMatirx(C,3);                        //调用printMatirx()函数,打印和矩阵C
}
void printMatirx(int X[][4],int rows)        //定义打印矩阵函数
{
    int i,j;
    for(i=0;i<rows;i++)                      //控制行
    {
        for(j=0;j<4;j++)                     //控制列
        {
            printf("%d\t", X[i][j]);         //输出X[i][j]的值
        }
        printf("\n");
    }
}
//定义矩阵求和函数
```

```
void matirxAdd(int X[][4],int Y[][4],int Z[][4],int rows)
{   int i,j;
    for(i=0;i<rows;i++)                    //控制行
    {
        for(j=0;j<4;j++)                   //控制列
        {
            Z[i][j]=X[i][j]+Y[i][j];       //和矩阵 Z[i][j]的值
        }
    }
}
```

【运行结果】

程序运行结果如图 6.22 所示。

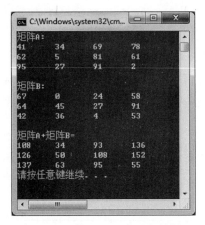

图 6.22　例 6-13 程序运行结果

【代码解析】

（1）为了简化程序代码，本示例中的两个 3×4 矩阵 A 和 B 中的数据使用 rand( )％ 100 来生成 0～99 的随机数。

（2）printMatirx 函数和 matirxAdd 函数的二维数组形参的第一维的大小省略，第二维的大小不能省略，而且要与实参二维数组的第二维的大小相同。main 函数中语句 printMatirx(A,3)调用 printMatirx 函数，把实参二维数组 A 的第 0 行的起始地址传递给形参数组 X，因此 X 数组的第 0 行的起始地址与 A 数组的第 0 行的起始地址相同。由于两个数组的列数相同，因此 X 数组的第 1 行的起始地址与 A 数组的第 1 行的起始地址相同。X[i][j]和 A[i][j]共同占用一个存储单元，它们具有同一个值。实际上，X[i][j]就是 A[i][j]，在函数中对 X[i][j]的操作就是对 A[i][j]的操作。

（3）printMatirx 函数和 matirxAdd 函数的形参 rows 用于传递二维数组的第一维的大小。

【例 6-14】 从键盘输入 10 个英文单词，将它们按字典序从小到大排序。要求使用函数实现排序。

【问题分析】

本示例中,对英文单词的排序仍采用例 6-12 中的冒泡排序,由于待排序的数据的类型不同,本例中的 bubbleSort 函数的形参列表为一个二维字符数组形参和一个整型形参,以便接收从 main 函数传递过来的一组单词和单词的个数。

【程序代码】

```c
#include <stdio.h>
#include <string.h>
//改进的冒泡排序,对 s[0...rows-1]递增排序
void bubbleSort(char s[][10],int rows)
{
    int i,j;
    char temp[10];                      //定义字符数组,临时存放一个字符串
    int flag;                           //定义标志变量
    for(i=rows-1;i>=1;i--)              //进行 n-1 趟排序
    {   flag=0;                         //每趟排序前置 flag=0
        for(j=0;j<i;j++)                //j 是每趟中两两比较的次数变量
        {
            //比较相邻两个单词大小,将较小的数放在前面
            if(strcmp(s[j],s[j+1])==1)
            {
                strcpy(temp,s[j]);
                strcpy(s[j],s[j+1]);
                strcpy(s[j+1],temp);
                flag=1;                 //本趟排序发生交换置 flag=1
            }
        }
        if(flag==0) return;             //本趟未发生交换时,结束排序
    }
}

int main()
{
    char str[10][10];                   //定义二维字符数组
    int i;                              //定义循环控制变量
    printf("Please enter ten words:\n");//输出屏幕提示语
    for(i=0;i<10;i++)
        scanf("%s",str[i]);             //输入单词
    bubbleSort(str,10);                 //调用 bubbleSort()函数对单词进行排序
    for(i=0;i<10;i++)                   //输出排序后的单词
        printf("%s ",str[i]);
    printf("\n");
    return 0;
}
```

程序运行结果如图 6.23 所示。

图 6.23　例 6-14 程序运行结果

【代码解析】

（1）bubbleSort()函数的二维字符数组形参的第一维的大小省略，第二维的大小不能省略，而且要与实参二维数组的第二维的大小相同。main 函数中语句 bubbleSort(str,10)调用 bubbleSort 函数，把实参二维字符数组 str 的第 0 行的起始地址传递给形参数组 s，因此 s 数组的第 0 行的起始地址与 str 数组的第 0 行的起始地址相同。由于两个数组的列数相同，因此 s 数组的第 1 行的起始地址与 str 数组的第 1 行的起始地址相同。s[i]和 str[i]共同占用一个存储单元，它们具有同一个值。实际上，s[i]就是 str[i]，在函数中对 s[i]的操作就是对 str [i]的操作。

（2）bubbleSort()函数的形参 rows 用于传递二维字符数组的第一维的大小，即单词的个数。

6.6　局部变量和全局变量

C 语言程序是由一些函数组成的。每个函数都是相对独立的代码块，这些代码只局限于该函数。因此，在非特殊说明的情况下，一个函数的代码对于程序的其他部分来说是隐藏的，它既不会影响程序的其他部分，也不会受程序其他部分的影响。也就是说，一个函数的代码和数据，不可能与另一个函数的代码和数据相互作用。这是因为它们分别有自己的作用域。根据作用域的不同，变量分为两种类型：局部变量和全局变量。

6.6.1　局部变量

在函数内部定义的变量称为局部变量。局部变量的作用域仅局限于定义它的函数中。例如：

```
int main()
{
    int a,b,c;     变量 a、b、c 的作用域
    …
}
```

```
double fun1(int m,long n)  ⎫
{                          ⎪
    long k;                ⎬  变量 m、n、k 的作用域
    …                      ⎪
}                          ⎭
float fun2(int x,int y)    ⎫
{                          ⎪
    char ch;               ⎬  变量 x、y、ch、k 的作用域
    int k;                 ⎪
    …                      ⎪
}                          ⎭
```

说明：

（1）主函数 main()中定义的变量也是局部变量，只在 main()函数中有效。main()函数也不能使用其他函数中定义的变量。

（2）形参也是局部变量，只在定义它的函数中有效，其他函数中不能使用。

（3）不同函数中，可以使用相同名字的局部变量，它们代表不同的对象，互不干扰。例如，上例中 fun1()函数中定义的变量 k 与 fun2()函数中定义的变量 k 在内存中占用不同的存储空间，互不干扰。

（4）在函数内复合语句中定义的变量是局部变量，这些变量的作用域为本复合语句，离开该复合语句即失效，占用的存储空间被释放。当形参、局部变量和函数内复合语句中的局部变量同名时，在复合语句中，其内部的变量起作用，而本函数的同名局部变量、形参变量被覆盖。例如：

```
int main()               ⎫
{                        ⎪
    int a,b,c;           ⎪
    {            ⎫       ⎬  变量 a、b、c 的作用域
        int a;   ⎬ 变量 a 的作用域,主函数
        …        ⎭ 定义的 a 不起作用
    }                    ⎪
    …                    ⎪
}                        ⎭
```

【例 6-15】 分析以下程序的运行结果。

```
#include <stdio.h>
int main()
{
    int x=10;                    //定义整型变量 x
    {
        int x=20;                //定义整型变量 x
        printf("%d,",x);         //输出复合语句中定义的变量 x 的值
    }
```

```
    printf("%d\n",x);                    //输出 main()函数中定义的变量 x 的值
    return 0;                            //程序结束
}
```

【运行结果】

程序运行结果如图 6.24 所示。

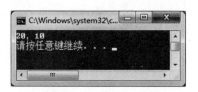

图 6.24 例 6-15 程序运行结果

【代码解析】

在本程序中,定义了两个名为 x 的变量。执行第一条 printf()函数时,起作用的是在复合语句中定义的变量 x,故输出 20;在执行第二条 printf 函数时,已经离开复合语句,在其中定义的变量 x 失效,此时 main()函数中定义的变量 x 有效,故输出 10。

6.6.2 全局变量

在函数体外定义的变量称为全局变量。全局变量的作用域是从它的定义点开始到本文件结束,即位于全局变量定义后面的所有函数都可以使用此变量。例如:

```
int a=1,b=5;
int main()
{
    ...
}
float k;                              全局变量 a、b 的作用域
char fun(int x,int y)
{                        全局变量 k 的作用域
    ...
}
```

a、b、k 都是全局变量,但它们的作用域不同,在 fun 函数中可以使用全局变量 a、b、k,但在 main 函数中只能使用全局变量 a 和 b。在一个函数中既可以使用本函数中的局部变量,也可以使用有效的全局变量。

说明:

(1) 如果要在定义全局变量之前的函数中使用该变量,则需在该函数中用关键字 extern 对全局变量进行外部声明。下面看一个例子。

【例 6-16】 extern 关键字的应用。

```
#include <stdio.h>
```

```
int main()
{
    extern int a,b;                //把外部变量 a、b 的作用域扩展到从此处开始
    int max;                       //定义整型变量 max
    scanf("%d%d",&a,&b);           //输入外部变量 a、b 的值
    max=a>b? a:b;                  //比较 a、b 的大小,把大值赋值给变量 max
    printf("max=%d\n",max);        //输出 max 的值
    return 0;                      //程序结束
}
int a,b;                           //定义外部变量 a、b
```

【运行结果】

程序运行结果如图 6.25 所示。

图 6.25　例 6-16 程序运行结果

【代码解析】

由于全局变量 a、b 的定义位于 main 函数之后,故如果要在 main 函数中使用变量 a、b,就应该在 main 函数中用 extern 进行外部变量声明。

为了处理上的方便,一般把全局变量的定义放在所有使用它的函数之前。

(2)在同一文件中,当局部变量与全局变量同名时,在局部变量的作用范围内,全局变量不起作用。

【例 6-17】　若全局变量与局部变量同名,分析结果。

```
#include <stdio.h>
int d=1;                           //定义全局变量 d
int fun(int p)                     //定义 fun 函数,p 是形参
{
    int d=5;                       //定义局部变量 d
    d+=p++;                        //计算,局部变量 d 起作用
    printf("d=%d,p=%d\n",d,p);     //输出结果
    return 0;
}
int main()
{
    int a=3;                       //定义局部变量 a
    fun(a);                        //调用 fun() 函数
    d+=a++;                        //计算,全局变量 d 起作用
    printf("d=%d,a=%d\n",d,a);     //输出结果
```

```
    return 0;                              //程序结束
}
```

【运行结果】

程序运行结果如图 6.26 所示。

图 6.26　例 6-17 程序运行结果

【代码解析】

本程序中 d 为全局变量,在 main 函数中,起作用的是全局变量 d,运算时 d 的初值为 1,由于在 fun 函数中定义了局部变量 d,故在 fun 函数中全局变量 d 无效,运算时局部变量 d 的初值为 5,因此输出结果为:

```
d=8,p=4
d=4,a=4
```

(3) 设置全局变量可以增加函数间的联系。由于同一文件中的所有函数都能使用全局变量,如果在一个函数中改变了全局变量的值,其他函数就可以共享,因此,有时可利用全局变量在函数间传递数据,从而减少函数形参的数目并增加函数返回值的数目。

【例 6-18】　利用全局变量进行函数间的数据传递,分析结果。

```
#include <stdio.h>
int x1=30,x2=40;                                //定义全局变量 x1、x2
int sub(int x,int y);                           //sub() 函数原型声明
int main()
{
    int x3=10,x4=20;                            //定义整型变量 x3、x4
    sub(x3,x4);                                  //调用 sub() 函数
    sub(x2,x1);                                  //调用 sub() 函数
    printf("x3=%d,x4=%d,x1=%d,x2=%d\n",x3,x4,x1,x2);  //输出结果
    return 0;                                    //程序结束
}
int sub(int x,int y)                            //定义 sub() 函数
{
    x1=x;
    x=y;
    y=x1;
    return  0;                                   //函数结束
}
```

【运行结果】

程序运行结果如图 6.27 所示。

图 6.27　例 6-18 程序运行结果

【代码解析】

从本例中可以看到,由于 x3、x4 是局部变量,执行语句 sub(x3,x4)调用函数 sub(x, y)后,值的传递是单向的,x3、x4 的值不变,仍为 10、20。而 x1、x2 是全局变量,当执行语句 sub(x2,x1)调用函数 sub(x, y)后,x1、x2 的值会发生相应变化,都为 40。

利用全局变量可以减少函数实参的个数,从而减少内存空间以及传送数据时的时间消耗。但是我们还是建议除非必要时,否则不要使用全局变量,因为:

（1）全局变量使得函数的执行依赖于外部变量,降低了程序的通用性。模块化程序设计要求各模块之间的"关联性"应尽量小,函数应尽可能是封闭的,只通过参数与外界发生联系。

（2）降低程序的清晰性。各个函数执行时都可能改变全局变量的值,因此很难清楚地判断出每个瞬时各个全局变量的值。

（3）全局变量在整个程序的执行过程中都会占用存储空间。

6.7　变量的存储类别

从变量的作用域,即空间的角度看,变量分为局部变量和全局变量。

从变量的生存期,即变量的存在时间看,变量可以分为静态变量和动态变量。静态变量和动态变量是按其存储方式来区分的。静态存储方式是指在程序运行期间分配固定的存储空间,程序执行完毕才释放。动态存储方式是在程序运行期间根据需要动态地分配存储空间,一旦动态过程结束,不论程序结束与否,都将释放存储空间。

在 C 语言中,供用户使用的存储空间分为三部分,即程序区、静态存储区和动态存储区。程序区存放用户程序;静态存储区存放全局变量、静态局部变量和外部变量;动态存储区存放局部变量、函数形参变量。另外,CPU 中的寄存器存放寄存器变量。

C 语言有 4 种变量存储类别声明符,用来通知编译程序采用哪种方式存储变量,这 4 种变量存储类别声明符是:

• 自动变量声明符 auto(一般可以省略)。

• 静态变量声明符 static。

• 外部变量声明符 extern。

• 寄存器变量声明符 register。

6.7.1 局部变量的存储类别

局部变量可有 3 种存储类型：自动变量、局部静态变量和寄存器变量。

1. 自动变量

自动变量是 C 语言中使用最多的一种变量。因为建立和释放这种类型的变量，都是由系统自动进行的，所以称自动变量。声明自动变量的一般形式为：

```
[auto]  类型声明符  变量名;
```

其中，auto 是自动变量的存储类别声明符，一般可以省略。如果省略 auto，系统默认为此变量为 auto。例如：

```
auto int a,b=5;
```

等价于

```
int a,b=5;
```

自动变量是在动态存储区分配存储单元的。在一个函数中定义自动变量，在调用此函数时才能给变量分配存储空间，当函数执行完毕，这些单元被释放，自动变量中存放的数据也随之丢失。每调用一次函数，自动变量都被重新赋一次初值，且其默认的初值是不确定的。

2. 局部静态变量

如果希望在函数调用结束后仍然保留其中定义的局部变量的值，则可以将局部变量定义为局部静态变量。声明局部静态变量的一般形式为：

```
static  类型声明符  变量名;
```

说明：

(1) 局部静态变量是在静态存储区分配存储单元的。一个变量被声明为静态，在编译时即分配存储空间，在整个程序运行期间都不释放。因此，函数调用结束后，它的值并不消失，其值能够保持连续性。

(2) 局部静态变量是在编译过程中赋初值的，且只赋一次初值，在程序运行时其初值已定，以后每次调用函数时，都不再赋初值，而是保留上一次函数调用结束时的结果。

(3) 局部静态变量在未显式初始化时，编译系统把它们初始化为 0（整型变量）、0.0（实型变量）或空字符（字符型变量）。

【例 6-19】 阅读以下程序，给出每一次调用过程的分析。

```
#include <stdio.h>
```

```
int fun(int a);                                    //fun 函数原型声明
int main()
{
    int i,j=2;                                     //定义整型变量 i、j
    for(i=0;i<3;i++)                               //执行循环语句
        printf("%4d",fun(j));                      //在循环语句中调用 fun 函数
    printf("\n");
    return 0;
}
int fun(int a)                                     //定义 fun 函数
{
    int b=0;                                       //定义整型变量 b
    static int c;                                  //定义静态整型变量 c
    b++;                                           //进行变量 b 加 1 运算
    c++;                                           //进行变量 c 加 1 运算
    return (a+b+c);                                //返回 a+b+c
}
```

【运行结果】

程序运行结果如图 6.28 所示。

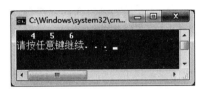

图 6.28 例 6-19 程序运行结果

【代码解析】

本示例中 3 次调用了 fun() 函数, 在 fun() 函数中定义了自动变量 b 和局部静态变量 c, 每次调用 fun 函数开始时和结束时 b 和 c 的变化情况如表 6.1 所示。

表 6.1 函数调用过程中局部变量值的变化情况

	函数调用开始时		函数调用结束时	
	b	c	b	c
第一次调用	0	0	1	1
第二次调用	0	1	1	2
第三次调用	0	2	1	3

因此, 运行结果为:

4   5   6

3. 寄存器变量

寄存器变量具有与自动变量完全相同的性质。当把一个变量指定为寄存器存储类型

时，系统将它放在 CPU 中的一个寄存器中，通常把使用频率较高的变量（如循环次数较多的循环变量）定义为 register 类型。

【例 6-20】 寄存器变量的应用。

```c
#include <stdio.h>
void mTable(void)                          //定义 mTable 函数
{
    register int i,j;                      //定义寄存器变量 i、j
    for(i=1;i<=9;i++)                       //执行循环语句
    {
        for(j=1;j<=i;j++)
            printf("%d*%d=%d  ",j,i,j*i);   //输出运算结果
        printf("\n");
    }
}
int main()
{
    mTable();                              //调用 mTable 函数
    return 0;                              //程序结束
}
```

【运行结果】

程序运行结果如图 6.29 所示。

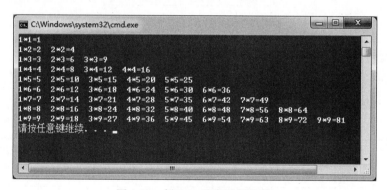

图 6.29 例 6-20 程序运行结果

【代码解析】

由于频繁使用变量 i、j，故将它们存放在寄存器中。

说明：

（1）只有局部自动变量和形参可以作为寄存器变量，其他（如全局变量、局部静态变量）则不行。

（2）只有 int、char 和指针类型变量可定义为寄存器型，而 long、double 和 float 型变量不能设定为寄存器型，因为它们的数据长度已超过了通用寄存器本身的位长。

（3）可用于变量空间分配的寄存器个数依赖于具体的机器。当编译器遇到 register

声明,且没有寄存器可以用于分配时,就把变量当作 auto 型变量进行存储分配,并且 C 语言编译器严格按照声明在源文件中出现的顺序来分配存储器。因此,寄存器变量定义符对编译器来说,是一种请求,而不是命令。根据程序的具体情况,编译器可能自动地将某些寄存器变量改为非寄存器变量。

6.7.2 全局变量的存储类别

全局变量是在静态存储区分配存储单元的,其默认的初值为 0。全局变量的存储类型有两种,即外部(extern)类型和静态(static)类型。

1. 外部全局变量

在多个源程序文件的情况下,如果在一个文件中要引用其他文件中定义的全局变量,则应该在需要引用此变量的文件中,用 extern 进行该变量的声明。

【例 6-21】 输入 a 和 m,求 a^m 的值。

程序包含两个文件 file1.c 和 file2.c。

文件 file1.c 中的内容为:

```
#include <stdio.h>
int a;                                    //定义全局变量 a
int main()
{
    int power(int n);                     //power()函数原型声明
    int d,m;                              //定义整型变量 d、m
    printf("Enter the number a and its power:");   //输出屏幕提示语
    scanf("%d,%d", &a, &m);              //输入整型变量 a、m 的值
    d=power(m);                          //调用 power()函数
    printf("%d**%d=%d\n",a,m,d);         //输出运算结果"**"代表幂次
    return 0;                            //程序结束
}
```

文件 file2.c 中的内容为:

```
extern int a;            //把 file1 中已定义的全局变量 a 的作用域扩展到本文件
int power(int n)         //定义 power()函数
{
    int i,y=1;          //定义整型变量 i、y
    for(i=1;i<=n;i++)   //执行 for 循环语句
        y * =a;         //进行乘法运算
    return y;           //返回运算结果
}
```

【运行结果】

程序运行结果如图 6.30 所示。

图 6.30　例 6-21 程序运行结果

【代码解析】　本示例中，file2.c 要使用 file1.c 中定义的全局变量 a，故需要在文件开头对变量 a 用 extern 进行声明，表示该变量在其他文件中已定义过，本文件不必再为其分配内存。

说明：

（1）extern 只能用来声明变量，不能用来定义变量，因为它不会生成新的变量，只是表示该变量已在其他地方有过定义。因此，供其他文件访问的全局变量，在程序中只能定义一次，但在不同的地方可以被多次声明为外部变量。

（2）extern 用来声明变量时，类型名可以写，也可以不写，例如：

```
extern int a;
```

也可以写成

```
extern a;
```

（3）extern 不能用来初始化变量。例如：

```
extern int x=1;
```

是错误的。

2. 静态全局变量

在程序设计时，如果希望在一个文件中定义的全局变量仅限于被本文件引用，而不能被其他文件访问，则可以在定义此全局变量时前面加上关键字 static，例如：

```
static int x;
```

此时，全局变量的作用域仅限于本文件内，在其他文件中即使进行了 extern 声明，也无法使用该变量。

由此可见，静态全局变量与外部全局变量在同一个文件内的作用域是一样的，但外部全局变量的作用域可以延伸至其他程序文件，而静态全局变量在被定义的文件以外是不可见的。

6.8　内部函数和外部函数

C 程序是由函数组成的，这些函数既可以在一个文件中，也可以在多个不同的文件中，根据函数的使用范围，可以将其分为内部函数和外部函数。

———————— C 语言程序设计

6.8.1　内部函数

使用存储类别 static 定义的函数称为内部函数,其一般形式为:

```
static 类型声明符 函数名(形参表)
```

例如:

```
static float sum(float x,float y)
{
    ...
}
```

内部函数又称为静态函数。内部函数只能被本文件中其他函数所调用,而不能被其他外部文件调用。使用内部函数,可以使函数局限于所在文件,如果在不同的文件中有同名的内部函数,则互不干扰。这样,有利于不同的人分工编写不同的函数,而不必担心函数是否同名。

6.8.2　外部函数

使用存储类别 extern(或没有指定存储类别)定义的函数,其作用域是整个程序的各个文件,可以被其他文件的任何函数调用,称为外部函数。本书前面所用的函数因没有指定存储类别,隐含为外部函数。其一般形式为:

```
extern  类型声明符  函数名(形参表)
```

例如:

```
extern char compare(char s1,char s2)
{
    ...
}
```

由于函数都是外部性质的,因此,在定义函数时,关键字 extern 可以省略。在调用函数的文件中,一般要用 extern 声明所用的函数是外部函数。

6.9　应用举例

【例 6-22】 从键盘输入一个较大正整数 $n(n \geqslant 6)$,并验证 6～n 的所有偶数都可以表示为两个素数之和的形式。

【问题分析】

(1) 判断一个大于 1 的整数是否是素数,请参见例 6-5。

(2) 设置循环变量 k 为从 6 开始至 n 为止的连续偶数,查找 a、b 两个素数,使 a+b=k 成立。由于除 2 之外,其他素数都是奇数,所以 a、b 始终取奇数。

(3) 如果一个偶数能表示为一组以上的素数之和,在本程序中只取一个素数最小、另一个素数最大的一组。

【程序代码】

```
#include <stdio.h>
#include <math.h>
int prime(int n)                            //定义 prime() 函数
{
    int i,k;                                //定义整型变量 i、k
    k=sqrt(n);                              //开方计算
    for(i=2;i<=k;i++)                       //执行 for 循环语句
        if(n%i==0)                          //使用 if 条件分支语句,判断素数
            return 0;
    return 1;
}
int main()
{
    int a,b,n,k;                            //定义整型变量
    while(1)                                //while 循环控制语句
    {
        printf("Please enter a number>=6:");  //输出屏幕提示语
        scanf("%d",&n);                     //输入整型变量
        if(n>=6)                            //if 条件分支语句
            break;                          //跳出
    }
    for(k=6;k<=n;k+=2)                      //执行 for 循环语句
        for(a=3;a<=k/2;a++)                 //执行 for 循环语句
            if(prime(a))                    //使用 if 条件分支语句,判断是否为素数
            {
                b=k-a;                      //减法计算
                if(prime(b))                //使用 if 条件分支语句,判断是否为素数
                {
                    printf("%d=%d+%d\n",k,a,b);  //输出结果
                    break;                  //跳出
                }
            }
    return 0;
}
```

【运行结果】：

程序运行结果如图 6.31 所示。

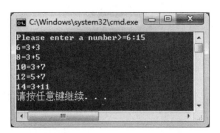

图 6.31　例 6-22 程序运行结果

【代码解析】

在主函数中,首先输入整型变量 n,且满足条件 n 大于 6,然后进行素数判断,如果 a 是素数,且 b＝k－a 也是素数时,输出计算结果。

【例 6-23】　有一个一维数组,存放 10 个学生成绩,编写一个函数,当主函数调用此函数后,能求出最高分、最低分和平均分。

【问题分析】

(1) 定义数组 score,长度为 10,用来存放 10 个学生成绩。

(2) 设计函数 average,用来求平均成绩、最高分和最低分。函数 average()的形参列表中有两个形参:一个一维实型数组形参,一个整型形参,其中整型形参用于传递数组的大小。在 average()函数中引用各数组元素,求平均值并返回给 main()函数,最高分和最低分使用全局变量。average()函数调用的实参为学生成绩数组名 score 和该数组的大小 10。

【参考代码】

```
#include <stdio.h>
float max=0,min=0;                    //定义全局变量,max 存放最高分,min 存放最低分
int main()
{
    float average(float array[],int n);   //函数 average()原型声明
    float ave,score[10];                   //定义实型变量 ave、实型数组 score
    int i;                                 //定义循环控制变量 i
    printf("Please enter 10 scores:");     //输出屏幕提示语
    for(i=0;i<10;i++)                      //for 循环控制语句
        scanf("%f",&score[i]);             //输入学生成绩
    ave=average(score,10);                 //调用 average()函数
    //输出计算结果
    printf("max=%6.2f\nmin=%6.2f\naverage=%6.2f\n",max,min,ave);
    return 0;
}
float average(float array[],int n)        //定义 average()函数
{
```

```
    int i;                              //定义循环控制变量 i
    float ave,sum=array[0];             //定义实型变量
    max=min=array[0];                   //给变量赋值
    for(i=1;i<n;i++)                    //for 循环控制语句
    {
        if(array[i]>max)                //if 条件分支语句
            max=array[i];               //查找最大值
        else if(array[i]<min)           //if 条件分支语句
            min=array[i];               //查找最小值
        sum+=array[i];                  //求和运算
    }
    ave=sum/n;                          //求平均值运算
    return(ave);                        //返回运算结果
}
```

【运行结果】 :

程序运行结果如图 6.32 所示。

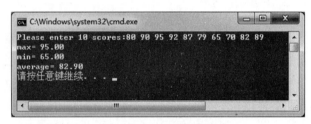

图 6.32 例 6-23 程序运行结果

【代码解析】

（1）用数组名作为函数参数,应该在主调函数和被调用函数中分别定义数组,本示例中 array 是形参数组名,score 是实参数组名,分别在各自函数中定义,不能只在一方定义。

（2）实参数组与形参数组类型应一致,本示例中都为 float 型,如果不一致,结果将出错。

（3）自定义函数一次只能返回一个数值,因此最高分 max 和最低分 min 使用全局变量。

【例 6-24】 有两个数组 a、b,各有 10 个元素,将它们对应地逐个相比(即 a[0]与 b[0]比,a[1]与 b[1]比,……)。如果数组 a 中的元素大于数组 b 的相应元素的数目,多于数组 b 中大于数组 a 中相应元素的数目(例如,a[i]>b[i]有 6 次,b[i]>a[i]有 3 次,其中 i 每次为不同的值),则认为数组 a 大于数组 b。分别统计出两个数组相应元素大于、等于或小于的次数,并根据统计结果输出数组 a 和数组 b 的大小关系。

【问题分析】

（1）定义两个数组 a 和 b,长度均为 10,用来存放数据。

（2）定义自定义函数 large,用来比较两个数 x 和 y 的大小,若 x>y,函数返回值为 1;

若 x< y,函数返回值为 -1;若 x==y,函数返回值为 0。

(3) 在主调函数中通过 for 循环调用 large 函数,对数组 a 和数组 b 中的对应元素逐一进行大小关系比较,统计出两个数组相应元素大于、等于或小于的次数。

(4) 根据统计结果,输出数组 a 和数组 b 的大小关系。

【参考代码】

```
#include <stdio.h>
int main()
{
    int large(int x,int y);                //large()函数原型声明
    int a[10],b[10],i,n=0,m=0,k=0;          //定义整型数组和变量
    printf("Please enter array a:\n");      //输出屏幕提示语
    for(i=0;i<10;i++)
        scanf("%d",&a[i]);                  //输入数组 a 的 10 个元素
    printf("Please enter array b:\n");
    for(i=0;i<10;i++)
        scanf("%d",&b[i]);                  //输入数组 b 的 10 个元素
    for(i=0;i<10;i++)
    {
        if(large(a[i],b[i])==1)             //数组 a 元素大于数组 b 元素,n 加 1
            n=n+1;
        else if(large(a[i],b[i])==0)        //数组 a 元素和数组 b 元素相等,m 加 1
            m=m+1;
        else                                //数组 a 元素小于数组 b 元素,k 加 1
            k=k+1;
    }
    printf("a[i]>b[i] %d times\na[i]=b[i] %d times\n
            a[i]<b[i] %d times\n",n,m,k);   //输出比较结果
    if(n>k)
        printf("array a is larger than array b\n");
    else if (n<k)
        printf("array a is smaller than array b\n");
    else
        printf("array a is equal array b\n");
    return 0;
}
int large(int x,int y)                      //定义 large()函数
{
    int flag;                               //定义整型变量 flag
    if(x>y)                                 //使用 if 条件分支进行判断,x>y flag=1
        flag=1;
    else if(x<y)                            //使用 if 条件分支进行判断,x<y flag=-1
        flag=-1;
    else
```

```
        flag=0;                          //使用 if 条件分支进行判断,x=y flag=0
    return (flag);                       //返回运算结果,结束
}
```

【运行结果】 ：

程序运行结果如图 6.33 所示。

图 6.33　例 6-24 程序运行结果

【代码解析】

程序中数组 a 和数组 b 中均存放 10 个元素,通过对 large 返回值的判断,来统计对应元素的比较情况,例如返回值 1 代表大于,返回值为 0 代表等于,返回值为 −1 代表小于。变量 n、m、k 分别用于统计大于、等于和小于三种情况的次数,最后根据统计结果输出数组 a 和数组 b 的大小关系。

6.10　常见错误分析

(1) 在函数定义后加分号,例如:

```
int min(int a, int b);
{
    return (a<b? a:b);
}
```

【编译报错信息】

编译报错信息如图 6.34 所示。

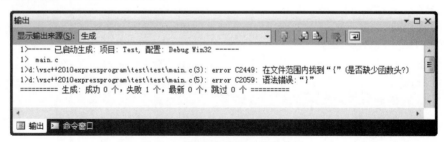

图 6.34　编译错误提示信息截图

【错误分析】

函数定义的括号后面不能用分号,因为这不是一个函数调用。

(2)使用库函数时,没有用♯include命令将该原型函数的头文件包含进来,例如:

```
int main()
{
    float i=4;
    printf("i=%f\n",sqrt(i));
    return 0;
}
```

【编译警告信息】

编译警告信息如图 6.35 所示。

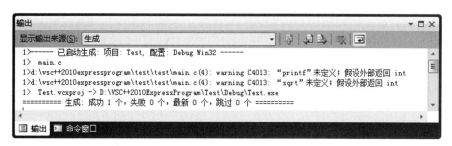

图 6.35　编译警告信息截图 1

【错误分析】

输出结果为:i=0.000000,这显然是错误的,正确的写法是在 main()函数前,添加语句:

```
#include <math.h>
```

(3)非整型函数前没有类型标识符,例如:

```
average(float x,float y)
{
    float ave;
    ave=(x+y)/2.0;
    return ave;
}
```

【编译警告信息】

编译警告信息如图 6.36 所示。

【错误分析】

由于省略类型表示整型,返回时总是一个整数值,这样当执行语句 average(1.8,2.6);时,返回值为整数 2,而且程序不会有任何有关的语法错误。因此,即使是 int 型也应该明确地写出来。

(4)非整型用户自定义函数在调用函数之后,而未加声明,例如:

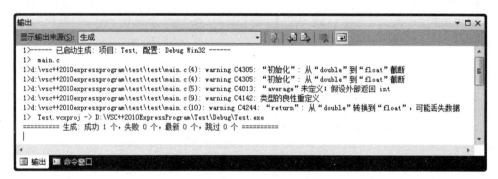

图 6.36　编译警告信息截图 2

```
int main()
{
    float a=1.8,b=2.6;
    printf("The avergae of %5.2f and %5.2f is %5.2f\n", a,b, average(a,b));
    return 0;
}
float average(float x,float y)
{
    return ((x+y)/2.0);
}
```

【编译警告信息】

编译警告信息如图 6.37 所示。

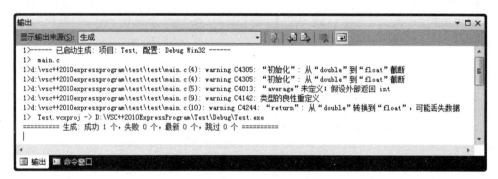

图 6.37　编译警告信息截图 3

【原因分析】

编译时,程序不会有任何有关的语法错误,但输出结果为"The avergae of 1.80 and 2.60 is 0.00",average 是非整型函数,且调用在先,定义在后,因此应在调用之前进行函数声明,如可以在 main 之前或 main 中声明部分加上如下语句:

```
float average(float x,float y);
```

(5) 使用未赋值的自动变量,例如:

```
int main()
```

```
{
    int i;
    printf("%d\n",i);
    return 0;
}
```

【编译警告信息】

编译警告信息如图 6.38 所示。

图 6.38   编译警告信息截图 4

【原因分析】

运行结果是 -858993460。这里的 -858993460 是一个不可预知的数,因此,在引用自动变量时,必须对其初始化或对其赋值。

本 章 小 结

面向过程的 C 程序的基本组成单位是函数,系统的每一项功能对应一个 C 函数,如果某项功能较复杂,可以对其进行功能分解,分解为多项子功能,子功能又可以继续进行分解,直到每项子功能都足够简单,不需要再分解为止,每项子功能对应一个 C 函数,并由其上层功能所对应的 C 函数调用。main()函数负责调用顶层功能所对应的 C 函数。

一个完整的 C 程序由一个 main()函数和一个或多个其他函数组成。本章主要介绍了多函数 C 语言程序的设计。本章的主要内容如下:

(1) 函数分为库函数和用户自定义函数,任何函数都应该先定义后调用,若无法满足这一要求,需要在调用点之前进行函数的原型声明。

(2) 用户自定义函数由函数头和函数体两部分组成,函数头给出了函数返回值的类型、函数名和形参表,函数体是实现函数功能的代码。

(3) 函数调用时,实参个数与形参一致,并且实参类型与对应形参类型最好一致。注意区分函数调用过程中以普通变量作为参数的“值传递”方式以及以数组作为函数参数的“地址传递”方式。

(4) 函数的嵌套调用和递归调用。这是两种常用程序结构,应当在分析清楚嵌套调用和递归调用的执行过程的基础上,掌握好嵌套和递归程序的设计技术。

(5) 变量和函数的存储类别。掌握不同作用域和生存周期的变量及函数的定义与引用方法。

使用函数的优点：

（1）实现模块化程序设计。通过把程序分割为不同的功能模块，可以实现自顶向下的模块化设计。

（2）降低程序的复杂度。简化程序的结构，提高程序的可阅读性。

（3）实现代码的复用。一次定义多次调用，实现代码的可重用性。

（4）提高代码的质量。实现分割后子任务的代码相对简单，易于开发、调试、修改和维护。

（5）协作开发。大型项目分割成不同的子任务后，团队多人可以分工合作，同时进行协作开发。

（6）实现特殊功能。递归函数可以实现许多复杂的算法。

习　　题

一、选择题

1. 下列叙述中正确的是(　　)。

　　A. C 程序中所有函数之间都可以相互调用

　　B. 在 C 程序中 main 函数的位置是固定的

　　C. 在 C 程序的函数中不能定义另一个函数

　　D. 每个 C 程序文件中都必须要有一个 main 函数

2. 若要使用 C 数学库中的 sin 函数，需要在源程序的头部加上：

```
#include <math.h>
```

关于引用数学库，以下叙述正确的是(　　)。

　　A. 通过引用 math.h 文件，声明 sin() 函数的参数个数和类型，以及函数返回值类型

　　B. 将数学库中 sin() 函数链接到编译生成的可执行文件中，以便能正确运行

　　C. 将数学库中 sin() 函数的源程序插入到引用处，以便进行编译链接

　　D. 实际上，不引用 math.h 文件也能正确调用 sin() 函数

3. 若函数调用时的实参为变量时，以下关于函数形参和实参的叙述正确的是(　　)。

　　A. 函数的形参和实参分别占用不同的存储单元

　　B. 形参只是形式上的存在，不占用具体存储单元

　　C. 同名的实参和形参占同一存储单元

　　D. 函数的实参和其对应的形参共占同一存储单元

4. 下列函数原型声明正确的是(　　)。

　　A. double fun(int x,int y)　　　　　　　B. double fun(int x;int y)

　　C. double fun(int x,int y);　　　　　　 D. double fun(int x,y)

5. 若调用一个函数,且此函数中没有 return 语句,则正确的说法是该函数(　　)。

    A. 没有返回值　　　　　　　　　　B. 返回若干个系统默认值

    C. 能返回一个用户所希望的函数值　　D. 返回一个不确定的值

6. 下面函数调用语句中所含实参的个数是(　　)。

```
fun((exp1,exp2),(exp3,exp4,exp5));
```

    A. 1　　　　　　　　B. 2　　　　　　　　C. 4　　　　　　　　D. 5

7. 在 C 语言中,函数的数据类型是指(　　)。

    A. 函数返回值的数据类型　　　　　　B. 函数形参的数据类型

    C. 调用该函数时的实参的数据类型　　D. 任意指定的数据类型

8. 以下关于 C 语言函数参数传递方式的叙述正确的是(　　)。

    A. 数据只能从实参单向传递给形参

    B. 数据可以在实参和形参之间双向传递

    C. 数据只能从形参单向传递给实参

    D. C 语言的函数参数既可以从实参单向传递给形参,也可以在实参和形参之间双向传递,可视情况选择使用。

9. 有以下程序

```
#include <stdio.h>
void  fun( int  a, int  b, int  c)
{  a=b;  b=c;  c=a;  }
int main()
{   int a=10 , b=20, c=30;
    fun( a, b, c);
    printf("%d,%d,%d\n",c,b,a);
    return 0;
}
```

程序的运行结果是(　　)。

    A. 10,20,30　　　B. 30,20,10　　　C. 20,30,10　　　D. 0,0,0

10. 有以下程序:

```
#include <stdio.h>
int fun(int x, int y)
{
    if (x!=y)  return ((x+y)/2);
    else return (x);
}
int main()
{
    int a=4,b=5,c=6;
    printf( "%d\n",fun(2 * a,fun(b,c)));
    return 0;
```

```
}
```

程序的运行结果是(　　)。

    A. 6　　　　　　　B. 3　　　　　　　C. 8　　　　　　　D. 12

11. 有以下程序

```
#include <stdio.h>
void f(int x)
{   if (x >=10)
    {   printf("%d-", x%10);     f(x/10);   }
    else
       printf("%d", x);
}
int main()
{   int   z = 123456;
    f(z);
    return 0;
}
```

程序的运行结果是(　　)。

    A. 6-5-4-3-2-1-　　　　　　　　　　B. 6-5-4-3-2-1

    C. 1-2-3-4-5-6　　　　　　　　　　D. 1-2-3-4-5-6-

12. 有以下程序

```
#include <stdio.h>
void fac2(int );
void fac1(int n)
{   printf("*");
    if(n>0) fac2(n-1);
}
void fac2(int n)
{   printf("#");
    if(n>0) fac2(--n);
}
int main()
{   fac1(3);   return 0;  }
```

程序的运行结果是(　　)。

    A. ＊＃＃＃　　　B. ＊＃＃＊　　　　C. ＊＊＃＃　　　　D. ＊＃＊＃

13. 有以下程序

```
#include <stdio.h>
void  fun(int  a[ ], int   n)
{
    int   i,j=0,k=n/2, b[10];
    for (i=n/2-1; i>=0; i--)
```

```c
    {
        b[i] =a[j];
        b[k] =a[j+1];
        j+=2; k++;
    }
    for (i=0; i<n; i++)
        a[i] = b[i];
}
int main()
{
    int  c[10]={10,9,8,7,6,5,4,3,2,1},i ;
    fun(c, 10);
    for (i=0;i<10; i++)
        printf("%d,", c[i]);
    printf("\n");
    return 0;
}
```

程序的运行结果是(　　　)。

A. 2,4,6,8,10,9,7,5,3,1, 　　B. 10,8,6,4,2,1,3,5,7,9,

C. 1,2,3,4,5,6,7,8,9,10, 　　D. 1,3,5,7,9,10,8,6,4,2,

14. 有以下程序

```c
#include <stdio.h>
#define  N  4
void  fun(int  a[][N])
{
    int  b[N][N],i,j;
    for(i=0; i<N; i++)
        for(j=0; j<N; j++)
            b[i][j] = a[N-1-j][i];
     for(i=0; i<N; i++)
        for(j=0; j<N; j++)
            a[i][j] = b[i][j];
}
int main()
{
    int x[N][N]={{1,2,3,4},{5,6,7,8},{9,10,11,12},{13,14,15,16}}, i;
    fun(x);  fun(x);
    for (i=0;i<N; i++)
        printf("%d,", x[i][i]);
    printf("\n");
    return 0;
}
```

程序的运行结果是(　　)。

    A. 16,11,6,1,　　　B. 1,6,11,16,　　　C. 4,7,10,13,　　　D. 13,10,7,4,

15. 下列叙述中错误的是(　　)。

    A. 主函数中定义的变量在整个程序中都是有效的

    B. 在其他函数中定义的变量在主函数中也不能使用

    C. 形式参数也是局部变量

    D. 复合语句中定义的变量只在该复合语句中有效

二、填空题

1. 下面程序的运行结果是_____。

```c
#include <stdio.h>
int d=1;
int fun(int p)
{
    static int d=5;
    d+=p;
    printf("%d ",d);
    return(d);
}
int main()
{
    int a=3;
    printf("%d \n",fun(a+fun(d)));
    return 0;
}
```

2. 下面程序的运行结果是_____。

```c
#include <stdio.h>
int a=3,b=4;
void fun(int x,int y)
{
    printf("%d,%d\n",x+y,b);
}
int main()
{
    int a=5,b=6;
    fun(a,b);
    return 0;
}
```

3. 下面程序的运行结果是_____。

```c
#include <stdio.h>
```

```
int main()
{
    int k=4,m=1,p;
    p=fun(k,m);
    printf("%d ",p);
    p=fun(k,m);
    printf("%d\n",p);
    return 0;
}
int fun(int a ,int b)
{
    static int m,i=2;
    i+=m+1;
    m=i+a+b;
    return(m);
}
```

4. 下面程序的运行结果是_____。

```
#include <stdio.h>
int x,y;
void num()
{
    int a=15,b=10;
    int x,y;
    x=a-b;
    y=a+b;
    return;
}
int main()
{
    int a=7,b=5;
    x=a+b;
    y=a-b;
    num();
    printf("%d,%d\n",x,y);
    return 0;
}
```

5. 下面程序的运行结果是_____。

```
#include <stdio.h>
void num()
{
    extern int x,y;
    int a=15,b=10;
```

```
        x=a-b;
        y=a+b;
        return ;
    }
int x,y;
int main()
{
        int a=7,b=5;
        x=a+b;
        y=a-b;
        num();
        printf("%d,%d\n",x,y);
        return 0;
}
```

三、编程题

1. 有如下函数：

$$y=\begin{cases} x & x<0 \\ 2x-1 & 0\leqslant x<10 \\ 3x-1 & x\geqslant10 \end{cases}$$

通过自定义函数计算函数值。运行结果如图 6.39 所示。

图 6.39　编程题第 1 题运行结果

2. 编写一个函数 fun()，函数的功能是：判断一个整数是否既是 5 又是 7 的整倍数。若是，输出 yes，否则输出 no。在 main 函数中完成整数的输入。

3. 编写一个函数 fun()，函数的功能是：先判断输入的字符是否为大写字母，若是则把单个的大写字母转换为小写字母，否则照原样输出该字符。在 main 函数中完成输入和输出。

4. 编写函数求圆的面积，并利用该函数计算半径为 3cm 和 4.5cm 的圆的面积。

5. 编写函数，利用辗转相除法求两个自然数的最大公约数，并利用该函数求 25 和 45 的最大公约数，以及 12 和 36 的最大公约数。

6. 编写求解第 n 阶调和数 $1+1/2+1/3+\cdots\cdots+1/n$ 的函数，并利用该函数求前 n 个调和数。

7. 编写一个判断素数的函数，并利用该函数以每行 5 个素数的格式输出 100~200 的所有素数。

8. 编写函数打印杨辉三角形,并利用该函数打印总共 10 行的杨辉三角形。

9. 编写函数删除数组中与给定值 x 相等的元素,若删除成功则返回 1,若不成功则返回 0。给定值 x 从键盘输入。

10. 编写一个函数计算投资的未来价值,公式如下:

$$投资的未来价值＝投资额×(1＋月回报率)^{月数}$$

利用该函数计算投资额为 1000,年回报率为 4.5%,第 1~10 年中每一年的未来价值。

约定:如果年回报率为 4.5%,只需要输入 4.5 即可,那么年回报率需要除以 100。月回报率就等于年回报率除以 12。

11. 编写函数统计一串字符中英文字母、数字和其他字符的个数。

12. 编写函数实现把一个十六进制数转换为十进制数。

13. 编写函数 averageNum(),计算含有 n 个数据的一维数组的平均值,并统计此数组中大于平均值的数据的个数。要求:

在主函数中定义含有 100 个元素的数组 x,x[i]＝200 * cos(i * 0.875)(i＝0,1,2,…,99),调用上述函数,输出此数组的平均值及大于平均值的数据的个数。(注意:此程序必须使用 for 语句,使用全局变量,不允许在 averageNum 函数中输出)

14. 有一个一维数组,存放 10 个学生的成绩,编写一个函数,当主函数调用此函数后,能求出最高分、最低分和平均分。

15. 设有 10 名歌手(编号为 1~10)参加歌咏比赛,另有 6 名评委打分,每位歌手的得分从键盘输入:先提示"Please enter singer's score:",再依次输入第 1 个歌手的 6 位评委打分(满分 10 分,分数为实数,分数之间使用空格分隔),第 2 个歌手的 6 位评委打分,……以此类推。编写函数实现如下功能:

(1) 计算出每位歌手的最终得分(扣除一个最高分和一个最低分后的平均分,最终得分保留 2 位小数)。

(2) 按最终得分由高到低的顺序显示每位歌手的编号和最终得分。

(3) 按歌手编号查找该歌手的排名。

第 7 章 预处理命令

预处理是指在进行编译的第一遍扫描（词法扫描和语法分析）之前所做的工作，是C语言的一个重要功能，它由预处理程序负责完成。当对一个源文件进行编译时，系统将自动调用预处理程序处理源程序中的预处理部分，处理完毕后再自动进行对源程序的编译。

在前面各章中，已多次使用过以"♯"号开头的预处理命令。如包含命令♯include，宏定义命令♯define等。在源程序中这些命令都放在函数之外，而且一般都放在源文件的前面。

C语言提供了多种预处理命令，如宏定义、文件包含、条件编译等。C语言的预处理命令均以"♯"开始，末尾不加分号。合理地使用预处理命令编写的程序，便于阅读、修改、移植和调试，也有利于模块化程序设计。本章介绍三种常用的预处理命令：宏定义命令、文件包含命令、条件编译命令。

学习目标：

- 了解预处理命令的功能。
- 理解宏定义。
- 掌握文件包含命令的使用方法、宏的使用方法。
- 掌握条件编译的基本格式。
- 能够正确使用带参宏及条件编译。

7.1 宏 定 义

在C语言源程序中允许用一个标识符来表示一个字符串，称为宏。被定义为宏的标识符称为宏名。在编译预处理时，对程序中所有出现的宏名，都用宏定义中的字符串去替换，这称为宏替换或宏展开。宏定义是由源程序中的宏定义命令完成的，宏替换是由预处理程序自动完成的。

宏定义是C语言提供的三种常用预处理命令中的一种，使用宏定义可以防止出错，并且可以提高程序的可移植性和可读性。宏分为不带参数和带参数两种。下面分别讨论这两种宏的定义和调用。

7.1.1 不带参数的宏定义

不带参数的宏定义的一般形式为：

```
#define 标识符 字符串
```

其中的"#"表示这是一条预处理命令。define 为宏定义命令。标识符就是所谓的符号常量，也称为宏名。字符串可以是常数、表达式、格式串等。在前面介绍过的符号常量的定义，就是一种不带参数的宏定义。此外，程序中反复使用的表达式通常定义为宏。

预处理工作也称为宏展开，就是将宏名替换为字符串。掌握宏概念的关键是"换"。一切以换为前提、做任何事情之前先要换，准确理解之前就要换，即在对相关命令或语句的含义和功能作具体分析之前就要换。例如：

```
#define  PI  3.1415926
```

它的作用是指定标识符 PI 来代替常量 3.1415926。在编写源程序时，所有的 3.1415926 都可由 PI 代替，而对源程序作编译时，将先由预处理程序进行宏替换，即用 3.1415926 常量去置换所有的宏名 PI，然后再进行编译。

对于宏定义还要说明以下几点：

(1) 宏名习惯上用大写字母表示，以便于与变量区别，但也允许用小写字母。

(2) 使用宏可提高程序的通用性和易读性，减少不一致性，减少输入错误，也便于修改。例如，数组大小常用宏定义。

(3) 预处理是在编译之前的处理，而编译工作的任务之一就是语法检查，预处理不做语法检查。

(4) 宏定义不是语句，在句末不必加分号，如加上分号则连分号也一起置换。

(5) 宏定义必须写在函数之外，默认其作用域为：从宏定义命令开始，一直到源程序结束。如要终止其作用域可使用 #undef 命令。例如：

```
#define  PI  3.14
int main()
{ ··· }
#undef  PI
f1()
{ ··· }
```

表示 PI 只在 main() 函数中有效，在 f1() 中无效。

(6) 宏定义允许嵌套，在宏定义的字符串中可以使用已经定义的宏名。在宏展开时由预处理程序层层替换。例如：

```
#define  PI  3.14
#define  L   2*PI              //PI 是已定义的宏名
```

对语句：

```
printf("%f",L);
```

进行宏替换后变为：

```
printf("%f",2*3.14);
```

（7）宏定义不分配存储空间，变量定义才分配存储空间。

（8）宏定义以回车符结束，如果宏定义超过一行，可以在行末加反斜杠"\"来续行。

（9）宏定义中也可以没有替换的字符串，这种宏定义常作为条件编译检测的一个标志。例如：

```
#define  FLAG
```

（10）字符、字符串和注释中永远不包含宏，即宏名在源程序中若用引号括起来，则预处理程序不对其作宏替换；宏名若出现在注释中，预处理程序也不对其作宏替换。

【例7-1】　验证字符串中不能包含宏。

【问题分析】

先利用宏定义定义一符号常量，然后再输出一字符串，此字符串所含字符与符号常量名相同，观察输出的内容即可验证字符串中是否能包含宏。

【程序代码】

```
#include <stdio.h>              //将文件 stdio.h包含进来
#define YES 100                 //利用宏定义定义符号常量 YES
int main()
{
    printf("YES\n");            //输出字符串 YES
    return 0;
}
```

【运行结果】

程序运行结果如图7.1所示。

图 7.1　例 7-1 程序运行结果

【代码解析】

（1）第二行代码利用宏定义定义了一符号常量 YES。

（2）main()函数的第一条语句实现了输出字符串 YES。

说明：虽然定义符号常量 YES 表示 100，但在 printf 语句中 YES 被引号括起来，因此不作宏替换，而是把 YES 当字符串处理。

7.1.2　带参数的宏定义

C语言允许宏带有参数。宏定义中的参数称为形参,宏调用中的参数称为实参。对于带参数的宏,在调用中,不仅要宏展开,还要用实参去替换形参。

带参数的宏定义一般形式为:

```
#define 宏名(参数表) 字符串
```

在字符串中可以含有多个形参。

带参数宏调用的一般形式为:

```
宏名(实参列表)
```

例如:

```
#define S(a,b) a * b
area=S(3,2);                      //第一步被换为 area=a * b; ,第二步被换为 area=3 * 2;
```

【例 7-2】　利用带参数的宏定义求三个数的最小值。

【问题分析】

(1) 先在函数外定义一个带参数的宏,求两个数的最小值。

(2) 在主函数中,先定义变量,然后给变量赋值,接着进行两次宏调用,实现求 3 个数的最小值的功能,最后把结果输出。

【程序代码】

```
#include <stdio.h>                      //将 stdio.h 头文件包含进来
#define MIN(a,b) (a<b)?a:b             //带参数宏定义
int main()
{
    int x,y,z,min;                     //定义整型变量 x,y,z,min
    printf("Please enter three integers:  ");   //输出屏幕提示语
    scanf("%d%d%d",&x,&y,&z);          //输入三个整数 x,y,z 的值
    min=MIN(x,y);                      //宏调用
    min=MIN(min,z);                    //宏调用
    printf("min=%d\n",min);            //输出 min 的值
    return 0;
}
```

【运行结果】

程序运行结果如图 7.2 所示。

【代码解析】

(1) 第二行代码进行带参数宏定义,用宏名 MIN 表示条件表达式(a＞b)? a:b,形

图 7.2 例 7-2 程序运行结果

参 a、b 均出现在条件表达式中。

（2）main()函数的第四条语句和第五条语句为宏调用,用实参替换形参 a、b。

说明:通过此示例体会如何定义和调用带参数的宏,求最小值并不一定总用上面的方法,还有其他方法。

对于带参数的宏定义需要注意以下几点:

（1）宏名和参数的括号间不能有空格。

（2）宏替换只作替换,不做计算,不做表达式求解。

（3）在宏定义中的形参是标识符,而宏调用中的实参可以是表达式。

（4）在宏定义中,字符串内的形参通常要用括号括起来以避免出错。

（5）在带参数宏定义中,形参不分配存储空间,因此不必进行类型声明,而宏调用中的实参有具体的值,要用它们去替换形参,因此必须进行类型声明。

（6）带参数的宏和带参数函数很相似,但有本质上的不同:

函数调用在编译后程序运行时进行,占运行时间（分配内存、保留现场、值传递、返回值）;宏替换在编译前进行,不分配内存,不占运行时间,只占编译时间,

在函数中,形参和实参是两个不同的量,各有自己的作用域,调用时要把实参值赋予形参,进行"值传递";而在带参数宏中,只是符号替换,不存在值传递的问题。

函数只有一个返回值,利用宏可以设法得到多个值;宏展开使源程序变长,函数调用不会使源程序变长。

（7）宏定义也可用来定义多个语句,在宏调用时,把这些语句代换到源程序内。

【例 7-3】 利用宏定义定义多个语句,求长方体的表面积和体积。

【问题分析】

（1）先在函数外利用宏定义定义多个语句。

（2）在主函数中,先定义变量,接着进行宏调用,实现求长方体的表面积和体积,最后把结果输出。

【程序代码】

```c
#include <stdio.h>                          //将 stdio.h 头文件包含进来
#define SSSV(s1,v) s1=l*w;v=w*l*h;          //带参数宏定义
int main()
{
    int l=5,w=6,h=7,sa,vv;                  //定义整型变量 l、w、h、sa、vv,并给 l、w、h 赋值
    SSSV(sa,vv);                            //宏调用
    printf("sa=%d\nvv=%d\n",sa,vv);         //输出 sa、vv 的值
```

```
    return 0;
}
```

【运行结果】

程序运行结果如图 7.3 所示。

图 7.3　例 7-3 程序运行结果

【代码解析】

（1）程序第二行为带参数宏定义,用宏名 SSSV 表示 2 个赋值语句,2 个形参分别为 2 个赋值运算符左部的变量。

（2）main 函数的第二条语句为宏调用,在宏调用时,把宏展开并用实参代替形参,使 计算结果送入实参之中。

7.1.3　撤销宏定义命令

宏定义命令♯define 应该写在函数外面,通常写在一个文件之首,这样这个宏定义在 整个文件范围内都有效。可以使用命令♯undef 撤销已定义的宏,终止该宏定义的作 用域。

【例 7-4】　撤销已定义的宏示例。

【问题分析】　先通过宏定义定义一个符号常量,然后再撤销该符号常量,撤销后验证 该符号常量是否还有效。

【程序代码】

```
#include <stdio.h>                        //将文件 stdio.h 包含进来
#define PI 3.1415926                      //利用宏定义定义符号常量 PI
int main()
{
    void function();                      //自定义函数 function 的原型声明
    printf("%f\n",PI);                    //输出 PI 的值
    function();                           //函数调用
    return 0;
}
#undef  PI                                //撤销宏定义
void function()                           //定义函数 function()
{
    printf("%f\n",PI);                    //输出 PI 的值
}
```

【运行结果】

程序提示有错,错误提示信息如图 7.4 所示。

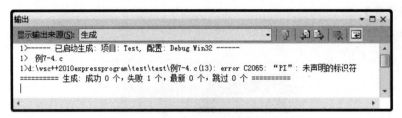

图 7.4　例 7-4 程序错误提示信息

【代码解析】

程序中♯undef PI 撤销了宏定义,所以在后面的 function()里输出 PI 的值时系统提示错误,表示 PI 只在 main()函数中有效,在 function 中无效;若无♯undef PI,则 PI 在main()函数、function 函数中都有效。

7.2　文件包含命令

文件包含是指一个源文件可以将另一个源文件的全部内容包含进来,即将另一个文件包含到本文件之中。文件包含命令是以♯include 开头的预处理命令,在前面各章中使用系统函数时,已经使用了文件包含命令。在程序设计中,文件包含是很有用的。一个大的程序可以分为多个模块,由多个程序员分别编写。有些公用的符号常量或宏定义等可单独组成一个文件,在其他文件的开头用文件包含命令包含该文件即可使用。这样,可避免在每个文件开头都去编写那些公用量,从而节省时间,并减少出错。本节主要介绍文件包含命令的基本格式和它的用途。

文件包含命令的格式如下。

格式 1:

```
#include "文件名"
```

格式 2:

```
#include <文件名>
```

其中:文件名是由 C 语言的语句和预处理命令组成的文本文件。

格式 1:系统先在本程序文件所在的磁盘和路径下寻找包含文件;若找不到,再按系统规定的路径搜索包含文件。

格式 2:系统仅按规定的路径搜索包含文件:在包含文件目录中去查找(包含文件目录是由用户在设置环境时设置的),而不在源文件目录去查找。

注意事项如下：

（1）一个♯include命令只能包含一个文件，若有多个文件要包含，则需用多个♯include命令。

（2）为了避免寻找包含文件时出错，如果是包含系统头文件通常都使用格式2，否则请使用格式1。

（3）由于被包含文件的内容全部出现在源程序清单中，所以其内容必须是C语言的源程序清单，否则，在编译源程序时，会出现编译错误。

（4）文件包含允许嵌套，即在一个被包含的文件中又可以包含另一个文件。

（5）文件包含命令还有一个很重要的功能：能将多个源程序清单合并成一个源程序后进行编译。

【例7-5】 验证文件包含命令能将多个源程序清单合并成一个源程序。

【问题分析】 先建立3个单独的源程序：file1.c、file2.c、file3.c，互不包含，单独编译，观察提示信息。然后，再根据需要，使用文件包含命令将3个源程序清单合并成一个源程序后编译运行。

【程序代码】

源程序文件file1.c的内容如下：

```
#include <stdio.h>                          //将 stdio.h 头文件包含进来
float max1(float x,float y)                  //定义函数 max1()
{
    if(x>y) return(x);                       //如果 x>y,返回 x 的值
    else return(y);                          //否则返回 y 的值
}
```

编译file1.c时程序提示有错，错误提示信息如图7.5所示。

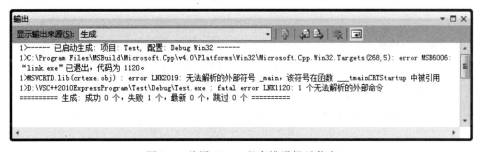

图7.5 编译 file1.c 程序错误提示信息

【错误分析】 编译file1.c会提示没有主函数的错误。

源程序文件file2.c的内容如下：

```
#include <stdio.h>                          //将 stdio.h 头文件包含进来
float max2(float x, float y, float z)        //定义函数 max2()
{
    float m;                                 //定义实型变量 m
```

```
    m=max1(max1(x,y),z);                              //嵌套调用 max1()函数
    return(m);                                         //返回 m 的值
}
```

编译 file2.c 时程序提示有错,错误提示信息如图 7.6 所示。

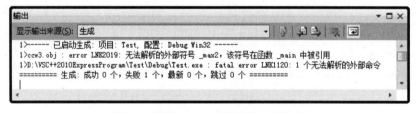

图 7.6　编译 file2.c 程序错误提示信息

【错误分析】　编译 file2.c 会提示没有 max1( )函数、没有主函数的错误。

源程序文件 file3.c 的内容如下:

```
#include <stdio.h>                                    //将 stdio.h 头文件包含进来
int main()
{
    float x1,x2,x3,max;                               //定义实型变量 x1,x2,x3,max
    scanf("%f,%f,%f",&x1,&x2,&x3);                     //输入三个值,分别保存在 x1,x2,x3 中
    max=max2(x1,x2,x3);                               //调用 max2()函数
    printf("max(%f,%f,%f)=%f\n",x1,x2,x3,max);        //输出最大值
    return 0;
}
```

编译 file3.c 时程序提示有错,错误提示信息如图 7.7 所示。

图 7.7　编译 file3.c 程序错误提示信息

【错误分析】　编译 file3.c 会提示函数 max2( )没有定义的错误。

如果在 file3.c 的程序开头将 file1.c 和 file2.c 程序文件包含进去,再编译运行程序文件 file3.c 就能正确执行。例如:

```
#include <stdio.h>                                    //将 stdio.h 头文件包含进来
#include "file1.c"                                     //将 file1.c 文件包含进来
#include "file2.c"                                     //将 file2.c 文件包含进来
int main()
{
```

```
    float x1,x2,x3,max;                      //定义实型变量 x1、x2、x3、max
    scanf("%f%f%f",&x1,&x2,&x3);             //输入 3 个值,分别保存在 x1、x2、x3 中
    max=max2(x1,x2,x3);                      //调用 max2()
    printf("max(%f,%f,%f)=%f\n",x1,x2,x3,max);   //输出最大值
    return 0;
}
```

【运行结果】

程序运行结果如图 7.8 所示。

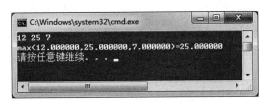

图 7.8　例 7-5 程序运行结果

说明:在编译预处理时,file3.c 程序清单中将使用文件 file1.c 和 file2.c 的内容替代两个文件包含命令,从而正确输出最大值。

7.3　条件编译命令

一般情况下,源程序中所有的行都参加编译,但有时希望其中的部分内容只有在满足一定条件时才进行编译,即对一部分内容指定编译条件,这就是条件编译(conditional compile)。条件编译命令将决定哪些代码被编译,哪些是不被编译的。可将表达式的值或某个特定宏是否被定义作为编译条件。

条件编译有 3 种形式,下面分别介绍。

(1) 第一种形式:

```
#ifdef 标识符
    程序段 1
#else
    程序段 2
#endif
```

其功能是,如果标识符已使用 #define 命令定义则对程序段 1 进行编译,否则对程序段 2 进行编译。如果没有程序段 2,此形式也可以写为:

```
#ifdef 标识符
    程序段
#endif
```

（2）第二种形式：

```
#ifndef 标识符
    程序段 1
#else
    程序段 2
#endif
```

与第一种形式的区别是将 ifdef 改为 ifndef，它的功能是，如果标识符未被 #define 命令定义，则对程序段 1 进行编译，否则对程序段 2 进行编译。

【例 7-6】 条件编译示例 1。

【问题分析】 按照上面的形式写程序，验证条件编译的功能。

【程序代码】

```
#include <stdio.h>              //将文件 stdio.h 包含进来
int main()
{
    #ifdef DEBUG              //如果 DEBUG 已定义，则编译下面的 printf() 语句
        printf("yes\n");      //输出字符串 yes
    #endif                    //与上面 ifdef 配对出现
    #ifndef DEBUG             //如果 DEBUG 未定义，则编译下面的 printf() 语句
        printf("no\n");       //输出字符串 no
    #endif                    //与上面 ifndef 配对出现
    return 0;
}
```

【运行结果】

运行结果如图 7.9 所示。

图 7.9　例 7-6 程序运行结果

【代码解析】

（1）main 函数的前 3 行代码功能是，使用条件编译命令 #ifdef 判断 DEBUG 是否被 #define 命令定义，如果 DEBUG 没有被定义，则不编译 printf("yes\n")。

（2）main 函数的第 4~6 行代码功能是，使用条件编译命令 #ifndef 判断 DEBUG 是否被 #define 命令定义，如果 DEBUG 没有被定义，则编译 printf("no\n")。

说明：由于标识符 DEBUG 没有使用 #define 命令定义，所以只对 printf("no\n") 进行编译，当然也就只执行这条语句，其他的语句不编译，也不执行。

（3）第三种形式：

```
#if 常量表达式
    程序段 1
#else
    程序段 2
#endif
```

其功能是,如果常量表达式的值为真(非零),则对程序段 1 进行编译,否则对程序段 2 进行编译。因此可以使程序在不同条件下完成不同的功能。

【例 7-7】 条件编译示例 2。

【问题分析】 按照第三种形式编写程序,验证条件编译的功能。

【程序代码】

```
#include <stdio.h>                          //将 stdio.h 头文件包含进来
#define H 0                                 //利用宏定义定义符号常量 H
int main()
{
    float r,v,s;                            //定义实型变量 r,v,s
    printf("Enter a number:   ");           //输出提示信息
    scanf("%f",&r);                         //输入值
    #if H                                   //如果 H 为非 0 值,则计算 v 的值并输出
        v=3.14159 * r * r * H;              //计算圆柱体的体积
        printf("The volume of cylinder is: %f\n",v);   //输出 v 的值
    #else                                   //如果 H 为 0,则计算 s 的值并输出
        s=3.14159 * r * r;                  //计算圆面积
        printf("The area of circle is: %f\n",s);   //输出 s 的值
    #endif                                  //与上面 if 配对出现
    return 0;
}
```

【运行结果】

程序运行结果如图 7.10 所示。

图 7.10 例 7-7 程序运行结果

【代码解析】

(1) 程序的第二行进行了宏定义,定义 H 为 0。

(2) main 函数的第一行代码定义了 3 个实型变量。

(3) main 函数的第二行代码输出一串字符,提示输入一个数。

（4）main 函数的第三行代码输入一个实型数，并存放在变量 r 中。

（5）main 函数的第 4～10 行代码的功能是：判断 H 为 0，即常量表达式的值为假，对第 8～9 行进行编译，计算并输出圆面积。

说明：此示例是先定义了符号常量，然后根据符号常量表达式的值来决定对哪部分编译，也可以不定义符号常量，直接根据字面常量表达式的值来决定对哪部分编译。

7.4　常见错误分析

（1）缺少宏定义标志符"＃"，例如：

```
define   PI   3.1415926
```

【编译报错信息】
编译报错信息如图 7.11 所示。

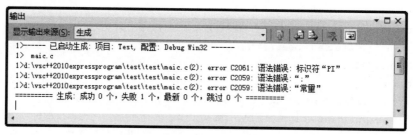

图 7.11　编译错误提示信息截图 1

【错误分析】　缺少宏定义标志符"＃"，只要添加了"＃"，错误就能消除。

（2）宏定义后面多加了分号"；"，连分号也将一起置换，例如：

```
#include <stdio.h>
#define PI 3.14159;
int main()
{
    float area,r=1.0;
    area=2 * PI * r * r;
    return 0;
}
```

【编译报错信息】
编译报错信息如图 7.12 所示。

【错误分析】　宏定义后面多加了分号"；"，编译时把 PI 用"3.1415926；"置换，不是数据，不能参与运算。

（3）文件包含命令中头文件名书写错误，例如，把 ＃include "stdio.h" 误写成 ＃include "sdtio.h"。

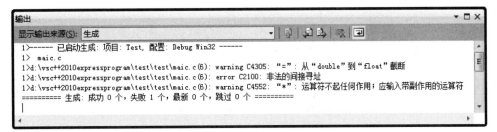

图 7.12 编译错误提示信息截图 2

【编译报错信息】

编译报错信息如图 7.13 所示。

图 7.13 编译错误提示信息截图 3

【错误分析】 文件包含命令中头文件名错误,提示找不到该文件。

(4) 文件包含命令中头文件名未用一对尖括号或一对双引号括起来,而是用其他符号括起来。例如:

```
#include (stdio.h)
```

【编译报错信息】

编译报错信息如图 7.14 所示。

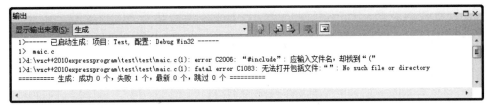

图 7.14 编译错误提示信息截图 4

【错误分析】 头文件名两侧不能用小括号括起来。

(5) 定义符号常量时,多加了赋值号"=",误以为是变量赋值。例如:

```
#define  PI=3.1415926
```

【编译报错信息】

编译报错信息如图 7.15 所示。

【错误分析】 定义符号常量时,多加了赋值号"=",误以为是给变量赋值。

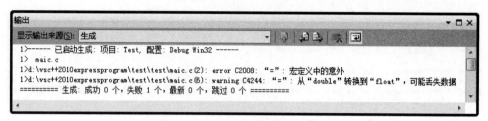

图 7.15　编译错误提示信息截图 5

本 章 小 结

预处理功能是 C 语言特有的功能,它是在对源程序正式编译前由预处理程序完成的。程序员在程序中用预处理命令来调用这些功能。

宏定义是用一个标识符来表示一个字符串,这个字符串可以是常量、变量或表达式。在宏调用中将用该字符串替换宏名。

宏定义可以带有参数,宏调用时是以实参替换形参,而不是“值传送”。

文件包含是预处理的一个重要功能,它可用来把多个源文件连接成一个源文件进行编译,结果将生成一个目标文件。

条件编译允许只编译源程序中满足条件的程序段,使生成的目标程序较短,从而减少了内存的开销并提高了程序的效率。

使用预处理功能便于程序的修改、阅读、移植和调试,也便于实现模块化程序设计。

习　　题

一、选择题

1. 下面叙述中正确的是(　　)。
    A. 带参数的宏定义中参数是没有类型的
    B. 宏展开将占用程序的运行时间
    C. 宏定义命令只能定义无参宏
    D. 使用♯include 命令包含的文件必须以.h 为扩展名
2. 下面叙述中正确的是(　　)。
    A. 宏定义是 C 语句,所以要在行末加分号
    B. 可以使用♯undef 命令来终止宏定义的作用域
    C. 在进行宏定义时,宏定义不能层层嵌套
    D. 对程序中用双引号括起来的字符串内的字符,与宏名相同的要进行置换
3. 当♯include 后面的文件名用双引号括起时,寻找被包含文件的方式为(　　)。

A. 直接按系统设定的标准方式搜索目录

B. 先在源程序所在目录搜索,若找不到,再按系统设定的标准方式搜索

C. 仅仅搜索源程序所在目录

D. 仅仅搜索当前目录

4. 下面叙述中不正确的是(　　)。

A. 函数调用时,先求出实参表达式,然后带入形参。而使用带参的宏只是进行简单的字符替换

B. 函数调用是在程序运行时处理的,分配临时的存储空间。而宏展开则是在编译时进行的,在展开时也要分配存储空间,进行值传递

C. 对于函数中的实参和形参都要定义类型,二者的类型要求一致,而宏不存在类型问题,宏没有类型

D. 调用函数只可得到一个返回值,而用宏可以设法得到几个结果

5. 下面叙述中不正确的是(　　)。

A. 使用宏的次数较多时,宏展开后源程序长度增长,而函数调用不会使源程序变长

B. 函数调用是在程序运行时处理的,分配临时的存储空间,而宏展开则是在编译时进行的,在展开时不分配存储空间,不进行值传递

C. 宏替换占用编译时间

D. 函数调用占用编译时间

6. 以下叙述中正确的是(　　)。

A. 用 #include 包含的文件的后缀不可以是.c

B. 若一些源程序中包含某个头文件;当该头文件有错时,只需对该头文件进行修改,包含此头文件所有源程序不必重新进行编译

C. 宏命令行可以看作是一行 C 语句

D. C 编译中的预处理是在编译之前进行的

7. 以下程序的运行结果为(　　)。

```
#include <stdio.h>
#define R 3.0
#define PI 3.1415926
#define L 2 * PI * R
#define S PI * R * R
int main(){
    printf("L=%f S=%f\n",L,S);
    return 0;
}
```

A. L=18.849556 S=28.274333

B. 18.849556=18.849556 28.274333=28.274333

C. L=18.849556 28.274333=28.274333

D. 18.849556＝18.849556 S＝28.274333

8. 以下程序的运行结果是(   )。

```
#include <stdio.h>
#define  MIN(x,y)   (x)<(y)?(x):(y)
int main()
{
    int i,j,k;
    i=10;j=15;
    k=10*MIN(i,j);
    printf("%d\n",k);
    return 0;
}
```

   A. 15　　　　　　　B. 100　　　　　　C. 10　　　　　　D. 150

9. 以下程序的运行结果是(   )。

```
#include <stdio.h>
#define  MA(x)   x*(x-1)
int  main()
{
    int a=1,b=2;
    printf("%d \n",MA(1+a+b));
    return 0;
}
```

   A. 6　　　　　　　B. 8　　　　　　C. 10　　　　　　D. 12

10. 以下程序的运行结果是(   )。

```
#include <stdio.h>
#define  M(x,y,z)   x*y+z
int main()
{
    int  a=1,b=2, c=3;
    printf("%d\n", M(a+b,b+c, c+a));
    return 0;
}
```

   A. 19　　　　　　　B. 17　　　　　　C. 15　　　　　　D. 12

11. 程序中头文件 type1.h 的内容是(   )。

```
#define  N    5
#define  M1   N*3
```
程序如下:
```
#include <stdio.h>
#include "type1.h"
```

```
#define  M2  N*2
int main()
{
    int i;
    i=M1+M2;
    printf("%d\n",i);
    return 0;
}
```

程序编译后的运行结果是(   )。

  A. 10   B. 20   C. 25   D. 30

12. 请阅读如下程序：

```
#include<stdio.h>
#define  SUB(X,Y)  (X)*Y
int main()
{
    int a=3, b=4;
    printf("%d", SUB(a++, b++));
    return 0;
}
```

上面程序的运行结果是(   )。

  A. 12   B. 15   C. 16   D. 20

13. 执行下面的程序后, a 的值是(   )。

```
#include <stdio.h>
#define SQR(X) X*X
int main()
{
    int a=10,k=2,m=1;
    a/=SQR(k+m)/SQR(k+m);
    printf("%d\n",a);
    return 0;
}
```

  A. 10   B. 1   C. 9   D. 0

14. 设有以下宏定义

```
#define N 3
#define Y(n) ((N+1)*n)
```

则执行语句 z=2 * (N+Y(5+1))后, z 的值是(   )。

  A. 出错   B. 42   C. 48   D. 54

15. 以下程序的运行结果是(   )。

```
#include <stdio.h>
```

```
#define f(x) x * x
int main()
{
    int a=6,b=2,c;
    c=f(a)/f(b);
    printf("%d\n",c);
    return 0;
}
```

　　A. 9　　　　　　　　B. 6　　　　　　　　C. 36　　　　　　　　D. 18

二、填空题

1. 宏定义、文件包含和_____是 3 种常见的预处理命令。

2. 带参数的宏定义以后,在源程序中可以采用_____形式来调用。

3. _____是指一个源文件可以将另一个源文件的内容全部包含进来。

4. 以下程序的运行结果是_____。

```
#include <stdio.h>
#define  MAX(x,y) (x)>(y)?(x):(y)
int main()
{
    int  a=5,b=2,c=3,d=3,t;
    t=MAX(a+b,c+d) * 10;
    printf("%d\n",t);
    return 0;
}
```

5. 以下程序的运行结果是_____。

```
#include <stdio.h>
#define  N 10
#define  s(x) x * x
#define  f(x) (x * x)
int main(){
    int i1,i2;
    i1=1000/s(N);
    i2=1000/f(N);
    printf("%d,%d\n",i1,i2);
    return 0;
}
```

第 *8* 章 指 针

指针是 C 语言中一种重要的结构类型,是 C 语言中功能最强的机制,是使用起来最复杂的机制,对初学者来说,也是在使用时最容易出错的机制。指针在 C 程序中应用广泛,从基本的数据结构,如链表和树,到大型程序中常用的数据索引和复杂数据结构的组织,都离不开指针的使用。说指针是 C 语言中功能最强的机制,是因为指针机制使得程序员可以按地址直接访问指定的存储空间,可以在权限许可的范围内对存储空间的数据进行任意的解释和操作。例如,程序员不仅可以在数据区中的任意位置任意写入数据,而且可以任意指定一段数据,要求计算机系统将其作为由机器指令序列组成的程序段加以执行。这种技术在编写操作系统、嵌入式系统以及黑客攻击程序时经常用到。正是由于指针机制提供了如此灵活的数据访问能力,C 语言才被如此广泛地应用于需要对存储空间进行非常规访问的领域,例如操作系统、嵌入式系统以及其他系统软件的编程。说指针是 C 语言中使用起来最复杂的机制,是因为在使用指针时需要对指针有明确的概念:不仅需要在语言层面上了解指针的语法和语义,而且需要知道指针在计算机内部的确切含义、表达方式和处理机制,才能真正掌握指针的使用方法。说指针是 C 语言中最容易出错的机制,是因为指针是一种对数据间接访问的手段,C 语言中对指针间接访问的重数没有语法上的限制。同时,指针的使用往往是与复杂的类型以及不同类型间的转换联系在一起的。在复杂的被操作对象类型以及没有限制的多重间接访问所带来的复杂的指针类型面前,即使是富有经验的编程人员也会踌躇再三,也会由于一时的疏忽而在指针问题上出错。大部分难以查找和排除的不确定性故障,特别是引起程序崩溃的故障,都是由于对指针的处理和使用不当而造成指向数据错误、地址越界或无效指针等错误所引发的。凡此种种,使指针成为一个在 C 语言中需要重点学习和掌握的内容。

学习目标:
- 掌握指针与指针变量的概念,熟练使用指针与地址运算符。
- 掌握指向变量、数组、字符串和函数的指针变量。通过指针引用以上各类型资源。
- 掌握用指针作函数参数。
- 了解返回指针值的函数。
- 了解指针数组、指向指针的指针。

8.1 变量的地址和指针

在程序中,我们需要定义一个变量时,首先要定义变量的数据类型,数据类型决定了一个变量在内存中所占用的存储空间的大小。其次要定义变量名。C 语言的编译系统会根据变量的类型在适当的时候为指定的变量分配存储空间。例如,在 Visual C++ 环境下,一个 int 型数据占据 4 个字节的存储空间,一个 double 型数据占据 8 个字节的存储空间。

在计算机的内部,所有的存储空间都要统一进行"编号",即所有的存储空间都要有地址,每一存储空间具有唯一的内存地址。系统为每一个已定义的变量分配一定存储空间,使变量名与内存的一个地址相对应,为一个变量进行赋值操作,实质就是要将变量的值存入系统为该变量分配的存储空间中,即变量的值要存入变量名对应的内存地址中。比如我们定义

```
int i,j,k;
```

编译程序可能会为它们在内存中做如图 8.1(a)形式的分配。也就是说变量 i 占据以 2000 开始的 4 个字节,j 占据从 2004 开始的 4 个字节,k 占据从 2008 开始的 4 个字节。在确定了变量的地址之后,就可以通过变量名对内存中变量对应的地址进行操作。对编程者来说,可以使用变量名进行程序设计。程序运行需要进行运算时,要根据地址取出变量所对应的存储空间中存放的值,参与各种计算,计算结果最后还要存入变量名对应的存储空间中。例如:

```
i=10;
j=20;
```

语句 i=10 是将整数值 10 存入 2000 开始的地址单元,语句 j=20 是将整数值 20 存入 2004 开始的地址单元。而

```
k=i+j;
```

则是将 2000 中存放的值和 2004 中存放的值取出并相加,然后放入 2008 开始的单元中去。这个赋值语句执行完后的情况如图 8.1(b)所示。通过变量名获取变量的地址,再从变量的地址对应的存储空间中取值,或将某值存入变量地址对应的存储空间中的过程,称为直接寻址访问。

如果将变量 i 的地址存放在另一个变量 p 中,通过访问变量 p,间接达到访问变量 i 的目的,这种方式称为变量的间接访问。保存其他变量地址的变量就称为指针变量。因此,我们可以认为:指针是用于指向其他变量的变量。

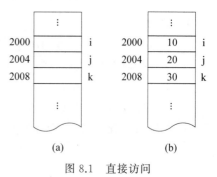

图 8.1 直接访问

要取出变量 i 的值 10,既可以通过使用变量 i 直接访问,也可以通过变量 i 的地址间接访问。

间接访问变量 i 的方法是:从地址为 3000 的存储空间中,先找到变量 i 在存储空间中的地址 2000,再从地址为 2000 的单元中取出 i 的值 10,这种对应关系如图 8.2 所示。

所谓指针变量,就是专门用来保存指针的一类变量,它的值是其他变量的地址,该地址就是某个变量在存储空间中对应的存放位置。这种间接存取关系反映了指针的特性。

指针变量 p 与整型变量 i 的区别在于:i 的值是 10,其存储空间地址是 2000;而指针变量 p 是存放变量 i 的地址,通过 p 可间接取得变量 i 的值。要注意区分这种“值”与“地址”的含义。

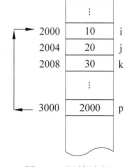

图 8.2 间接访问

指针用于存放其他数据的地址,那么指针都可以引用哪些数据呢? 当指针指向变量时,利用指针可以引用该变量;当指针指向数组时,利用指针可以访问数组中的所有元素;指针还可以指向函数,存放函数的入口地址,利用指针调用该函数;指针指向结构体(请参见第 9 章),引用结构体变量的成员。

8.2 指针变量的定义

指针变量与一般变量一样,必须先声明后使用。定义一个指针变量需要解决两个问题:一是声明指针变量的名字,二是声明指针变量指向的数据类型,即指针变量所指向的变量的数据类型。指针变量的定义形式为:

```
类型声明符 *指针变量名;
```

例如,下面语句分别定义了指向整型变量的指针变量 p 和指向实型变量的指针变量 q。

```
int * p;          //定义 p 为指向整型变量的指针变量
float x, * q;     //定义实型变量 x 和指向实型变量的指针变量 q
```

说明:

(1) 指针变量名前的符号“ * ”在定义时不能省略,它是把其后变量声明为指针类型变量的标志。

(2) 其他类型的变量允许和指针变量在同一个语句中定义,例如:

```
int m,n, * p, * q;
```

此语句定义了 4 个变量,其中 m 和 n 是 int 型变量,p 和 q 是指向 int 型变量的指针变量。

(3) 指针变量定义中的数据类型是指针指向的目标的数据类型,而不是指针变量的数据类型。指针变量的数据类型由"＊"声明为指针类型。

8.3　指针运算

8.3.1　取地址运算符

"&"运算符是取地址运算符,它是单目运算符,其功能是返回其后所跟操作数的地址,其结合性为从右向左,例如:

```
int i=10, * p;
p=&i;
```

将变量 i 的地址(注意,不是 i 的值)赋值给 p。这个赋值语句可以理解为 p 接收 i 的地址,如图 8.3 所示。如果给 i 分配的地址是以 2000 开始的存储单元,则赋值后 p 的值是 2000。

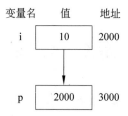

| 变量名 | 值 | 地址 |

图 8.3　指针变量 p 与整型变量 i 的关系

注意：要区分开取地址运算符 & 与双目运算符 &(按位与)。

8.3.2　指针运算符

"＊"运算符是指针运算符,也称为间接运算符,它也是单目运算符。其功能是取该指针变量所指向的存储单元的值。例如:

```
int x=10, * p,y;
p=&x;               //取变量 x 的地址赋给指针变量 p
y= * p;             // * p 表示取指针变量 p 所指单元的内容,即变量 x 的值,得 y=10
```

注意：此例中第 1 个语句和第 3 个语句都出现了"＊p",但意义是不同的。这是因为"＊"在类型声明和在取值运算中的含义是不同的。在第一个语句中的"＊p"表示将变量 p 声明为指针变量,用"＊"以区别于一般变量,这里是声明指针变量 p。而在第 3 个语句中的"＊p"是使用指针变量 p,此时"＊"是运算符,表示取指针所指向存储单元的内容,即对 p 进行间接存取运算,取变量 x 的值。

8.3.3　赋值运算

1. 指针变量的初始化

指针变量的初始化,就是在定义指针变量的同时为其赋初值。由于指针变量是指针类型,所赋初值应是一个地址值。其一般格式如下:

```
数据类型 *指针变量名1=地址1, *指针变量名2=地址2,…;
```

其中的地址形式有多种,例如,& 变量名、数组名、其他的指针变量等。

& 运算符是取地址运算符,"& 变量名"也可以直接理解为变量的地址。例如:

```
int i;
int * p=&i;
```

这两个语句分别定义了整型变量 i 和指向整型变量 i 的指针变量 p,并且将变量 i 的地址作为 p 的初值。

```
char s[20];
char * str=s;
```

这两个语句分别定义了字符型数组 s 和指向字符型变量的指针变量 str,并且将字符数组 s 的首地址作为 str 的初值。

说明:

(1) 不能用尚未定义的变量给指针变量赋初值,例如下面的用法是错误的:

```
float * q=&x;
float x;
```

(2) 当用一个变量地址为指针变量赋初值时,该变量的数据类型必须与指针变量指向的数据类型一致。例如下面的用法是错误的,因为 m 和 p 指向的数据类型不匹配。

```
float m;
int * p=&m;
```

(3) 除 0 之外,一般不把其他整数作为初值赋给指针变量。程序运行期间,变量的地址是由计算机分配的,当用一个整数为一个指针变量赋初值后,可能会造成难以预料的后果。当用 0 对指针赋初值时,系统会将该指针变量初始化为一个空指针,不指向任何对象。

2. 使用赋值语句赋值

在程序执行中,可以使用赋值语句为指针变量赋值,一般格式如下:

```
指针变量=地址;
```

例如：

```
int m=100, * p;
p=&m;                    //将变量 m 的地址赋给指针变量 p
```

另外，指针变量和一般变量一样，存放在它们之中的值是可以改变的，也就是说可以改变它们的指向，假设

```
int a=10,b=20, * p1, * p2;
p1=&a;
p2=&b;
```

则建立如图 8.4 所示的联系。

这时赋值语句：

```
p2=p1;
```

将使得 p2 与 p1 指向同一个变量 a,此时 * p2 就等价于 a,而不是 b,如图 8.5 所示。

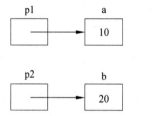

图 8.4　指针变量 p1、p2 与 a、b 的关系(1)

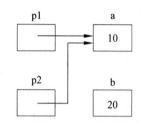

图 8.5　指针变量 p1、p2 与 a、b 的关系(2)

如果执行如下语句：

```
* p2= * p1;
```

则表示把 p1 指向的内容赋给 p2 所指的存储单元,此时就变成图 8.6 所示。

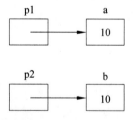

图 8.6　指针变量 p1、p2 与 a、b 的关系(3)

通过指针访问它所指向的一个变量是以间接访问的形式进行的，所以比直接访问一个变量要费时间，而且不直观，因为通过指针要访问哪一个变量，取决于指针的值（即指向），例如 * p2= * p1;实际上就是 b＝a,前者不仅速度慢而且目的不明。但由于指针是变量，可以通过改变它们的指向，以间接方式访问不同的变量，这给程序员带来灵活性，也使程序代码编写得更为简洁和高效。

8.3.4 空指针与 void 指针

1. 空指针

空指针就是不指向任何对象的指针,表示该指针没有指向任何存储空间。构造空指针有下面两种方法。

(1) 赋 0 值,这是唯一的允许不经转换就赋给指针的数值。

(2) 赋 NULL 值,NULL 值等于 0,即两者等价。例如:

```
int * p;
p=0;
```

或

```
p=NULL;
```

引入空指针的目的就是为了防止使用指针出错。

空指针常常用来初始化指针,避免野指针的出现。

对指针变量赋 0 或 NULL 值与不赋值是不同的。指针变量赋 0 值后,该指针被初始化为空指针,空指针是不可以使用的。而指针变量未赋值时,可以是任意值,可能指向任何地方,该指针被形象地称为野指针。不要使用野指针,否则将造成意外错误。

为了避免上述错误的发生,习惯的做法是定义指针变量时立即将其初始化为空指针,在使用指针之前再给指针变量赋值,也就是在指针有了具体指向之后再使用指针。

2. void 指针

C 语言规定,指针变量也可以定义为 void 型,例如:

```
void * p;
```

这里 p 仍然是一个指针变量,且有自己的内存空间,但不指定 p 指向哪种类型的变量。在这种情况下,应该注意:

(1) 任何指针都可以赋值给 void 指针。

```
int * q;
p=q;                    //不需要进行强制类型转换
```

(2) void 指针赋值给其他类型的指针时都要进行转换。

```
int * t=(int *)p;       //需要进行强制类型转换
```

(3) void 指针不能参与指针运算,除非进行转换。

如果对指针变量进行加法或减法就会导致编译错误,例如:

```
int main()
{
```

```
void * pointer;
pointer++;            //编译出错,原因是不知道 pointer 指向的类型
return 0;
}
```

8.4 指针与函数

在函数之间可以传递一般变量的值,同样,在函数之间也可以传递地址(指针)。函数与指针之间有着密切的关系,它包含 3 种含义:指针作为函数的参数,函数的返回值为指针以及指向函数的指针。

8.4.1 指针作为函数参数

前面已经介绍了函数的概念,现在来试着编写一个函数,以解决两个数互换的问题。

【例 8-1】 编写 swap(int,int)函数,实现两个变量值的交换,其中函数参数为整型变量。

【问题分析】

(1) 定义 swap()函数,该函数有两个整型参数,在函数体中,借助第三个变量,实现两个参数值的交换。

(2) 在主函数中,从键盘输入两个整数 a 和 b,输出它们;然后调用 swap()函数,swap()函数的实参数为 a 和 b,最后再次输出 a 和 b。

【程序代码】

```
# include <stdio.h>
void swap(int p1,int p2)
{
    int t;                                    //定义整型变量 t
    //输出 p1 和 p2
    printf("2:In swap.Before Swap: p1=%d,  p2=%d\n",p1,p2);
    //借助 t,将 p1 和 p2 的值交换
    t=p1;
    p1=p2;
    p2=t;
    //输出 p1 和 p2
    printf("3:In swap.After Swap: p1=%d,  p2=%d\n",p1,p2);
}
int main()
{
    //定义整型变量 a 和 b
    int  a, b;
```

```
    printf("please  enter  a and b:");                    //输出屏幕提示语
    scanf("%d%d",&a,&b);                                   //输入 a 和 b
    printf("1:In main.Before Swap: a=%d,  b=%d\n",a,b);//输出 a 和 b
    //调用 swap()函数,参数是整型变量 a 和 b 的值
    swap(a,b);
    printf("4:In main.After Swap:  a=%d,  b=%d\n",a,b); //输出 a 和 b
    return 0;
}
```

【运行结果】

程序运行结果如图 8.7 所示。

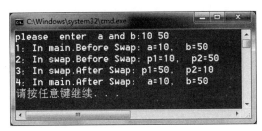

图 8.7　例 8-1 程序运行结果

【代码解析】

从输出结果看(结果中的第 2 和第 3 行),swap()函数本身确实实现了数据交换。但主函数调用 swap()函数后,从输出结果看(结果中的第 4 行),却与原值相同,并未实现 a 和 b 变量值的交换。回忆一下,C 语言的函数参数是值传递。现在让我们一起来看看程序的执行过程。主函数 main()调用函数 swap()时,将参数 a、b 的值传递给 swap()的形参 p1、p2,这相当于有赋值:

```
p1=a;
p2=b;
```

情况如图 8.8(a)所示,p1、p2 接收到数值后,在 swap()中互换,由于参数是值传递,被调函数中形参的改变并不会影响对应的实参,所以互换后的结果如图 8.8(b)所示,实参 a、b 的值并没有任何改动。这样,当 swap()运行完返回 main()后,输出的当然还是原来 a、b 的值。

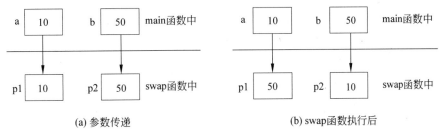

图 8.8　例 8-1 执行示意图

那怎么办呢？把 swap()定义为整型,用返回值将结果带回？这显然不行,函数只能返回一个值。可能会想到用全局变量来解决这个问题。是的,全局变量可以解决这个问题,但这样简单的问题都要使用全局变量,那么更多的函数回送多个值会怎样呢？大量使用全局变量会降低程序的可读性,增加程序出错的可能性。看来这也不是好办法。那怎么办？可以利用指针作为函数参数,它将一个变量的地址传递到被调函数中,由于指针指向的单元和变量对应的单元相同,因而可以在被调函数中通过指针运算符"＊"实现对主调函数中变量值的修改,在被调函数调用结束之后,修改的值仍然可用,这就弥补了参数传值不能带回值的问题。我们把例 8-1 进行如下修改。

【例 8-2】 编写 swap(int ＊ ,int ＊)函数,实现两个变量值的交换,其中函数参数为指针变量。

【问题分析】

在 swap()函数中采用 ＊ p1 和 ＊ p2 作为形参,用来接收要交换的两个变量 a 和 b 的地址,在函数中使用指针变量 p1 和 p2 来对它们所指向的两个变量 a 和 b 中的数据进行交换。

【程序代码】

```c
#include <stdio.h>
void  swap(int * p1,int * p2)
{
    //借助 t,将指针 p1 和 p2 所指元素的值交换,注意这里交换的是值
    int t;                                          //定义整型变量 t
    //输出指针 p1 和 p2 所指元素的值
    printf("2:In swap.Before Swap: p1=%d,  p2=%d\n", * p1, * p2);
    t= * p1;
     * p1= * p2;
     * p2=t;
    //输出指针 p1 和 p2 所指元素的值
    printf("3:In swap.After Swap: p1=%d,  p2=%d\n", * p1, * p2);
}
int main()
{
    int a, b;                                       //定义整型变量 a 和 b
    printf("please  enter  a and b:");              //输出屏幕提示语
    scanf("%d%d",&a, &b);                           //输入 a 和 b
    printf("1:In main.Before Swap: a=%d,  b=%d\n",a,b);  //输出 a 和 b
    //调用 swap()函数,参数是整型变量 a 和 b 是地址
    swap(&a,&b);
    printf("4:In main.After Swap:  a=%d,  b=%d\n",a,b);  //输出 a 和 b
    return 0;
}
```

【运行结果】

程序运行结果如图 8.9 所示。

图 8.9　例 8-2 程序运行结果

【代码解析】

在程序中,swap()函数的形参为指向整型的指针,调用 swap()函数的实参是整型变量的地址。这样的参数传递,使得指针变量 p1 中存入变量 a 的地址,指针变量 p2 中存入变量 b 的地址,指针变量 p1 指向变量 a,指针变量 p2 指向变量 b,其各个变量的状态和相互关系如图 8.10 所示。

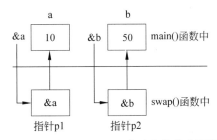

图 8.10　进入 swap()函数时参数传递情况

调用 swap()函数,首先执行语句 t= * p1,将指针 p1 所指的内容存入临时变量 t 中,如图 8.11(a)所示;然后执行语句 * p1= * p2,将指针 p2 所指的内容存入指针 p1 所指的变量中,如图 8.11(b)所示;最后执行语句 * p2=t,将临时变量 t 暂存的数据送入指针 p2 所指的变量中,如图 8.11(c)所示,从而完成交换两个变量值的操作。swap()函数的整个执行过程和各个变量值的变化过程如图 8.11 所示。

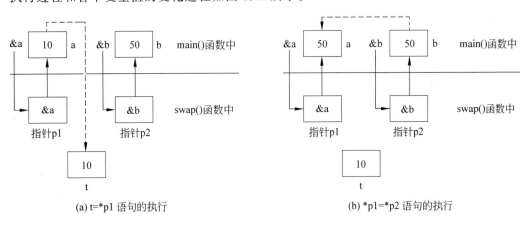

(a) t=*p1 语句的执行　　　　　　　　　(b) *p1=*p2 语句的执行

图 8.11　例 8-2 中 swap 函数的执行过程和各个变量的值的变化过程

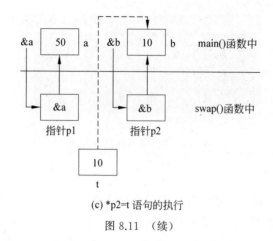

(c) *p2=t 语句的执行

图 8.11 （续）

如果把程序写成例 8-3，程序的运行结果又是怎样的呢？

【例 8-3】 编写 swap(int＊,int＊)函数，实现两个变量值的交换，其中函数参数为指针变量。

【问题分析】

在 swap()函数中，两个指针变量＊p1 和＊p2 使用指针变量＊t 完成地址交换。

【程序代码】

```
#include <stdio.h>
void swap(int * p1,int * p2)
{
    //借助 t,将指针变量 p1 和 p2 的值交换,注意这里交换的是地址
    int  * t;                                    //定义整型指针变量 t
    //输出指针 p1 和 p2 所指元素的值
    printf("2:In swap.Before Swap: p1=%d,  p2=%d\n", * p1, * p2);
    t=p1;
    p1=p2;
    p2=t;
    //输出指针 p1 和 p2 所指元素的值
    printf("3:In swap.After Swap: p1=%d,  p2=%d\n", * p1, * p2);
}
int main()
{
    int a, b;                                    //定义整型变量 a 和 b
    printf("please  enter  a and b:");           //输出屏幕提示语
    scanf("%d%d",&a,&b);                         //输入 a 和 b
    printf("1:In main.Before Swap: a=%d,  b=%d\n",a,b);  //输出 a 和 b
    //调用 swap()函数,参数是整型变量 a 和 b 的地址
    swap(&a,&b);
    printf("4:In main.After Swap:  a=%d,  b=%d\n",a,b);  //输出 a 和 b
    return 0;
}
```

C 语言程序设计

【运行结果】

程序运行结果如图 8.12 所示。

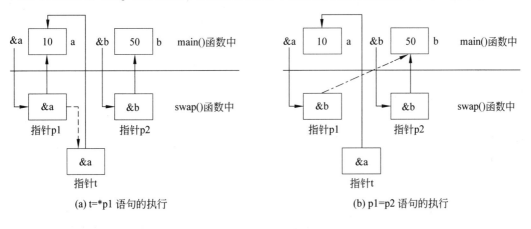

图 8.12　例 8-3 程序运行结果

【代码解析】

同样是使用指针作为形参，为什么没有将 a 和 b 的值进行交换呢？在例 8-2 中的语句 ＊p1＝＊p2，它的含义是"取指针变量 p2 的内容赋给指针变量 p1 所指的变量中"，即该语句实现对指针变量所指内容之间的相互赋值。而在例 8-3 中语句 p1＝p2 的含义与例 8-2 中的是根本不同的，它的含义是"将指针变量 p2 的值赋给指针变量 p1"，即实现的是指针变量之间的相互赋值。swap 函数的整个执行过程和各个变量值的变化过程如图 8.13 所示。

(a) t=*p1 语句的执行　　　　　　　　(b) p1=p2 语句的执行

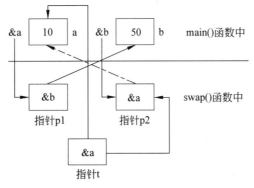

(c) p2=t 语句的执行

图 8.13　例 8-3 中 swap 函数的执行过程和各个变量的值的变化过程

"指针变量所指单元的内容"(简称指针的内容)与"指针变量的值"(简称指针的值)是根本不同的。前者是通过指针取得指针所指向单元的变量的值,后者是指针变量本身的值(即指针变量中存的地址)。初学者要特别注意区别。

从这个例子中我们可以看到:虽然 C 语言的函数参数都是值传递,但可以通过地址值间接地把被调函数的某些数值传送给主调函数。这样指针又为我们在函数之间传递数据提供了一种新的途径。因此,指针参数传递中应注意:

(1) C 语言中从实参到形参的传递是值传递:无论什么参数都是传值方式。

(2) 能够修改实参变量值的原因:形参和实参共用同一存储单元。

(3) 要从函数获得多个值,可用多个指针变量作为函数参数,通过修改指针所指变量的值来返回多个值。

8.4.2 指针作为函数的返回值

除了可以将基本类型作为函数返回值类型之外,还可以将地址作为函数返回值,当把地址作为函数返回值时,该函数称为指针函数。其定义形式为:

```
数据类型 * 函数名(形参列表)
{
    函数体;
}
```

其中,函数名前面的"*"表示该函数的返回类型为指针,数据类型表明指针指向的类型,函数的返回值是一个指向该数据类型的指针。注意,此时声明的是函数,而不是指针。

【例 8-4】 输入若干个百分制成绩,以输入非法成绩为结束(成绩大于 100 或者小于 0 为非法成绩),求最高分数并输出。

【问题分析】

(1) 定义指针函数 int *input( )完成从键盘输入若干百分制成绩,并通过循环判断求出最高分数。使用静态局部变量 max 记录最高分数,函数结束前使用 return &max 语句,返回最高分的内存地址。

(2) 在主函数中,定义指针变量 pmax,使用 pmax＝input( )调用 input( )函数,并将函数返回值(最高分的内存地址)赋给指针变量 pmax。

(3) 通过指针变量 pmax 输出最高分。

【程序代码】

```
#include <stdio.h>
int * input()
{
    static int max;                            //定义静态整型变量 max,存放最大数
    int x;                                     //定义整型变量 x
    scanf("%d",&x);                            //输入 x
```

```
        max=x;
        //输入若干个百分制成绩,以输入非法成绩为结束
        while(x<=100&&x>=0)
        {
            if(x>max)                           //x 比 max 大,则将 x 赋值给 max
                max=x;
            scanf("%d",&x);                      //输入 x
        }
        return &max;                             //返回 max
    }
    int main()
    {
        int * pmax;                              //定义整型指针变量 pmax
        printf("输入若干个百分制成绩(输入非法则结束):"); //输出屏幕提示语
        pmax=input();                            //调用 input()函数
        printf("最高分是:%d\n", * pmax);          //输出 pmax
        return 0;
    }
```

【运行结果】

程序运行结果如图 8.14 所示。

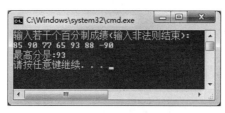

图 8.14   例 8-4 程序运行结果

【代码解析】

因为函数 input()的返回值是指针,所以在 main()函数定义了指针变量 pmax,将函数的返回值赋给 pmax。

注意:如果函数的返回值是指针,一定不要返回局部变量的地址。因为在函数调用结束后,局部变量将被释放。但是这时函数返回值却是指向销毁内存的指针,而这是野指针。在函数 input()内部定义存放最大数 max 变量时,使用语句 static int max,max 就变成静态局部变量,生存期是整个程序执行期间,所以这时返回它的指针,主调函数可以读取这块空间。

8.4.3 函 数 指 针

在 C 语言中,指针的使用方法非常灵活,指向函数的指针就是一个在其他高级语言中非常罕见的功能。在定义一个函数之后,编译系统为每个函数确定一个入口地址,当调

用该函数时,系统会从这个入口地址开始执行该函数。存放函数的入口地址的指针就是一个指向函数的指针,简称函数指针。

函数指针的定义方式是:

```
类型标识符 (＊指针变量名)();
```

类型标识符为函数返回值的类型。特别值得注意的是,由于 C 语言中,括号的优先级比＊高,因此,"＊指针变量名"外部必须用括号,否则指针变量名首先与后面的括号结合,就是前面介绍的"返回指针的函数"。试比较下面两个声明语句:

```
int (＊pf)();              //定义一个指向函数的指针,该函数的返回值为整型数据
int ＊f()                  //定义一个返回值为指针的函数,该指针指向一个整型数据
```

与变量指针一样,必须给函数指针赋值,才能指向具体的函数。由于函数名代表了该函数的入口地址,因此,一个简单的方法是,直接用函数名为函数指针赋值,即:

```
函数指针名 = 函数名;
```

例如:

```
double fun();             //函数声明
double (＊f)();            //函数指针声明
f = fun;                  //f 指向 fun 函数
```

函数指针经定义和赋值之后,在程序中可以引用该指针,目的是调用被指针所指的函数,由此可见,使用函数指针,增加了函数调用的方式。

【例 8-5】 使用函数指针,求两个整数的和。

【问题分析】

(1) 定义 add()函数,完成两个整数求和。

(2) 在主函数中,定义函数指针 p,并将 add()函数的入口地址赋值给 p,最后用函数指针 p 调用 add()函数。

【程序代码】

```
#include <stdio.h>
int add(int x, int y)                    //定义函数 add()完成两个整数相加
{
    return x+y;
}
int main()
{
    int (＊p)(int,int);                   //定义函数指针 p
    int a,b,c;
    p=add;                               //将 add()函数入口地址赋值给函数指针 p
```

```
    printf("Please enter a and b:");           //输出屏幕提示语
    scanf("%d%d", &a, &b);                      //输入 a 和 b 的值
    c=(*p)(a,b);                                //用函数指针 p 调用函数
    printf("a=%d,b=%d,a+b=%d\n", a, b, c);      //输出结果
    return 0;
}
```

【运行结果】

程序运行结果如图 8.15 所示。

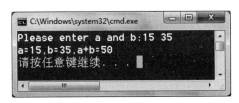

图 8.15　例 8-5 程序运行结果

【代码解析】

其中 int（*p）(int,int)声明 p 是指向函数的指针,int 表明函数的返回值为整型。赋值语句 p＝add 的作用是将函数 add 的入口地址赋给 p,也就是让 p 指向函数 add。主函数中的 c=(*p)(a,b)等价于 c＝add(a,b),不同的是用指针形式实现函数的调用,以上两种方法实现函数调用,其结果是一样的。

【例 8-6】 用函数指针,实现整数算术运算。

【问题分析】

（1）定义 5 个函数,分别完成两个整数的加、减、乘、除和取余运算。

（2）定义函数 operation,其形参有 3 个,分别是两个整型变量和一个函数指针 exp。在 operation 函数体内使用函数指针 exp 调用函数,并将调用函数得到的结果返回。

（3）在主函数中,分别将两个整数的加、减、乘、除、取余函数名作为调用函数 operation 的第 3 个实参,以调用相应的函数。

【程序代码】

```
#include <stdio.h>
int add(int a,int b){  return a+b;  }   //求和函数
int sub(int a,int b){  return a-b;  }   //求差函数
int mul(int a,int b){  return a*b;  }   //求积函数
int dev(int a,int b)                    //求商函数
{
    if(b==0)  return 0;
    else return a/b;
}
int mod(int a,int b)                    //求余函数
{
```

```
        if(b==0) return 0;
        else return a%b;
    }
int operation(int x,int y,int (*exp)(int,int))
{
    int result;                    //定义整型变量 result
    result=(*exp)(x,y);            //通过函数指针调用函数
    return result;                 //返回 result
}
int main()
{
    int a=10,b=5,x1,x2,x3,x4,x5;   //定义整型变量 a,b,x1,x2,x3,x4,x5
    x1=operation(a,b,add);         //调用函数 operation(),并将返回值赋给 x1
    x2=operation(a,b,sub);         //调用函数 operation(),并将返回值赋给 x2
    x3=operation(a,b,mul);         //调用函数 operation(),并将返回值赋给 x3
    x4=operation(a,b,dev);         //调用函数 operation(),并将返回值赋给 x4
    x5=operation(a,b,mod);         //调用函数 operation(),并将返回值赋给 x5
    printf("%d+%d=%d\n",a,b,x1);   //输出结果
    printf("%d-%d=%d\n",a,b,x2);   //输出结果
    printf("%d*%d=%d\n",a,b,x3);   //输出结果
    printf("%d/%d=%d\n",a,b,x4);   //输出结果
    printf("%d%%%d=%d\n",a,b,x5);  //输出结果
    return 0;
}
```

【运行结果】

程序运行结果如图 8.16 所示。

图 8.16　例 8-6 程序运行结果

【代码解析】

本示例通过把不同的函数名 add()、sub()、mul() 等作为实参传递给自定义函数 operation() 的函数指针形参,增加了自定义函数 operation() 的通用性。定义一个函数指针,并不是用它固定指向哪一个函数的,而只是表示定义了这样一个类型的变量,它是专门用来存放函数的入口地址的,在程序中把哪一个函数的入口地址赋给它,它就指向哪一个函数。

8.5　指针与数组

8.5.1　一维数组的指针表示

1. 定义指向一维数组的指针变量

在 C 语言中,指针和数组有着紧密的联系,其原因在于,凡是由数组下标完成的操作皆可用指针来实现。我们已经知道,在数组中可以通过数组的下标来唯一确定某个数组元素在数组中的顺序和存储地址,这种访问方式也称为下标表示法。例如:

```
int a[5]={1, 2, 3, 4, 5}, x, y;
x=a[2];                      //通过下标将数组 a 下标为 2 的第 3 个元素的值赋给 x,x=3
y=a[4];                      //通过下标将数组 a 下标为 4 的第 5 个元素的值赋给 y,y=5
```

对数组元素的引用,除了第 5 章中介绍的用下标表示法外,也可以用指针表示法来实现。由于每个数组元素相当于一个变量,因此指针变量既然可以指向一般的变量,同样也可以指向数组中的元素,也就是可以用指针表示法访问数组中的元素。例如:

```
int a[5]={1, 2, 3, 4, 5}, * p;
p=&a[0];
```

由于一维数组的数组名是一个地址常量,程序运行时,它的值是一维数组第 1 个元素的地址。所以可以通过数组名把数组的首地址赋给指针变量,即:

```
p=a;
```

经过上面的定义和赋值之后,就可以使用指针 p 对数组进行访问了。例如,由于 p 已经指向了 a[0]元素,要输出元素 a[0],就可以使用以下的方法:

```
printf("%d", * p);
```

从图 8.17 中我们可以看出以下关系:p、a、&a[0]均指向同一单元,它们是数组 a 的首地址,也是数组 a 的元素 a[0]的首地址。应该说明的是,p 是变量,而 a、&a[0]都是常量。在编程时应予以注意。

2. 通过指针引用数组元素

现在的问题是,怎样用指针 p 去访问数组的其他元素呢? C 语言规定:如果指针变量 p 已指向数组中的一个元素,则 p+1 指向同一数组中的下一个元素。

引入指针变量后,就可以用两种方法来访问数组元素了。

如果 p 的初值为 &a[0],则其对应的关系如图 8.18 所示。

(1) p+i 和 a+i 就是 a[i]的地址,或者说它们指向 a 数组的第 i+1 个元素。

(2) * (p+i)或 * (a+i)就是 p+i 或 a+i 所指向的数组元素,即 a[i]。例如, * (p+5)

或 *(a+5)就是 a[5]。

（3）指向数组的指针变量也可以带下标，如 p[i]与 *(p+i)等价。

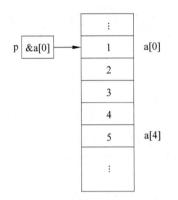 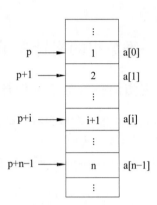

图 8.17　指针变量 p 与数组 a 的关系　　　图 8.18　用指针变量 p 表示数组 a

注意：不要以为总是有 *(p+i)和 a[i]相等的对应关系，如果赋值是：

p=&a[4];

则 p 指向 a[4]，p+1 指向 a[5]，而 p-1 指向 a[3]，也就是说，指针在数组中是可以移动的。

根据以上叙述，引用一个数组元素可以用：

（1）下标法，即用 a[i]形式访问数组元素。在前面介绍数组时都是采用这种方法。

（2）指针法，即采用 *(a+i)或 *(p+i)形式，用间接访问的方法来访问数组元素，其中 a 是数组名，p 是指向数组的指针变量，其初值是 p=a。

【例 8-7】　指针法和下标法引用数组元素的示例程序。

【程序代码】

```
#include <stdio.h>
int main()
{
    int a[5], * p,i;                        //定义整型数组 a,整型指针 p,整型变量 i
    for(i=0;i<5;i++)                        //循环,当 i>=5 时结束循环
        a[i]=i+1;                           //为数组 a 中元素赋值
    p=a;                                    //初始化指针,使指针指向数组 a 的首地址
    for(i=0;i<5;i++)                        //循环,当 i>=5 时结束循环
        printf(" * (p+%d):%d  ",i, * (p+i)); //使用指针法输出数组
    printf("\n");
    for(i=0;i<5;i++)                        //循环,当 i>=5 时结束循环
        printf(" * (a+%d):%d  ",i, * (a+i)); //使用指针法输出数组
    printf("\n");
    for(i=0;i<5;i++)                        //循环,当 i>=5 时结束循环
        printf("p[%d]:%d\t",i,p[i]);        //使用下标法输出数组
```

——————— C 语言程序设计

```
    printf("\n");
    for(i=0;i<5;i++)                        //循环,当 i>=5 时结束循环
        printf("a[%d]:%d\t",i,a[i]);        //使用下标法输出数组
    printf("\n");
    return 0;
}
```

【运行结果】

程序运行结果如图 8.19 所示。

图 8.19　例 8-7 程序运行结果

【代码解析】

程序中 a 为数组名,p 为指向数组首地址的指针,访问数组可以用下标法 a[i]或 p[i],也可以用指针法,即＊(a+i)或＊(p+i)。

3. 数组中的指针运算

(1) 加减算术运算。

对于指向数组的指针变量,可以加上或减去一个整数 n。设 p 是指向数组 a 的指针变量,则 p+n、p−n、p++、++p、p−−、−−p 运算都是合法的。指针变量加或减一个整数 n 的意义是把指针指向的当前位置(指向某数组元素)向前或向后移动 n 个位置,这里加减的单位不是以字节为单位,而是以指向的数据类型所占用的字节数为单位,如 int 型变量占 4 个字节,double 型变量占 8 个字节。因此,p+n 表示的实际地址为(假设 p 指针的类型为 type):

```
p+n * sizeof(type)
```

【例 8-8】　指针算术运算示例程序(1)。
【程序代码】

```
#include <stdio.h>
int main()
{
    int a[10]={1, 2, 3, 4, 5, 6, 7, 8, 9, 10}; //定义整型数组 a,并初始化
    //定义指针 p,并初始化使其指向数组 a 的首地址
    int * p=a;
    //使用数组名 a 输出数组的首地址和数组中第四个元素的地址
    printf("a is: 0x%X, a+3 is: 0x%X\n",a, a+3);
```

```
//使用指针 p 输出指针指向的数组 a 的首地址和数组中第四个元素的地址
printf("p is: 0x%X, p+3 is: 0x%X\n",p, p+3);
//使用指针法用数组名 a 输出数组的第一个元素和数组中第四个元素的值
printf("*a is : %d, *(a+3) is : %d\n", *a, *(a+3));
//使用指针法用指针 p 输出指针 p 指向的数组 a 的第一个元素和第四个元素的值
printf("*p is : %d, *(p+3) is : %d\n", *p, *(p+3));
//使用下标法用指针 p 输出指针 p 指向的数组 a 的第一个元素和第四个元素的值
printf("p[0] is : %d, p[3] is : %d\n",p[0], p[3]);
return 0;
}
```

【运行结果】

程序运行结果如图 8.20 所示。

图 8.20　例 8-8 程序运行结果

【代码解析】

当指针变量 p 指向数组首地址 a 时，a＋i 等价于 p＋i，同时还有 *(a+i) 等价于 *(p+i)，并且等价于 a[i] 和 p[i]。

注意：

① 指针变量的加减运算只能对数组指针变量进行，对指向其他类型变量的指针变量做加减运算是毫无意义的。

② 指针变量可以实现本身的值的改变，如 p++ 是合法的，而 a++ 是错误的，因为 a 是数组名，它是数组的首地址，是常量。

③ 要注意指针变量的当前值。请看下面的程序。

【例 8-9】 指针算术运算示例程序(2)。

【程序代码】

```
#include <stdio.h>
int main()
{
    int a[10], *p,i;              //定义整型数组 a,整型指针 p,整型变量 i
    p=a;                          //初始化指针 p,使指针 p 指向数组 a 的首地址
    for(i=0;i<10;i++)             //循环,当 i>=10 时结束循环
        *p++=i;                   //通过指针 p 为数组赋值
    for(i=0;i<10;i++)             //循环,当 i>=10 时结束循环
        printf("a[%d]=%d\n",i, *p++);  //通过指针 p 输出数组的值
```

———————— C 语言程序设计

```
        return 0;
}
```

【运行结果】

程序运行结果如图 8.21 所示。

图 8.21　例 8-9 程序运行结果

【代码解析】

指针做加减运算时,应随时警惕,不要让指针指向数组的范围以外。从上面程序可以看出,当第一个 for 循环结束时,指针 p 已指向 a[9],当第二个 for 循环再做 p++,将使指针指向数组 a 的范围以外。修改此程序,需在第一个 for 循环后添加一个语句 p=a,使指针变量 p 指回到数组 a 的首地址。

④ 注意(＊px)＋＋和＊px＋＋之间的区别。

【例 8-10】　指针算术运算示例程序(3)。

【程序代码】

```
#include <stdio.h>
int main()
{
    //定义整型指针 px,整型数组 a,整型变量 i 和 x,并初始化 x 为 20
    int * px,a[5]={2,4,6,8,10},i,x=20;
    for(i=0;i<5;i++)                        //循环,当 i>=5 时结束循环
        printf("a[%d]=%-5d",i,a[i]); //输出数组 a 的值
    printf("\n");
    px=a;                                    //初始化指针 px,使指针 px 指向数组 a 的首地址
    //(＊px)++表示对 px 所指向的变量加 1,px 仍指向原来的对象
    x=(＊px)++;
    printf("x=%d\n",x);                      //输出 x 的值
    printf("＊px=%d\n",＊px);                //输出指针 px 所指向元素的值
    return 0;
}
```

【运行结果】

程序运行结果如图 8.22 所示。

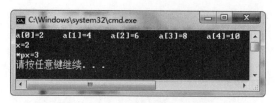

图 8.22　例 8-10 程序运行结果

【代码解析】

从程序运行结果可以看出,(＊px)＋＋表示对 px 所指向的变量加 1,px 仍指向原来的对象,即先取出 px 所指元素 a[0]的值(等于 2)并赋给 x,然后将 px 所指元素 a[0]的值自加 1,运行结束时 px 仍指向 a[0]。

【例 8-11】　指针算术运算示例程序(4)。

【程序代码】

```c
#include <stdio.h>
int main()
{
    //定义整型数组 a,整型指针 px,整型变量 i 和 y,并初始化 y 为 30
    int a[5]={2,4,6,8,10}, * px,i,y=30;
    for(i=0;i<5;i++)                      //循环,当 i>=5 时结束循环
        printf("a[%d]=%-5d",i,a[i]);      //输出数组 a 的值
    printf("\n");
    px=a;                                 //初始化指针 px,使指针 px 指向数组 a 的首地址
    //先将指针 px 所指向的元素 a[0](等于 2)赋给 y,然后指针加 1,px 指向 a[1]
    y= * px++;
    printf("y=%d\n",y);                   //输出 y 值
    printf(" * px=%d\n", * px);           //输出指针 px 所指向元素的值
    return 0;
}
```

【运行结果】

程序运行结果如图 8.23 所示。

图 8.23　例 8-11 程序运行结果

【代码解析】

根据运算符的优先级和结合性,由于＋＋和 ＊ 的优先级相同,结合方向都是自右向

左,所以 * px++等价于 * (px++);即先将指针 px 所指向的元素 a[0](等于 2)赋给 y,
然后指针加 1,px 指向 a[1]。

(* px)++和 * px++的区别为:(* px)++改变的是 px 所指向元素的值,整个表达式的值为 px 所指向元素值加 1;而 * px++改变的是指针 px 的值,表达式执行后 px 指向原来指向元素的下一个元素,整个表达式的值为 px 原来所指元素的值。

⑤ * ++px 和 * px++:都要修改 px 的值,只不过++px 是先修改 px 的值,再取出 px 当前所指向的元素的值。为了增加可读性,建议使用 * (px++)和(* ++px)。

【例 8-12】 指针算术运算示例程序(5)。

【程序代码】

```
#include <stdio.h>
int main()
{
    //定义整型数组 a,整型指针 px,整型变量 i 和 x,并初始化 y 为 30
    int a[5]={2,4,6,8,10}, * px,i,y=30;
    for(i=0;i<5;i++)                      //循环,当 i>=5 时结束循环
        printf("a[%d]=%-5d",i,a[i]);      //输出数组 a 的值
    printf("\n");
    px=a;                                  //初始化指针 px,使指针 px 指向数组 a 的首地址
    y= * ++px;                             //修改例 8-11 的 y= * px++为 y= * ++px
    printf("y=%d\n",y);                    //输出 y 的值
    printf(" * px=%d\n", * px);            //输出指针 px 所指向元素的值
    return 0;
}
```

【运行结果】

程序运行结果如图 8.24 所示。

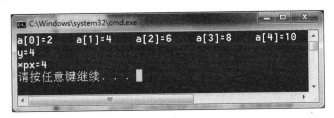

图 8.24　例 8-12 程序运行结果

【代码解析】

* ++px 是先修改 px 的值,即 px 指向 a[1],再取出 px 当前所指向的元素的值并赋给 y,因此 y 为 4。

(2) 两个指针变量之间的运算。

只有指向同一数组的两个指针变量之间才能进行运算,否则运算毫无意义。

① 两指针变量相减。

两指针变量相减所得之差是两个指针所指数组元素之间相差的元素个数。实际上是

两个指针值(地址)相减之差再除以该数组元素的长度(字节数)。例如,p1 和 p2 是指向同一整型数组的两个指针变量,设 p1 的值为 2010H,p2 的值为 2000H,而整型数组每个元素占 4 个字节,所以 p1-p2 的结果为(2000H-2010H)/4=4,表示 p1 和 p2 之间相差 4 个元素。

两个指针变量不能进行加法运算,例如,p1+p2 是毫无实际意义的。

② 两指针变量进行关系运算。

指向同一数组的两指针变量进行关系运算,可表示它们所指数组元素之间的关系。例如,当指针 p 和指针 q 指向同一数组中的元素时,则:

- p<q:当 p 所指的元素在 q 所指的元素之前时,表达式的值为 1;反之为 0。
- p>q:当 p 所指的元素在 q 所指的元素之后时,表达式的值为 1;反之为 0。
- p==q:当 p 和 q 指向同一元素时,表达式的值为 1;反之为 0。
- p!=q:当 p 和 q 不指向同一元素时,表达式的值为 1;反之为 0。

指针变量还可以与 0 或 NULL 比较。

设 p 为指针变量,则 p==0 或者 p==NULL 表明 p 是空指针,它不指向任何变量;p!=0 或 p!=NULL 表示 p 不是空指针。

对指针变量赋给 0 或 NULL 值与不赋值是不同的。指针变量赋 0 值后,该指针被初始化为空指针,空指针是不可以使用的。而指针变量未赋值时,可以是任意值,可能指向任何地方,即该指针为野指针。注意,不要使用野指针,否则将造成意外错误。

【例 8-13】 用指针变量的方式,编写程序从 10 个整数中找出最大值和最小值以及它们在数组中的位置。

【问题分析】

(1) 从键盘输入 10 个整数并存储在数组 a 中。

(2) 定义指针变量 p2,指向数组 a 的最后一个元素。

(3) 定义指针变量 p1,初始化 p1 指向数组的开始,通过指针 p1 访问数组中的元素,并使用 p1<=p2 来判断是否访问到数组的最后一个元素。

【程序代码】

```
#include <stdio.h>
int main()
{
    int a[10];                      //定义整型数组 a
    int max,min,i,m,n;              //定义整型变量 max、min、i、m、n
    int * p1, * p2;                 //定义整型指针变量 p1 和 p2
    m=n=0;                          //m 和 n 初始化为 0
    p2=a+9;                         //指针 p2 指向数组最后一个元素
    printf("请输入 10 个整数:");      //输出屏幕提示语
    for(p1=a;p1<=p2;p1++)           //数组初始化
        scanf("%d",p1);
    max=min=a[0];                   //max 和 min 初始化
    printf("输入的 10 个整数为:");     //输出屏幕提示语
```

```
    for(p1=a;p1<=p2;p1++)                              //输出数组 a
        printf("%5d", * p1);
    for(p1=a, i=0;p1<=p2;p1++,i++)                      //循环,通过指针遍历数组元素
    {
        //若当前元素比 max 大,则将当前元素值赋给 max,并记录当前元素位置到 m 中
        if( * p1>max)
        {
            max= * p1;
            m=i;
        }
        //若当前元素比 min 小,则将当前元素值赋给 min,并记录当前元素位置到 n 中
        if( * p1<min)
        {
            min= * p1;
            n=i;
        }
    }
    printf("\n 最大元素为%d,其下标是%d!\n",max,m); //输出最大元素
    printf("最小元素为%d,其下标是%d!\n",min,n);    //输出最小元素
    return 0;
}
```

【运行结果】

程序运行结果如图 8.25 所示。

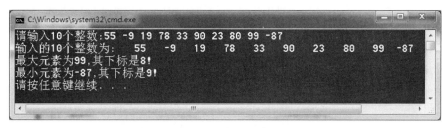

图 8.25　例 8-13 程序运行结果

【代码解析】

这里指针 p1 和 p2 指向同一数组 a,当 p1 所指元素在 p2 之前及 p1 与 p2 指向同一元素时,表达式 p1<=p2 的值为 1,反之为 0。

8.5.2　二维数组的指针表示

1. 用二维数组名表示数组元素

在 C 语言中,二维数组是按行优先的规律转换为一维数组后存放在内存中的,因此,可以通过指针来访问二维数组中的元素。

如果有：

```
int a[M][N];
```

则将二维数组中的元素 a[i][j]转换为一维线性地址的一般公式是：

$$线性地址＝a＋i×M＋j$$

其中：a 为数组的首地址，M 和 N 分别为二维数组行和列的元素个数。

若有：

```
int a[4][3], * p;
p = &a[0][0];
```

则二维数组 a 的数据元素在内存中的存储顺序及地址关系如图 8.26 所示。

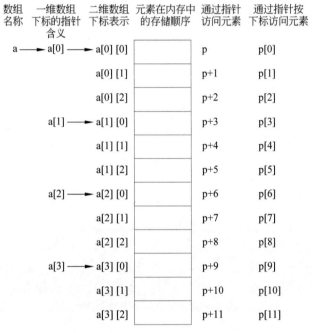

图 8.26　二维数组的数据元素在内存中的存储顺序及地址关系

　　这里，a 表示二维数组的首地址，a[0]表示 0 行元素的起始地址，a[1]表示 1 行元素的起始地址，a[2]和 a[3]分别表示 2 行和 3 行元素的起始地址。同样，a 和 a[0]是数组元素 a[0][0]的地址，也是 0 行的首地址。a＋1 和 a[1]是数组元素 a[1][0]的地址，也是 1 行的首地址，以此类推。因此，*a 与 a[0]等价，*(a＋1)与 a[1]等价，*(a＋2)与 a[2]等价，……，即对于 a[i]数组，由 *(a＋i)指向。由此，对于数组元素 a[i][j]，用数组名 a 的表示形式为：

```
 * ( * (a+i)+j)
```

　　指向该元素的指针为：

```
* (a+i)+j
```

数组名虽然是数组的地址,但它与指向数组的指针变量不完全相同。指针变量的值可以改变,即它可以随时指向不同的数组或同类型变量,而数组名自它定义时起就确定下来,不能通过赋值的方式使该数组名指向另外一个数组。

【例 8-14】 输出与二维数组相关的值,以加深对地址和指针的理解。

【程序代码】

```c
#include <stdio.h>
#define M 3
#define N 4
int main()
{
    int a[M][N]={1,2,3,4,5,6,7,8,9,10,11,12};        //定义二维整型数组 a,并初始化
    printf("a 的首地址%d,%d\n",a, * a);               //输出二维数组的首地址
    printf("a[0]的首地址%d,%d\n",a[0], * (a+0));       //输出第 0 行的首地址
    printf("a[0]的首地址%d,%d\n",&a[0],&a[0][0]);       //输出第 0 行的首地址
    printf("a[1]的首地址%d,%d\n",a[1],a+1);            //输出第 1 行的首地址
    printf("a[1]的首地址%d,%d\n",&a[1][0], * (a+1));   //输出第 1 行的首地址
    printf("a[1][0]=%d\n", * ( * (a+1)));             //输出第 1 行第 0 列元素的值
    return 0;
}
```

【运行结果】

程序运行结果如图 8.27 所示。

图 8.27　例 8-14 程序运行结果

【代码解析】

a 是二维数组名,它应代表整个二维数组的首地址,也就是二维数组第 0 行的首地址;a[0]和 * (a+0)是等价的,是第 0 行第 0 列元素地址,同理 a[1]和 * (a+1)是等价的,a[i]和 * (a+i)是等价的;a[1]+1、 * (a+1)+1 和 &a[1][1]是等价的,表示第 1 行第 1 列元素的地址。

2. 用指针表示二维数组元素

从图 8.26 中,我们可以看出指针和二维数组元素的对应关系,清楚了两者之间的关系,下面就能用指针处理二维数组了。

设 p 是指向数组 a 的指针变量,即有:

```
int * p=a[0];
```

则 p+j 将指向 a[0]数组中的元素 a[0][j]。

由于 a[0]、a[1]…a[M-1] 等各个行数组依次连续存储,则对于 a 数组中的任一元素 a[i][j],指针的一般形式如下:

```
p+i * N+j
```

元素 a[i][j]相应的指针表示为:

```
* (p+i * N+j)
```

同样,a[i][j] 也可以使用指针下标法表示:

```
p[i * N+j]
```

对于如下定义的二维数组 a:

```
int a[4][3];
```

若有:

```
int * p=a[0];
```

则数组 a 的元素 a[1][2]对应的指针为:p+1 * 3+2。

元素 a[1][2]也就可以表示为:* (p+1 * 3+2)。

用下标表示法,a[1][2]表示为:p[1 * 3+2]。

注意:对上述二维数组 a,虽然 a[0]、a 都是数组首地址,但两者指向的对象不同,a[0]是一维数组的名字,它指向的是 a[0]数组的首地址,对其进行"*"运算,得到的是一个数组元素值,即 a[0]数组首元素值,因此,* a[0] 与 a[0][0]是同一个值;而 a 是一个二维数组的名字,它指向的是它所属元素的首元素,它的每一个元素都是一个行数组,因此,它的指针移动单位是"行",所以 a+i 指向的是第 i 个行数组,即指向 a[i]。对 a 进行"*"运算,得到的是一维数组 a[0]的首地址,即 * a 与 a[0]是同一个值。

【例 8-15】 用指针变量输出二维数组中的元素。

【问题分析】

(1) 定义 3 行 4 列二维整型数组 a,并初始化。

(2) 定义指针变量 p。

(3) 在外层循环体中,循环控制变量 i 从 0 到 M−1,控制二维数组的行;初始状态使 p 指向二维数组 a 每行的第一个元素。

(4) 在内层循环中,循环控制变量 j 从 0 到 N−1,使用指针法 * (p+j)输出当前行的第 j 个元素。

【程序代码】

```
#include <stdio.h>
#define M 3
#define N 4
int main()
{
    int a[M][N]={1,2,3,4,5,6,7,8,9,10,11,12}; //定义二维整型数组 a,并初始化
    int * p,i,j;                              //定义整型指针 p,整型变量 i 和 j
    for(i=0;i<M;i++)                          //循环,当 i>=M 时结束循环
    {
        p=a[i];                               //指针 p 指向二维数组每行的第一个元素
        for(j=0;j<N;j++)                      //循环,当 j>=N 时结束循环
            printf("%5d", * (p+j));           //使用指针法输出二维数组中第 i 行的元素
        printf("\n");                         //换行
    }
    return 0;
}
```

【运行结果】

程序运行结果如图 8.28 所示。

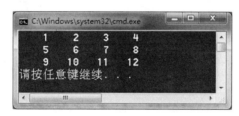

图 8.28 例 8-15 程序运行结果

【代码解析】

其中,p=a[i]表示将每行数组的首地址赋给 p,再由偏移量法来将每行数组中的元素输出。

由于二维数组在存储器中是线性存放的,因而可将二维数组看作一维数组,由指针 p 指向每一个元素,即 p=a[0]或 p=&a[0][0],再由 p++方式指向数组中的每一个元素。程序可改为:

```
#include <stdio.h>
#define  M  3
#define  N  4
int main()
{
    int a[M][N]={1,2,3,4,5,6,7,8,9,10,11,12};  //定义二维整型数组 a,并初始化
    int * p;                                    //定义整型指针 p
```

```
//循环,当指针p的地址超出二维数组地址范围结束循环
for(p=a[0];p<a[0]+N*M; p++)
{
    if ((p-a[0])%N==0)
        printf("\n");                          //用于分行显示
    printf("%5d",* p);                          //输出二维数组中的元素
}
printf("\n");                                   //换行
return 0;
}
```

在 C 语言中,我们可以将一个二维数组理解成是由若干个一维数组构成的一维数组。

例如,有以下定义:

```
int a[3][4],i,j;                               //i >=0 && i <3, j >=0 && j <4
```

我们可以把二维数组 a[3][4]看成是由 a[0]、a[1]和 a[2]三个元素组成的一维数组;而 a[0]、a[1]和 a[2]三个元素又分别是由 4 个整型元素组成的另一个一维数组,如元素 a[0]可将其看作是由元素 a[0][0]、a[0][1]、a[0][2]、a[0][3]组成的一维数组。

行指针是一种特殊的指针变量,它专门用于指向一维数组。定义一个行指针的一般格式是:

```
类型关键字 (* 行指针名)[M];
```

其中 M 规定了行指针所指一维数组的长度,而类型关键字则指明了一维数组的类型。例如:

```
int (* p)[4];
```

定义了行指针 p,可以使该行指针 p 指向二维数组 a[3][4](语句为 p=a),这样就可以通过 * (*(p+i)+j))来引用二维数组元素 a[i][j]。

【例 8-16】 使用行指针输出二维数组中任意一行一列的元素值。

【问题分析】

(1) 定义 3 行 4 列二维整型数组 a,并初始化。

(2) 定义行指针 p,初始状态使 p 指向二维数组 a 的首地址。

(3) 从键盘输入 i 和 j,是要访问的二维数组的行和列值,然后通过行指针 p 对二维数组进行访问。

【程序代码】

```
#include <stdio.h>
#define M 3
#define N 4
int main()
```

```
{
    int a[M][N]={1,2,3,4,5,6,7,8,9,10,11,12};     //定义二维整型数组 a,并初始化
    int i,j;                                        //定义整型变量 i 和 j
    int (*p)[4];                                    //定义行指针 p
    //初始化 p,使其指向二维数组 a
    p=a;
    printf("请输入 i(i 为 0-2)和 j(j 为 0-3)的值:");   //输出屏幕提示语
    scanf("%d%d",&i,&j);                            //输入 i 和 j 的值
    while(i<0||j<0||i>2||j>3)                       //循环,直到 i 和 j 的值合法
    {
        printf("输入有误!重新输入\n");               //输出错误提示
        printf("请输入 i(i 为 0-2)和 j(j 为 0-3)的值:"); //输出屏幕提示语
        scanf("%d%d",&i,&j);                        //输入 i 和 j 的值
    }
    printf("a[%d][%d]=%d\n",i,j,*(*(p+i)+j));       //输出 a[i][j]的值
    return 0;
}
```

【运行结果】

程序运行结果如图 8.29 所示。

图 8.29   例 8-16 程序运行结果

【代码解析】

程序中的 int (*p)[4]语句表示 p 是一个行指针变量,它指向包含 4 个元素的一维数组。注意不要遗漏了括号,如果写成 int *p[4],那么就成了指针数组了(有关指针数组我们在 8.6 节会讲到)。

【例 8-17】   有 M 个学生,每个学生有 N 门课程(分别是语文、数学、英语、物理、历史和地理)。编写程序,使用指针,输入所有学生的每门课成绩,然后求出每个学生的平均成绩。

【问题分析】

(1)定义 M 行 N 列二维整型数组 a,用来存储学生的成绩。

(2)定义行指针变量 p,初始状态使 p 指向二维数组 a,通过指针 p 遍历二维数组 a。

(3)定义变量 sum,使用循环求到每个学生的总分。

(4)定义一维数组 b,长度为 M,用来存放每个学生的平均分,其值为 sum 除以课程门数 N。

(5)定义指针 q,初始状态使 q 指向数组 b 的首地址,通过指针 q 遍历数组 b。

【程序代码】

```c
#include<stdio.h>
#define M 5
#define N 6
int main()
{
    int a[M][N];                                //定义二维整型数组 a
    float b[M];                                 //定义数组 b
    int (*p)[N],i,j,sum;
    float *q;                                   //定义单精度型指针变量 q
    //初始化 p,使其指向二维数组 a
    p=a;
    //循环输入每个学生每门课程的成绩
    for(i=0;i<M;i++)
    {
        printf("请输入第%d个学生的成绩(%d门):",i,N); //输出屏幕提示语
        for(j=0;j<N;j++)
            scanf("%d",*(p+i)+j);
    }
    p=a;                                        //指针 p 指向二维数组 a
    q=b;                                        //指针 q 指向数组 b 的首地址
    //为学生求各门课程成绩的和及平均分
    for(i=0;i<M;i++,q++)
    {
        for(j=0,sum=0;j<N;j++)
            sum+=*(*(p+i)+j);                   //为学生求各门课程成绩的和
        //求成绩平均分,并存放在 q 所指向的 b 数组中
        *q=(float)sum/N;
    }
    printf("学生成绩如下:\n");                    //输出提示
    printf("语文 数学 英语 物理 历史 地理 平均分\n");
    //循环输出每个学生每门课程的成绩和平均分
    for(i=0,q=b;i<M;i++,q++)
    {
        for(j=0;j<N;j++)
            printf("%-6d",*(*(p+i)+j));
        printf("%-6.1f\n",*q);
    }
    return 0;
}
```

【运行结果】

程序运行结果如图 8.30 所示。

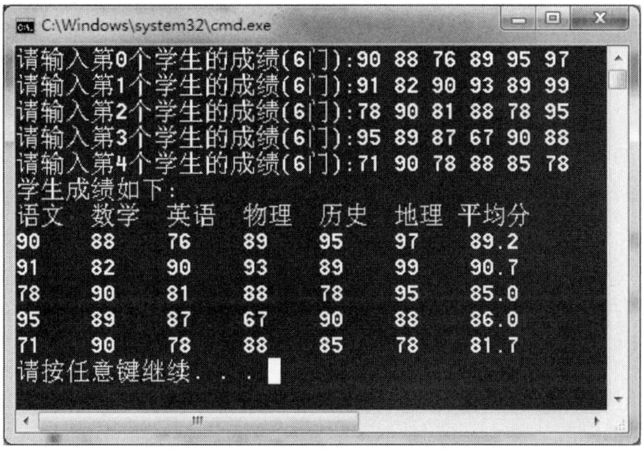

图 8.30 例 8-17 程序运行结果

【代码解析】

本示例通过使用指针 int（＊p）[N]来完成对二维数组的访问。从上面的讲解中知道，也可以通过使用指针 int ＊p 来访问二维数组，程序如下所示。

```
#include<stdio.h>
#define M 5
#define N 6
int main()
{
    int a[M][N];                              //定义二维整型数组 a
    float b[M];                               //定义数组 b
    int * p,i,j,sum;
    float * q;                                //定义浮点型指针变量 q
    //给指针变量 p 初始化为 a 的首地址
    p= * a;
    //循环输入每个学生每门课程的成绩
    for(i=0;i<M;i++)
    {
        printf("请输入第%d个学生的成绩(%d门):",i,N);  //输出屏幕提示语
        for(j=0;j<N;j++)
            scanf("%d",(p+i * N+j));
    }
    p= * a;                                   //指针 p 指向数组 a 的首地址
    q=b;                                      //指针 q 指向数组 b 的首地址
    //求各门课程成绩的和及平均分
    for(i=0;i<M;i++,q++)
    {
        for(j=0,sum=0;j<N;j++)
            sum+= * (p+i * N+j);              //求各门课程成绩的和
        //求成绩平均分,并存放在 q 所指向的 b 数组中
```

```
            * q=(float)sum/N;
    }
    printf("学生成绩如下:\n");                          //输出提示
    printf("语文 数学 英语 物理 历史 地理 平均分\n");
    //循环输出每个学生每门课程的成绩和平均分
    for(i=0,q=b;i<M;i++,q++)
    {
        for(j=0;j<N;j++)
            printf("%-6d",*(p+i*N+j));
        printf("%-6.1f\n",*q);
    }
    return 0;
}
```

8.5.3　指针与字符串

正如在前面讲述的那样,C语言中是没有字符串变量的,对字符串的访问有两种方法。

(1) 使用字符数组来存放一个字符串,然后采用字符数组来完成操作。例如:

```
char string [30]="This is a string.";
```

string 是数组名,它代表字符数组的首地址。可使用下面语句进行输出:

```
printf("%s\n", string);
```

(2) 使用字符指针指向一个字符串。

如果把字符数组的首地址赋给一个指针变量,那么这个指针变量就指向这个字符数组,使用该指针变量可以完成对字符数组的操作。

可以用字符串常量对字符指针进行初始化。例如,声明语句:

```
char * str = "This is a string.";
```

是对字符指针进行初始化。此时,字符指针指向的是一个字符串常量的首地址,即指向字符串的首地址。

【例 8-18】 编写程序完成字符串的输出。

【程序代码】

```
#include<stdio.h>
int main()
{
    char * a="Hello World!";                //定义字符指针变量 a,并使它指向字符串
    int i;                                   //定义整型变量 i
    printf("第 7 个字符是%c\n",a[6]);        //输出第 7 个字符
    printf("字符串是:");                      //输出提示
```

```
    for(i=0;a[i]!='\0';i++)                    //使用循环输出字符串
        printf("%c",a[i]);
    printf("\n");                              //换行
    return 0;
}
```

【运行结果】

程序运行结果如图 8.31 所示。

图 8.31　例 8-18 程序运行结果

【代码解析】

上面程序并未定义数组 a,但字符串在内存中是以字符数组形式存放的。a[6]按 *(a+6)执行,即从 a 当前所指向的元素后移 7 个元素位置,取出其存储单元中的值。

【例 8-19】　编写程序,用指针实现字符串复制。

【问题分析】

(1) 定义字符数组 a 和 b,初始状态时数组 a 中已存放要复制的字符串,数组 b 为空,等待复制。

(2) 定义指针变量 p1 和 p2,p1 指向数组 a 的首地址,指针 p2 指向数组 b 的首地址。

(3) 当 p1 不等于'\0'时反复循环,将指针 p1 所指元素赋值给指针 p2 所指元素。

(4) 输出字符数组 a 和 b。

【程序代码】

```
#include<stdio.h>
int main()
{
    char a[]="I am a student.";                //定义字符型数组 a,并初始化
    char b[30], * p1, * p2;                     //定义字符型数组 b,字符型指针 p1 和 p2
    int i;                                      //定义整型变量 i
    for(p1=a,p2=b; * p1!='\0';p1++,p2++)       //循环,当 p1 等于'\0'结束循环
        * p2= * p1;                             //将指针 p1 所指元素赋值给指针 p2 所指元素
    //给指针 p2 所指字符串末尾加上字符串结束标志'\0'
    * p2='\0';
    printf("string a is: %s\n",a);              //输出字符串 a 的值
    printf("string b is: ");                    //输出屏幕提示语
    for(i=0;b[i]!='\0';i++)                     //使用循环输出字符串 b 的值
        printf("%c",b[i]);
    printf("\n");                               //换行
```

```
        return 0;
    }
```

【运行结果】

程序运行结果如图 8.32 所示。

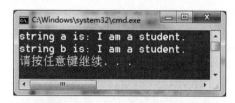

图 8.32　例 8-19 程序运行结果

【代码解析】

p1、p2 是指向字符数组的指针变量。先使 p1 和 p2 的值分别为字符数组 a 和 b 的第 1 个字符的地址。＊p1 最初的值为'I',赋值语句＊p2＝＊p1 的作用是将字符'I'(a 中第 1 个字符)赋给 p2 所指向的元素,即 b[0],然后 p1 和 p2 分别加 1,指向其下一个位置,直到 ＊p1 的值为'\0'时结束。运行时,p1 和 p2 值不断改变,并且是同步变化的。

如果有:

```
char  * str="string", * str1="This is another string.";
char string[100]="This is a string.";
```

则在程序中,可以使用如下语句:

```
str++;                               //指针 str 加 1
str="This is a NEW string.";         //使指针指向新的字符串常量
str=str1;                            //改变指针 str 的指向
strcpy(string,"This is a NEW string.")   //改变字符串的的内容
strcat(string,str)                   //进行字符串连接操作
```

在程序中,不能进行如下操作:

```
string++;                            //不能对数组名进行自增运算
string="This is a NEW string.";      //错误的字符串操作
string=str1;                         //对数组名不能进行赋值
strcat(str,"This is a NEW string.")  //不能在 str 的后面进行字符串连接
strcpy(str,string)                   //不能向 str 进行字符串复制
```

字符指针 str 与字符数组 a 的区别是: str 是一个变量,可以改变 str 使它指向不同的字符串,但不能改变 str 所指向的字符串常量的值。string 是一个数组,可以改变数组中保存的内容。在使用中要特别注意以上区别。

8.6 指针数组和指向指针的指针

8.6.1 指针数组

1. 指针数组的定义

数组中每个元素都具有相同的数据类型,数组元素的类型就是数组的基类型。如果一个数组中的每个元素均为指针类型,即由指针变量构成的数组,这种数组称之为指针数组,它是指针的集合。

指针数组声明的形式为:

```
类型 * 数组名[常量表达式]
```

例如:

```
int * pa[5];
```

表示定义一个由 5 个指针变量构成的指针数组,数组中的每个数组元素都是一个指向整型值的指针变量。

【例 8-20】 指针数组应用示例。

【程序代码】

```
#include<stdio.h>
int main()
{
    int a1=1;                          //定义整型变量 a1
    int a2[3]={2,3,4};                 //定义整型数组 a2
    int a3[4]={5,6,7,8};               //定义整型数组 a3
    int * pa[3],i;                     //定义整型指针数组 pa 和整型变量 i
    pa[0]=&a1,pa[1]=a2,pa[2]=a3;       //初始化整型指针数组 pa
    printf("%5d",**pa);                //通过指针数组 pa 输出 a1 的值
    printf("\n");                      //换行
    for(i=0;i<3;i++)                   //循环,当 i>=3 时结束循环
        printf("%5d",*(pa[1]+i));      //通过指针数组 pa 输出数组 a2 的元素值
    printf("\n");                      //换行
    for(i=0;i<4;i++)                   //循环,当 i>=4 时结束循环
        printf("%5d",*(pa[2]++));      //通过指针数组 pa 输出数组 a3 的元素值
    printf("\n");                      //换行
    return 0;
}
```

【运行结果】

程序运行结果如图 8.33 所示。

【代码解析】

本示例程序中，pa 是一个指针数组，其中 pa[0]指向一个整型变量，pa[1]指向一个长度为 3 的整型数组，pa[2]指向一个长度为 4 的整型数组。指针数组 pa 的初始状态如图 8.34 所示。从本示例中可以看出，指针数组中的元素既可以指向一般的变量，也可以指向数组，因此使用起来非常灵活。

图 8.33　例 8-20 程序运行结果

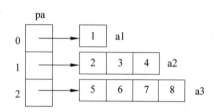

图 8.34　指针数组 pa 的初始状态

2. 指针数组在字符串中的使用

指针数组常用来表示一组字符串，这时指针数组的每个元素被赋给一个字符串的首地址。指向字符串的指针数组的初始化更为简单。例如：

```
char  * weekday[7]={"Sunday", "Monday", "Tuesday", "Wednesday",  "Thursday",
                    "Friday", "Saturday"};
```

也可以用一个二维数组来表示上面的指针数组 weekday，其定义方法为：

```
char  week[7][10]={"Sunday", "Monday", "Tuesday", "Wednesday", "Thursday", "
                   Friday", "Saturday"};
```

它们在内存中的存储结构如图 8.35 所示。

S	u	n	d	a	y	\0			
M	o	n	d	a	y	\0			
T	u	e	s	d	a	y	\0		
W	e	d	n	e	s	d	a	y	\0
T	h	u	r	s	d	a	y	\0	
F	r	i	d	a	y	\0			
S	a	t	u	r	d	a	\0		

图 8.35　二维数组 week 的存储结构

该数组一共占用了 70 个字节。从上面的例子可以看出，如果采用二维数组来定义将会造成一定的存储空间浪费。

如果用指针数组来表示，由于指针数组的每个元素都是指针，因此它们可以指向字符串的首地址，通过这个首地址可以访问该字符串。相对二维数组，使用指针数组可以节省

———————— C 语言程序设计

内存空间,如图 8.36 所示。

图 8.36 指针数组 weekday 的存储结构

【例 8-21】 编写一程序,用星期的英文名来初始化一个字符指针数组,输入一个整数,当该数为 0~6 时,输出对应星期的英文名,否则显示错误信息。输入 0,输出星期日。用指针数组来实现。

【问题分析】

(1) 定义字符指针数组 week_day[7],并初始化。

(2) 当从键盘输入的 day 值为 0~6 时,输出对应星期的英文名,否则报错。

【程序代码】

```c
#include<stdio.h>
int main()
{
    int day;                        //定义整型变量 day
    //定义字符指针数组 week_day[7],并初始化
    char * week_day[7]={"Sunday","Monday","Tuesday","Wednesday",
                        "Thursday", "Friday", "Saturday"};
    printf("Enter day: ");          //输出屏幕提示语
    scanf("%d", &day);              //输入 day 的值
    if(day>=0 && day<7)      //当输入的数为 0~6 时,输出对应星期的英文名,否则报错
        printf("The day is :%s\n",week_day[day]);
    else
        printf("Input  error!\n");
    return 0;
}
```

【运行结果】

程序运行结果如图 8.37 所示。

图 8.37 例 8-21 程序运行结果

【代码解析】

week_day 定义为指针数组,它的每个元素被赋给一个字符串的首地址,因此使用语句 printf("The day is : %s\n",week_day[day])可以输出相应的字符串。

8.6.2　指向指针的指针

一个指针可以指向任何一种数据类型,包括指向一个指针。当指针变量 p 中存放另一个指针 q 的地址时,则称 p 为指针型指针,也称为多级指针。本节介绍二级指针的定义及应用。

指针型指针的定义形式为:

```
类型标识符 ** 指针变量名;
```

由于指针变量的类型是被指针所指的变量的类型,因此,上述定义中的类型标识符应为:被指针型指针所指的指针变量所指的那个变量的类型。

为指针型指针初始化的方式是用指针的地址为其赋值,例如:

```
int x ;                             //定义整型变量 x
int * p;                            //定义指向整型变量的指针 p
int **q;                            //定义多级指针 q
```

若有:

```
p=&x;                               //指针 p 指向变量 x
```

则在程序中,使用 * p 等价于使用 x,成为对 x 的间接访问。

对二级指针若有:

```
q=&p                                //指针型指针 q 指向指针 p
```

则使用 * q,即间接访问二级指针等价于使用 p。再次间接访问二级指针,则有:

```
**q = * ( * q) = * p = x
```

由此看来,对一个变量 x,在 C 语言中,可以通过变量名对其进行直接访问,也可以通过变量的指针对其进行间接访问(一级间接),还可以通过指针型指针对其进行多级间接访问。图 8.38 分析了变量 x、指针 p 和二级指针 q 的关系。

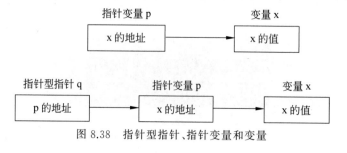

图 8.38　指针型指针、指针变量和变量

——————— C 语言程序设计

【例 8-22】 指向指针的指针应用举例。

【程序代码】

```c
#include<stdio.h>
int main()
{
    int x=10, * p=&x;                      //定义整型变量 x,整型指针变量 p,并让 p 指向 x
    int **q=&p;                            //定义二级指针 q,并让 q 指向指针 p
    //分别通过整型变量 x、指针变量 p 和二级指针 q 输出 x 的值
    printf("x=%d, * p=%d,**q=%d\n",x, * p,**q);
    return 0;
}
```

【运行结果】

程序运行结果如图 8.39 所示。

图 8.39　例 8-22 程序运行结果

【代码解析】

q 是二级指针,其存放的是 p 的地址,通过**q 可以访问 p 所指向的元素。

【例 8-23】 使用二级指针引用字符串。

【程序代码】

```c
#include <stdio.h>
#define SIZE 7
int main()
{
    int i;                                 //定义整型变量 i
    //定义字符指针数组 week_day[7],并初始化
    char * week_day[7]={"Sunday","Monday","Tuesday","Wednesday",
                        "Thursday", "Friday", "Saturday"};
    char **p;                              //定义二级字符指针变量 p
    for(i=0; i<SIZE; i++)                  //循环,当 i>=SIZE 时结束循环
    {
        p = week_day+i;                    //使用 week_day+i 将指针向后移动
        printf("%s   ", * p);              //输出字符串 p
    }
    printf("\n");                          //换行
    return 0;
}
```

【运行结果】

程序运行结果如图 8.40 所示。

图 8.40　例 8-23 程序运行结果

【代码解析】

在上面程序中,p 是指针型指针,循环开始时 i 的初始值为 0,语句 p＝ week_day ＋i 用指针数组 week_day 中的元素 week_day［0］为其初始化,＊p 是 week_day［0］的值,即字符串" Sunday "的首地址,调用函数 printf(　)就可以以％s 形式输出 week_day［0］所指字符串。week_day＋i 即将指针向后移动,依次输出其余每个字符串。

8.7　应　用　举　例

【例 8-24】　输入两个已经按从小到大顺序排列好的字符串,编写一个合并两个字符串的函数,使合并后的字符串,仍然是从小到大排列。

【问题分析】

（1）输入两个字符串,分别存放在 str1 和 str2 中,让 p 和 q 分别指向 str1 和 str2。

（2）合并两个字符串。在合并过程中,一边比较一边按从小到大的顺序复制到字符串 str 中。

（3）输出合并后的字符串。

【程序代码】

```c
#include <stdio.h>
int main()
{
    char str1[80], str2[80], str[80];    //定义字符数组 str1、str2、str
    char *p, *q, *r, *s;                  //定义指针变量 p、q、r、s
    printf("Enter string1:");             //输出屏幕提示语
    gets(str1);                           //输入 str1
    printf("Enter string2:");             //输出屏幕提示语
    gets(str2);                           //输入 str2
    for( p=str1, q=str2, r=str; *p!='\0' && *q!='\0'; )   //完成串合并
        if( *p < *q)                      //比较 str1 和 str2 中的字符
            *r++= *p++;                   //若 str1 中的字符较小,则将它复制到 str 中
        else
            *r++= *q++;                   //若 str2 中的字符较小,则将它复制到 str 中
```

```
    s = ( *p!='\0')?p:q;              //判断哪个字符串还没有处理完毕
    while( *s !='\0')                 //继续处理(复制)尚未处理完毕的字符串
        *r++= *s++;
    *r = '\0';                        //向 str 中存入字符串结束标记
    printf("Result:");                //输出提示
    puts(str);                        //输出结果
    return 0;
}
```

【运行结果】

程序运行结果如图 8.41 所示。

图 8.41　例 8-24 程序运行结果

【代码解析】

（1）在合并字符串时,有可能出现一个字符串已经复制完成,但另一个字符串还没有完成,因此需要再写一个循环完成尚未处理完的字符串的复制。

（2）当两个字符串合并完成后,需要在合并后的字符串末尾加上字符串的结束标志'\0'。

【例 8-25】 编写程序,采用递归方法,对 a 数组中的元素进行逆置。

【问题分析】

本示例要求采用递归方法完成,因此定义函数 invert( ) 来完成递归调用。设 invert(s, i, j)函数实现把 s[i]到 s[j]范围内的值进行逆置,该问题可转化：invert(s, i+1, j−1),即把 s[i+1]到 s[j−1]范围内的值进行逆置,然后把 s[i]和 s[j]的值进行对调。而解决 s[i+1]到 s[j−1]范围内的值进行逆置,与原来问题的解决方法相同。这种操作的结束条件是：当逆置的范围为 0 时,操作结束,即当 i>=j 时递归结束。

【程序代码】

```
#include <stdio.h>
#define N 6
void invert(int * s,int i,int j)
{
    int t;                          //定义整型变量 t
    if(i<j)                         //若 i<j,则递归调用函数 invert(),完成数组元素逆置
    {
        invert(s,i+1,j-1);          //递归调用 invert()函数
        t= * (s+i);                 //借助变量 t,完成数组元素交换
```

第 8 章　指针 ⸺ 319

```c
        *(s+i)=*(s+j);
        *(s+j)=t;
    }
}
int main()
{
    int a[N];                      //定义整型数组 a
    int i;                         //定义整型变量 i
    printf("请输入%d个整数:",N);   //输出屏幕提示语
    for( i=0; i<N; i++)            //输入数组 a 的值
        scanf("%d",a+i);
    invert(a,0,N-1);               //调用 invert()函数完成逆置
    printf("逆置后的数组为:");     //输出提示
    for( i=0; i<N; i++)            //输出逆置后数组 a 的值
        printf("%5d",a[i]);
    printf("\n");                  //换行
    return 0;
}
```

【运行结果】

程序运行结果如图 8.42 所示。

图 8.42　例 8-25 程序运行结果

【代码解析】

下面以 N=6 为例,分析递归函数的调用流程。

(1) 第一层调用时,s 要得到 a 数组的首地址,因此使 s 指向 a 数组的第 0 个元素 a[0],i 从实参中得到整数 0,j 从实参中得到整数 N−1(为 5),分别代表进行逆置的起始元素下标和最后一个元素的下标,即进行逆置的范围。因为 i<j,所以执行函数调用 invert(s,i+1,j−1);,进行第二层调用,这时 3 个实参的值分别是:①a 数组的首地址;②i+1 的值为 1;③j−1 的值为 4。

(2) 进入第二层调用,这一层 s 得到 a 数组的首地址,i 得到上一层的实参值 1,j 得到上一层的实参值 4。因为 i<j,所以执行函数调用 invert(s,i+1,j−1),进行第三层调用,这时 3 个实参的值分别是:①a 数组的首地址;②i+1 的值为 2;③j−1 的值为 3。

(3) 进入第三层调用,这一层 s 得到 a 数组的首地址,i 得到上一层的实参值 2,j 得到上一层的实参值 3。因为 i<j,所以执行函数调用 invert(s,i+1,j−1),进行第四层调用,这时 3 个实参的值分别是:①a 数组的首地址;②i+1 的值为 3;③j−1 的值为 2。

（4）进入第四层调用，因为 i>j，逆置范围为空，因此什么也不执行，并使递归调用终止，返回上一层调用。

（5）返回到第三层调用，接着执行 t=*(s+i)、*(s+i)=*(s+j)、*(s+j)=t 语句。在这一层，s 指向 a 数组的起始地址，i 的值为 2，j 的值为 3。上述语句使得 a[2]和 a[3]的值进行对调，然后返回上一层调用。

（6）返回到第二层调用，在这一层，s 指向 a 数组的起始地址，i 的值为 1，j 的值为 4。语句使得 a[1]和 a[4]的值进行对调，然后返回上一层调用。

（7）返回到第一层调用，在这一层，s 指向 a 数组的起始地址，i 的值为 0，j 的值为 5。语句使得 a[0]和 a[5]的值进行对调，然后返回上一层主调程序。至此，a 数组中的值已经逆置完毕。

8.8　常见错误分析

（1）对指针变量赋给非指针值，例如：

```
int i, * p;
p=i;
```

由于 i 是整型，而 p 是指向整型的指针，它们的类型并不相同，p 所要求的是一个指针值，即一个变量的地址，因此应该写为：

```
p=&i;
```

（2）使用指针之前没有让指针指向确定的存储区，例如：

```
char * str;
scanf("%s",str);
```

这里 str 没有具体的指向，接收的数据是不可控制的，应该特别记住：指针不是数组！上面的语句可改为：

```
char c[80], * str;
str=c;
scanf("%s",str);
```

（3）为字符数组赋给字符串。

由于看到字符指针指向字符串的写法，例如：

```
char * str;
str="This is a string! ";
```

就以为字符数组也可以如此，写为：

```
char s[80];
s="This is a string! ";
```

这是错误的。C 语言不允许同时操作整个数组的数据,这时,可以用字符串复制函数来完成:

```
strcpy(s, "This is a string! ");
```

(4) 希望获得被调函数中的结果,却没有用指针,例如:

```
int a=5,b=10;
swap(a,b);
printf("%d,%d",a,b);
…
void swap(int x,int y)
{
    …
}
```

由于 C 语言的参数都是值传递,要想得到被调函数中的结果就需要使用指针,例如:

```
swap(&a,&b);
printf("%d,%d",a,b);
…
void swap(int * x,int * y)
{
    …
}
```

(5) 指针做非法操作,例如:

```
int * l, * r, * x;
x=(l+r)/2;
```

由于 l 和 r 都是指针,它们不能相加。

(6) 指针超越数组范围,例如:

```
int a[10],i, * p;
p=a;
for(i=0;i<10;i++)
{
    scanf("%d",p);
    p++;
}
for(i=0;i<10;i++)
{
    printf("%5d",p);
    p++;
}
```

第一个 for 循环语句已使指针 p 移出了数组 a 的范围,第二个 for 循环语句操作时 p

始终处在数组 a 之外。使用指针操作数组元素时，应随时注意不要让指针越界。上面程序可以在两个 for 循环之间加上如下一句

p=a;

使 p 重新指向数组 a 的开始处。

本 章 小 结

指针是 C 语言中的重要部分，也是 C 语言中最灵活但最不易掌握的部分。通过使用指针可以提高程序的运行速度。本章的重点如下。

(1) 指针变量的定义和赋值。

- 指针实际上就是存储单元的地址，因而所有的指针变量所需要的存储空间都相同。为了进行区分，只有通过指向存储单元中存放的数据类型来区分指针变量。
- 在定义指针变量时，一个"＊"只能定义一个指针变量。在使用指针变量之前，要先为指针变量赋值，一般是将变量的地址赋给它，让它指向变量；或将数组名、函数名赋给指针变量，让它指向数组或函数。

(2) 指针变量的使用及指针运算。

- 对于指针变量必须遵循"先赋值后使用"的原则。指针变量的使用主要是通过指针去访问所指向的对象。
- 指针运算符"＆"和"＊"。取地址运算符"＆"：获取变量的地址，一般给指针变量赋值；引用目标运算符"＊"：通过指针实现对所指对象的访问。
- 指针加减运算与关系运算。一般对指向数组的指针使用，用于实现对数组中元素的访问。指针的这些运算在计算时并不是以字节为单位，而是以所指向目标占用的存储单元为单位。

(3) 指针与数组的关系。

数组名本身就代表数组存储空间的首地址，因而可以通过指向数组的指针来完成对数组元素的访问。可以通过下标方式、偏移量方式、指针遍历方式实现对数组元素的访问。使用指针访问二维数组，可以使用指向数组元素的指针，也可以使用行指针（也称为指向数组的指针），要注意它们之间的区别，会正确使用这两种指针访问二维数组。

(4) 指针与函数之间的关系。

- 将指针作为函数参数是在函数中使用指针的常用方式。通过将指针作为函数参数来解决函数只能返回一个值的局限，这时实参一般是变量的地址或数组名。
- 也可将指针作为函数的返回类型。这时要求不能将函数体中局部变量的地址作为返回值。
- 由于函数名本身就代表指向函数代码段的首地址，因而可以定义指向函数的指针，将函数名赋值给它，通过它完成函数调用。

习　　题

一、选择题

1. 若有定义 int ＊p，a，则语句 p＝＆a 中的运算符"＆"的含义是(　　　)。

    A. 位与运算　　　　B. 逻辑与运算　　　C. 取指针内容　　　D. 取变量地址

2. 若有定义 int x＝0，＊p＝＆x，则语句 printf("%d\n"，＊p)的输出结果是(　　　)。

    A. 随机值　　　　　B. 0　　　　　　　C. x 的地址　　　　D. p 的地址

3. 声明语句 int (＊p)( )的含义是 (　　　)。

    A. p 是一个指向一维数组的指针变量

    B. p 是指针变量，指向一个整型数据

    C. p 是一个指向函数的指针，该函数的返回值是一个整型。

    D. 以上都不对

4. 下面程序段的运行结果是(　　　)。

```
char ＊ s="abcde";
s+=2;
printf("%s",s);
```

    A. cde　　　　　　B. 字符'c'　　　　　C. 字符的'c'地址　　D. 无法确定

5. 若有定义 char b[5]，＊p＝b，则正确的赋值语句是(　　　)。

    A. b="abcd"；　　B. ＊b="abcd"；　　C. p="abcd"；　　　D. ＊p="abcd"；

6. 若有定义 int k＝2，＊ptr1，＊ptr2，ptr1 和 ptr2 均已指向变量 k，则下面不能正确执行的语句是(　　　)。

    A. k＝＊ptr1＋＊ptr2；　　　　　　　　B. ptr2＝k；

    C. ptr1＝ptr2；　　　　　　　　　　　D. k＝＊ptr1＊(＊ptr2)；

7. 若有定义语句 int ＊p[4]，以下选项中与此语句等价的是(　　　)。

    A. int p[4]；　　B. int ＊＊p；　　　C. int (＊p)[4]；　　D. int ＊(p[4])；

8. 若有以下声明和语句，int a[]＝{1,2,3,4,5,6,7,8,9,0}，＊p，i 和 p＝a，且 0＜＝i＜10，则下面对数组元素地址的正确表示是(　　　)。

    A. ＆(a+1)　　　B. a++　　　　　C. ＆p　　　　　　D. ＆p[i]

9. 有以下程序

```
#include <stdio.h>
void fun1(char ＊ p)
{
    char ＊ q;
    q=p;
    while(＊ q!='\0')
```

```
        {
            (*q)++;
            q++;
        }
}
int main()
{
    char a[]={"Program"},*p;
    p=&a[3];
    fun1(p);
    printf("%s\n",a);
    return 0;
}
```

程序执行后的输出结果是(　　)。

  A. Prohsbn   B. Prphsbn   C. Progsbn   D. Program

10. 以下语句或语句组中,能正确进行字符串赋值的是(　　)。

  A. char * sp; * sp="right!";   B. char s[10]; s="right!";

  C. char s[10]; * s="right!";   D. char * sp="right!";

11. 已知 char str[]="OK!",对指针变量 ps 的声明和初始化正确的是(　　)。

  A. char ps=str;   B. char * ps=str;

  C. char ps=&str;   D. char * pa=&str;

12. 以下程序段为数组所有元素输入数据,在下画线处应填入(　　)。

```
#include <stdio.h>
int main()
{
    int a[10],i=0;
    while(i<10)
        scanf("%d",_____);
    return 0;
}
```

  A. a+i   B. &a[++i]   C. a+(i++)   D. &a[i]

13. 下面程序的运行结果是(　　)。

```
#include <stdio.h>
void sum(int * a)
{
    a[0]=a[1];
}
int main()
{
    int aa[10]={1,2,3,4,5,6,7,8,9,10},i;
```

```
for(i=2;i>=0;i--)
    sum(&aa[i]);
printf("%d\n",aa[0]);
return 0;
}
```

  A. 4   B. 3   C. 2   D. 1

14. 设变量 p 是指针变量,语句 p=NULL 是给指针变量 p 赋 NULL 值,它等价于( )。

  A. p="";   B. p='0';   C. p=0;   D. *p=";

15. 以下程序中关于指针输入格式正确的是( )。

  A. int *p; scanf("%d", &p);

  B. int *p; scanf("%d", p);

  C. int k, *p=&k; scanf("%d", p);

  D. int k, *p; *p=&k; scanf("%d", &p);

二、填空题

1. 设有定义 int n, *k=&n,以下语句将利用指针变量 k 读写变量 n 中的内容,请将语句补充完整。

```
scanf("%d, " _____ );
printf("%d\n", _____ );
```

2. 下面的函数是求两个整数之和,并通过形参传回结果,请将语句补充完整。

```
void add(int x, int y, _____ z)
{
    _____ =x+y;
}
```

3. 若有以下定义,则不移动指针 p,能通过指针 p 引用值为 98 的数组元素的表达式是 _____ 。

```
int w[10]={23,54,10,33,47,98,72,80,61}, *p=w;
```

4. 若有定义:int a[]={2,4,6,8,10,12}, *p=a,则 *(p+1) 的值是 _____ , *(a+5) 的值是 _____ 。

5. 若有以下定义:int a[2][3]={2,4,6,8,10,12},则 a[1][0] 的值是 _____ , *(*(a+1)+0)) 的值是 _____ 。

6. 有以下程序:

```
#include <stdio.h>
int main()
{
    int a[]={1,2,3,4,5,6}, *k[3],i=0;
```

```
    while(i<3)
    {
        k[i]=&a[2 * i];
        printf("%3d", * k[i]);
        i++;
    }
    return 0;
}
```

程序的运行结果是_____。

7. 若有定义 int a[3][5], i, j,(且 0<=i<3,0<=j<5),则 a 数组中任一元素可用五种形式引用。它们是:

(1) a[i][j]

(2) * (a[i]+j)

(3) * (* _____);

(4) (* (a+i))[j]

(5) * (_____+5 * i+j)

8. 有以下程序:

```
#include <stdio.h>
void f(int y,int * x)
{
    y=y+ * x;
    * x= * x+y;
}
int main()
{
    int x=2,y=4;
    f(y,&x);
    printf("%d %d\n",x,y);
    return 0;
}
```

运行结果是_____。

9. 下面程序的功能是判断输入的字符串是否是回文(顺读和倒读都一样的字符串称为回文,如 level)。请填空。

```
#include  <stdio.h>
#include  <string.h>
int main()
{
    char  s[81], * p1, * p2;
    int  n;
    gets(s);
```

```
        n=strlen(s);
        p1=s;
        p2=_____①_____;
        while(_____②_____)
        {
            if( * p1!= * p2)
                break;
            else
            {
                p1++;
                _____③_____;
            }
        }
        if(p1<p2)
            printf("No\n");
        else
            printf("Yes\n");
        return 0;
    }
```

10. 以下程序的运行结果是_____。

```
#include<stdio.h>
int sub(int * s)
{
    static int t=0;
    t= * s+t;
    return t;
}
int main()
{
    int i,k;
    for(i=0;i<4;i++){
        k=sub(&i);
        printf("%5d ",k);
    }
    printf("\n");
    return 0;
}
```

11. 下面程序的功能是将八进制正整数字符串转换为十进制整数。请填空。

```
#include<stdio.h>
#include <string.h>
int main(){
    char s[9], * p=s;
```

```
    int  n;
    gets(s);
    n=_____①_____;
    while(_____②_____!='\0')
        n=n*8+*p-'0';
    printf("%d\n",n);
    return 0;
}
```

12. 下面程序段的运行结果是_____。

```
char * sl="AbcdEf", * s2="aB";
sl++;
int t=(strcmp(sl,s2)>0);
printf("%d\n",t);
```

13. 下面的程序从键盘上输入三个正整数,并输出其中的最大值和最小值。

```
#include <stdio.h>
void getmaxmin(int a, int b, int c, int * max, int * min)
{
    int max1, min1;
    max1=_____①_____;
    min1=a<b?a:b;
    * max=max1>c?max1:c;
    * min=_____②_____;
}
int main()
{
    int x,y,z;
    _____③_____;
    printf ("please enter three integers:");
    scanf("%d%d%d",_____④_____);
    getmaxmin(x,y,z,&max,&min);
    printf("%d %d  \n", max, min);
    return 0;
}
```

14. 函数 void fun(float * sn,int n)的功能是:根据以下公式计算 s:

$$s=1-\frac{1}{3}+\frac{1}{5}-\frac{1}{7}+\cdots$$

计算结果通过形参指针 sn 传回;n 通过形参传入,n 的值大于等于 0。请填空。

```
#include <stdio.h>
void fun(float * sn, int n)
{
```

```
float s=0.0, w, f=-1.0;
int i=0;
for(i=0; i<=n; i++)
{
    f=_____①_____ * f;
    w=f/(2 * i+1);
    s+=w;
}
_____②_____ ;
}
```

15. 若有 5 个学生, 每个学生考 4 门课, 以下程序能检查这些学生有无考试不及格的课程。若某一学生有一门或一门以上课程不及格, 就输出该学生的序号(序号从 0 开始)和其全部课程成绩。要求使用指针变量 p 访问数组 score, 请填空。

```
#include <stdio.h>
int main()
{
    int score[5][4]={{62,87,67,95},{95,85,98,73},{66,92,81,69},
                     {78,56,90,99},{60,79,82,89}};
    int (* p)[4],j,k,flag;
    p=score;
    for(j=0;j<5;j++)
    {
        flag=0;
        for(k=0;k<4;k++)
            if(_____①_____)
                flag=1;
        if(flag==1)
        {
            printf("No. %2d is fail, scores are : ",j);
            for(k=0;k<4;k++)
                printf("%5d",_____②_____);
            printf("\n");
        }
    }
    return 0;
}
```

三、编程题(要求用指针方法实现)

1. 编写函数 void swap(int * pa,int * pb)来完成两个整数的交换, 在 main() 函数中输入 3 个整数, 调用函数 void swap(int * pa,int * pb)将它们按由小到大的顺序输出。

2. 编写函数 void max_min(int * x, int n, int * max, int * min)来实现找出指针 x

所指向数组中的最大值和最小值,n 为数组的元素个数。运行函数为了能够得到两个结果值,可使用指针变量在函数之间"传递"数据,在 main( )函数中调用函数 void max_min(int * x, int n, int * max, int * min)找出数组中的最大值和最小值,并输出。

3. 编写函数 void inv(int * x,int n)来实现指针 x 所指向数组元素的逆置(即以相反顺序存放),n 为数组中元素个数(不要使用递归方法)。在 main( )函数中调用函数 void inv(int * x, int n)完成数组元素的逆置,并输出。

4. 有字符串 a 和 b,编写程序,使用指针将字符串 b 连接到字符串 a 的后面。

5. 使用字符指针数组表示一组学生姓名,并按字典顺序对它们排序。

6. 编写程序,使用指针,要求输入一个字符串,求字符串的长度,不要使用函数 strlen( )。

7. 编写程序,使用指针求二维数组元素的最大值,并确定最大值元素所在的行和列。

8. 编写函数 void insert(int * p,int x)来实现将整数 x 插入指针 p 所指向的已经按升序排好序的一维数组中,插入后该数组依旧保持升序。编写主函数,输入一组已排序的数组和预备插入的整数,调用函数 void insert(int * p,int x)后,输出结果。

第 9 章 结构体与共用体

C语言的数据类型分为基本数据类型和构造数据类型,在前面章节中学过的 int、float、char 等数据类型都属于基本数据类型,都是 C 语言事先规定好的数据类型,编程时直接使用即可。C 语言还允许用户自定义数据类型,称为构造数据类型,如前面介绍过的数组。本章要学习的结构体与共用体数据类型都属于构造数据类型。

学习目标:

- 掌握结构体类型定义与结构体变量的定义方法及使用。
- 掌握结构体数组与指针变量的使用。
- 掌握链表数据类型声明及基本操作。
- 了解共用体与枚举类型。

9.1 结　构　体

结构体(structure)是由不同数据类型的数据所组成的集合体,是构造数据类型。与前面第 5 章介绍的构造数据类型数组的区别在于,其中的成员可以不是同一种数据类型的。

每一个结构体有一个名字,称为结构体名。一个结构体由若干成员组成,每个成员都有自己的名字,称为结构体成员名。结构体成员是组成结构体的要素,每个成员的数据类型可以不同,也可以相同。

结构体的应用为处理复杂的数据结构提供了有利的手段。

【例 9-1】 有一个如表 9.1 所示的学生信息管理表,在 C 语言中该如何表示该表格中的数据?

表 9.1　某班学生成绩管理表

学号	性别	高数	英语	C 语言程序设计
1	F	85	70	78
2	M	76	83	90
3	M	43	65	69
4	M	92	69	76
...	...	...	...	...

根据前几章所学知识,我们会想到用数组表示该表格的数据,因为数组是具有相同数据类型的数据的集合,所以不能按每个人的所有信息(行)为单位来表示数据,只能按表格列的方向定义相应类型的数组来表示表格中的数据。定义的数组如下(假设该班最多有30人):

```
int sID[30];              //存放所有学生学号的数组
char sSex[30];            //存放所有学生性别的数组
int sMath[30];            //存放所有学生高数成绩的数组
int sEng[30];             //存放所有学生英语成绩的数组
int sC[30];               //存放所有学生 C 语言程序设计成绩的数组
```

对数组按照表 9.1 中数据进行初始化,则所有学生的"学号"在内存空间中连续存储,所有学生的"性别"在内存空间中连续存储,所有学生的"高数"成绩在内存空间中连续存储等,这就相当于办公室申领了 30 台计算机供教师使用,若按照数组存储方式,是将计算机按各个零件(显示器、主机、键盘、鼠标…)分类存放,每次教师使用时都需要临时将各部件组合成一台完整的计算机来使用。这样存放使用计算机时会十分麻烦,效率非常低。如果能将每台计算机整机来存放,则使用起来将要方便得多。

对表 9.1 中的数据存放也是一样,若能将数据每行作为一个整体存放就方便得多。在 C 语言中可以采用结构体数据类型,将每个学生的信息单独集中存放在某一段存储空间中,将不同数据类型的数据集中在一起,统一分配内存,方便地实现对表数据结构的管理。

9.1.1　结构体类型的定义

声明一个结构体类型的一般形式为:

```
struct 结构体名
{
    数据类型 成员 1 的名字;
    数据类型 成员 2 的名字;
    数据类型 成员 3 的名字;
    ……
};
```

struct 是结构体类型标识符,是关键字。结构体名由标识符组成,称为结构体类型名,由用户指定。大括号{}中的结构体成员表,称为结构体。结构体成员表包含若干成员。

【例 9-2】　针对表 9.1 中的每个学生的信息,可以定义如下的结构体类型:

```
struct student
{
    int sID;              //存放一名学生的学号
```

```
    char sSex;              //存放一名学生的性别
    int sMath;              //存放一名学生的高数成绩
    int sEng;               //存放一名学生的英语成绩
    int sC;                 //存放一名学生的 C 语言程序设计成绩
};
```

这里的 struct student 是根据实际需要定义的一种新的数据类型,它相当于一个模型,其中并无具体数据,系统对之也不分配实际存储空间。它的功能相当于 int、float 等,可以用 struct student 这种结构体数据类型来定义相应的结构体变量。

结构体声明应注意以下几点:

(1) 结构体声明描述了结构体的组织形式,在程序编译时并不为它分配存储空间。只是规定了一种特定的数据结构类型及它所占用的存储空间的存储模式。

(2) 结构体成员可以是简单变量、数组、指针、结构体或共用体等。所以,结构体可以嵌套使用,即一个结构体变量也可以成为另一个结构体的成员。例如,有一组学生的信息包括学号、姓名、出生年月日,则可进行如下结构体类型的声明:

```
struct date
{
    int year;
    int month;
    int day;
};//定义了一个包含 year、month、day 三个成员的结构体数据类型 struct date
struct student
{
    int sID;
    char name[10];
    struct date birthday;
};//结构体数据类型 struct student 中有一个成员是结构体类型 struct date
```

(3) 结构体声明可以在自定义函数内部,也可以在自定义函数外部。在自定义函数内部的结构体,只对该自定义函数内部可见;在自定义函数外部声明的结构体,对声明点到源文件结束之间的所有函数都是可见的。一般在源文件的开始部位对结构体进行声明。

(4) 结构体成员名可以与程序中其他变量同名,系统会自动识别它们,两者不会混淆。

9.1.2 结构体变量的定义

为了能在程序中使用结构体类型的数据,应当定义结构体类型的变量,并在其中存放具体的数据。结构体变量定义一般采用如下 3 种形式。

(1) 先声明结构体类型再定义变量。

如例 9-2 中,已经定义了一个 struct student 的结构体数据类型,可以用该数据类型

来定义变量,例如:

```
struct student S1;
```

与整型变量 a 的定义形式做对比:

```
int a;
```

在结构体变量 S1 的定义中,struct student 是结构体数据类型,功能相当于 int,即声明变量的数据类型;S1 是结构体变量名,功能相当于 a。

应当注意,将一个变量定义为标准类型(基本数据类型)与定义为结构体类型的不同之处在于:

① 定义结构体变量不仅要求指定变量为结构体类型,而且要求指定为某一特定的结构体类型,因为可以定义出许多种具体的结构体类型,如 struct student(后面的 student 就是该结构体类型的特定名字,用来与别的结构体数据类型区分开)。而在定义整型变量时,只需指定为 int 型即可。

② 定义基本数据类型变量,都可以用系统提供的相关数据类型直接定义,例如:

```
int a;
```

但定义结构体数据类型变量,必须先声明结构体数据类型再进行变量的定义,例如:

```
struct student
{
    int sID;
    char sSex;
    int sMath;
    int sEng;
    int sC;
};                      //结构体类型的声明
struct student S1;      //结构体变量的定义
```

在定义了结构体变量后,系统会为结构体变量分配存储空间。

这种定义方法的特点是:用声明的结构体类型 struct student 定义了一次结构体变量之后,在此之后的任何位置还可用 struct student 类型来定义其他结构体变量。

若程序规模比较大,可将对结构体类型的声明集中放到一个文件中(以.h 为后缀的头文件)。若其他源文件需要用到此结构体类型,则可用♯include 命令将该头文件包含到本文件中,便于修改和使用。

(2) 在声明结构体类型的同时定义结构体变量。其定义形式为:

```
struct  结构体名
{
    数据类型 成员 1 的名字;
    数据类型 成员 2 的名字;
    数据类型 成员 3 的名字;
```

```
      ……
  )结构体变量名表;
```

例如:

```
struct student
{
    int sID;
    char sSex;
    int sMath;
    int sEng;
    int sC;
}S1;
```

该示例中结构体数据类型名为 struct student,用它定义了一个结构体变量 S1。

(3) 直接定义结构体变量,不出现结构体名。其定义形式为:

```
struct
{
    数据类型 成员 1 的名字;
    数据类型 成员 2 的名字;
    数据类型 成员 3 的名字;
    ……
}结构体变量名表;
```

例如:

```
struct
{
    int sID;
    char sSex;
    int sMath;
    int sEng;
    int sC;
}S1;
```

这种定义方法的特点是:不能用定义的结构体数据类型来另行定义别的结构体变量,要想定义新的结构体变量,就必须将 struct { }这部分重写。

结构体变量的定义应注意的几点:

(1) 注意结构体数据类型的定义和结构体变量的定义的区别。结构体数据类型的定义描述了结构体的类型的模式,不分配存储空间;而结构体变量定义则是按照结构体声明中规定的结构体类型(或内存模式),在编译时为结构体变量分配存储空间。该变量和其他变量一样可以进行赋值、存取或运算等操作,但结构体数据类型是无法实现这些操作的。

（2）结构体变量的定义一定要在结构体数据类型定义之后或与结构体数据类型定义同时进行。若结构体数据类型没有定义,不能用它来定义结构体变量。

（3）结构体变量中的成员可以单独使用,其作用和地位与一般变量相同。

（4）结构体变量占用存储空间的大小是各成员所需内存量的总和,在程序中可用 sizeof()函数来实现,即 sizeof(结构体名)。但要注意的是:系统为结构体变量分配内存的大小理论上是各成员内存量总和,但有时与 sizeof()函数计算出来的值不是完全一样,这个实际的内存量,不仅与所定义的结构体类型有关,还与计算机系统及编译系统有关。通常系统为结构体变量分配内存的大小,会大于或等于所有成员所占内存字节数的总和。

9.1.3　用 typedef 定义数据类型

关键字 typedef 用于为系统固有的或自定义数据类型定义一个别名。数据类型的别名通常使用大写字母,但这不是强制性的,只是为了与已有数据类型区分。例如:

```
typedef int INTEGER;
```

为 int 数据类型定义了一个新名字 INTEGER,则若程序中出现

```
INTEGER a;
```

即表示定义了一个 int 型的变量。

也可以利用 typedef 为结构体数据类型定义一个别名,如下面的语句:

```
struct student
{
    int sID;
    char sSex;
    int sMath;
    int sEng;
    int sC;
};
typedef struct student STU;
```

或者

```
typedef struct student
{
    int sID;
    char sSex;
    int sMath;
    int sEng;
    int sC;
}STU;
```

以上两种定义方式是等价的,都是为 struct student 这种结构体数据类型定义了一个新的名字 STU,利用 STU 定义结构体变量与利用 struct student 定义结构体变量是一样的。即,下面两条语句是等价的,两者都能用于定义结构体变量,当然,前者定义变量的形式更简洁。

```
STU S1,S2;
struct student S1,S2;
```

注意:typedef 只是为一种已存在的类型定义一个新的名字而已,并未定义一种新的数据类型。

9.1.4 结构体变量的引用

定义结构体变量后,可以引用该变量。但需注意以下几点。

(1) 不能将一个结构体变量作为一个整体进行输入和输出,只能对每个具体的成员进行输入和输出操作。

如对已定义的结构体变量 S1,不能按如下方式引用:

```
printf("%d%c%d%d%d", S1);
```

访问结构体变量的成员,需使用"成员运算符"(也称"圆点运算符")。其访问格式如下:

结构体变量名.成员名

例如,可用下面的语句为结构体变量 S1 的 sC 成员进行赋值。

```
S1.sC=90;
```

S1.sC 为结构体成员,与其他类型变量的使用方法是一样的。

注意:结构体变量不能进行整体输入和输出,但允许具有相同结构体类型的结构体变量间赋值。

例如:

```
STU S1,S2;
S1.sID=101; S1.sMath=99; …
S2=S1;                     //S2 得到了 S1 中每个成员的值
```

(2) 如果成员本身又属于一个结构体类型,则要用若干个成员运算符,一级一级地找到最低一级的成员。例如:

```
struct date
{
    int year;
    int month;
```

```
};
struct student
{
    int sID;
    char sSex;
    struct date birth;
    int sMath;
    int sEng;
    int sC;
}S1,S2;
```

若要引用结构体变量 S1 的 birth 成员的 year 成员,则需如此引用:S1.birth.year。

(3)对结构体成员的操作与其他变量一样,可进行各种运算,例如,赋值运算:

```
S1.birth.year = 2001;
```

算术运算:

```
ave=(S1.sMath +S1.sEng +S1.sC)/3;
```

自加减运算:

```
S1.sC++;
--S1.sC;
```

关系运算:

```
S1.sC>S2.sC;
```

9.1.5 结构体变量的初始化

与其他数据类型的变量一样,可以对结构体变量进行初始化,即在定义结构体变量的同时,对其成员指定初始值。

结构体变量初始化的格式如下:

```
struct   结构体类型名   结构体变量名={ 初始数据 };
```

对结构体变量初始化应注意几点:

(1)初始化数据与数据之间用逗号隔开。

(2)初始化数据的个数要与被赋值的结构体成员的个数相等。

(3)初始化数据的类型要与相应的结构体成员的数据类型一致。

(4)不能直接在结构体成员表中对成员赋初值。

【例 9-3】 对结构体变量的初始化。

```
struct student
```

```
    {
        int sID;
        char sSex;
        int sMath;
        int sEng;
        int sC;
    }S1={1009,'M',90,69,89};
```

或者

```
    struct student
    {
        int sID;
        char sSex;
        int sMath;
        int sEng;
        int sC;
    };
    struct student S1={1009,'M',90,69,89};
```

对已经初始化的结构体变量,可以用 printf 函数将其数据输出:

```
    printf("学号%d的学生的英语成绩是%d。\n",S1.sID,S1.sEng);
```

注意:下面对结构体变量初始化的方法是错误的,因为不能直接在结构体成员表中对成员赋初值。

```
    struct student
    {
        int sID=2;
        char sSex='M';
        int sMath=91;
        int sEng=90;
        int sC=78;
    }S1;
```

9.2   结构体数组

一个结构体变量中可存放一组数据(如例 9-1 的学生成绩管理表中的"一行"信息)。若该班有 30 个学生,则这 30 个学生的信息都可以用结构体变量来表示,它们具有相同的数据类型,这时可以用数组来表示,这就是结构体数组。结构体数组中每个数组元素都是一个结构体类型的变量,它们都分别包括各个成员项。

9.2.1 结构体数组的定义

结构体数组必须先定义，后引用。其定义形式与定义结构体变量的方法差不多，只需声明其为数组即可。例如，本章开始的例9-1，针对表中信息，定义了表示学生信息的结构体数据类型：

```
struct student
{
    int sID;              //学号
    char sSex;            //性别
    int sMath;            //高数成绩
    int sEng;             //英语成绩
    int sC;               //C语言程序设计成绩
};
```

若该班有30名学生，就可以用结构体数组表示，即：

```
struct student s[30];
```

其中s[0]，…，s[29]分别表示每个学生变量。也可以直接定义一个结构体数组，例如：

```
struct student
{
    int sID;              //学号
    char sSex;            //性别
    int sMath;            //高数成绩
    int sEng;             //英语成绩
    int sC;               //C语言程序设计成绩
}s[30];
```

或者

```
struct
{
    int sID;              //学号
    char sSex;            //性别
    int sMath;            //高数成绩
    int sEng;             //英语成绩
    int sC;               //C语言程序设计成绩
}s[30];
```

9.2.2 结构体数组的初始化

结构体数组也可在定义的同时进行赋值，即对其进行初始化。如对结构体数组 s

[30]的前 3 个元素进行初始化：

```
struct student s[30]={{1,'F',90,80,70},{2,'F',61,89,98}{3,'M',91,81,90}};
```

初始化后该班第 1 个学生的信息为：学号"1"，性别"F（女）"，高数成绩"90"，英语成绩"80"，C 语言程序设计成绩"70"；第 2 个学生的信息为：学号"2"，性别"F（女）"，高数成绩"61"，英语成绩"89"，C 语言程序设计成绩"98"；第 3 个学生的信息为：学号"3"，性别为"M（男）"，高数成绩"91"，英语成绩"81"，C 语言程序设计成绩"90"。

9.2.3 结构体数组的引用

下面以一个例子来说明结构体数组的引用。

【例 9-4】 利用结构体数组计算上面 3 位同学的英语成绩的平均分。

【问题分析】

（1）分析该程序要求，结构体数组的每个元素是一位同学的信息，其中每位同学的 sEng 成员表示英语成绩，要求平均成绩，只要将每位同学的 sEng 成员的值加起来除以 3 即可。

（2）算法流程图如图 9.1 所示。

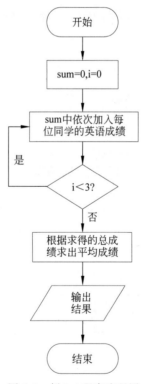

图 9.1 例 9-4 程序流程图

【程序代码】

```
#include <stdio.h>
```

```
typedef struct student
{
    int sID;                        //学号
    char sSex;                      //性别
    int sMath;                      //高数成绩
    int sEng;                       //英语成绩
    int sC;                         //C语言程序设计成绩
}STU;
float aveS(STU stu[]);//求英语成绩平均分
int main()
{
    int i,sum=0;
    float ave;
    //对结构体数组进行初始化
    STU s[30]={{1,'F',90,80,70},{2,'F',61,89,98},{3,'M',91,81,90}};
    ave=aveS(s);
    //输出三位同学英语成绩的平均分
    printf("三位同学的英语成绩平均分为:%5.1f\n",ave);
    return 0;
}
float aveS(STU stu[])
{
    int i,sum=0;
    float ave;
    for(i=0;i<3;i++)
        sum=sum+stu[i].sEng;        //计算三位同学的英语成绩总和
    ave=sum/3.0;                    //求英语成绩平均分
    return ave;
}
```

【运行结果】

程序运行结果如图 9.2 所示。

图 9.2　例 9-4 程序运行结果

【代码解析】

引用学生成绩时使用的是结构体变量的成员,因为是普通的结构体变量,所以使用
"."引用成员。

9.3 结构体指针变量

结构体指针变量是指向结构体变量的指针,该指针变量的值就是结构体变量的起始地址,其目标变量是一个结构体变量。

9.3.1 指向结构体变量的指针

声明结构体数据类型 STU 如下:

```
typedef struct student
{
    int sID;                    //学号
    char sSex;                  //性别
    int sMath;                  //高数成绩
    int sEng;                   //英语成绩
    int sC;                     //C 语言程序设计成绩
}STU;
```

定义一个指向该类型的指针变量的方法为:

```
STU * pt;
```

这里只是定义了一个指向 STU 结构体类型的指针变量 pt,此时的 pt 并没有指向一个确定的存储单元,其值是一个随机值。为使 pt 指向一个确定的存储单元,需要对指针变量进行赋值。例如:

```
STU S1;                         //定义结构体变量 S1
pt=&S1;                         //给结构体指针变量 pt 赋值
```

指针 pt 指向结构体变量 S1 所占存储空间的首地址,即 pt 是指向结构体变量 S1 的指针。

当然也可在定义结构体指针变量时对其进行初始化,例如:

```
STU * pt=&S1;
```

C 语言规定了两种用于访问结构体成员的运算符,一种是成员运算符,也称为圆点运算符(9.1.4 节中介绍过);另一种是指向运算符,也称为箭头运算符,其访问形式为:

> 结构体指针变量名->成员名

如要给结构体指针变量 pt 指向的结构体变量中 sC 成员赋值 90,需使用语句:

```
pt->sC=90;
```

它与语句

```
(*pt).sC=90;
```

是等价的,因为括号的优先级比成员运算符的优先级高,所以先将(*pt)作为一个整体,取出 pt 指向的结构体的内容,将其看成一个结构体变量,利用成员运算符"."访问它的成员。

9.3.2　指向结构体数组的指针

定义一个结构体数组 STU s[30],若要定义结构体指针变量 pt,将其指向结构体数组 s 有以下三种方法:

```
(1) STU * pt=s;
(2) STU * pt=&s[0];
(3) STU * pt;
    pt=s;
```

这三种方法是等价的,指针变量 pt 中存放的是数组 s 的第 1 个元素 s[0] 的地址。

如图 9.3 所示,因指针 pt 指向了 STU 结构体数组 s 的第 1 个元素 s[0] 的地址,因此,可用指向运算符来引用 pt 指向的结构体成员。

例如,pt->sC 引用的是 s[0].sC 的值,表示第 1 个学生的 C 语言程序设计成绩;(pt+1)->sC 引用的是 s[1].sC 的值,表示第 2 个学生的 C 语言程序设计成绩,其他情况以此类推。

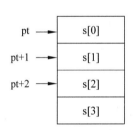

图 9.3　指向结构体数组的指针

9.3.3　结构体变量和结构体指针变量作为函数参数

与其他普通的数据类型一样,既可以定义结构体类型的变量、数组、指针,也可以将结构体类型作为函数参数的类型和返回值的类型。将一个结构体变量的值传递给另一个函数,有如下 3 种方法:

(1) 用结构体的单个成员作为函数参数,向函数传递结构体的单个成员。

用单个结构体成员作函数实参,与其他普通数据类型的变量作函数实参完全一样,都是传值调用,在函数内部对其进行操作,不会引起结构体成员值的变化。这种传递方式较少使用。

(2) 用结构体变量作函数参数,向函数传递结构体的完整结构。

用结构体变量作函数实参,向函数传递的是结构体的完整结构,即将整个结构体成员的内容复制给被调函数。在函数内可用成员运算符引用其结构体成员。因为这种传递方式也是传值调用,所以,在函数内对形参结构体成员值的修改不会影响相应的实参结构体成员的值。

这种传递方式要求实参、形参的结构体数据类型必须一致。在函数调用期间形参也要占用存储空间,在空间和时间上开销大,若结构体的规模很大,则时空开销大;此外,因为采用值传递方式,若在执行被调用函数期间改变了形参的值,该值不能返回主调函数,这造成使用上的不方便,因此这种传递方式也不常用。

(3) 用结构体指针或结构体数组作函数参数,向函数传递结构体的地址。

用指向结构体的指针变量或结构体数组作函数实参的实质是向函数传递结构体的地址,因为是传地址调用,所以在函数内部对形参结构体成员值的修改,将影响到实参结构体成员的值。

由于仅复制结构体首地址一个值给被调函数,并不是将整个结构体成员的内容复制给被调函数,因此相对于第(2)种方式,这种传递方式效率更高。

【例 9-5】 现有一组学生成绩信息如表 9.2 所示。

表 9.2 一组学生的成绩表

学　　号	高 数 成 绩	英 语 成 绩
101	87	80
102	59	69
103	97	83

要求在主函数中输入学生信息,编写一个自定义函数,将高数成绩为 59 分的同学成绩改为 60,将修改后的学生信息在主函数中输出。

【问题分析】

(1) 首先定义学生信息结构体数据类型。

```
typedef struct student          //学生信息结构体
{
    int num;                    //学号
    int math;                   //高数成绩
    int eng;                    //英语成绩
}STU;
```

(2) 在主函数中定义用于存放学生信息的结构体数组 s,并完成学生信息的输入。

(3) 编写自定义函数 modifyMath,实现修改学生高数成绩的功能,形参为指向学生信息结构体类型的指针,以便实现函数调用时实参与形参之间数据的双向传递。

(4) 查找高数成绩为 59 分的同学,注意高数成绩是学生信息结构体变量的成员,在程序中不存在 math 这样的变量,而应依次检查 s[i].math 是否是 59。

(5) 编写自定义函数 output(),实现学生信息的输出显示,形参为学生信息结构体数组。

【程序代码】

```
#include <stdio.h>
#define N 3
typedef struct student
```

```
{
    int num;
    int math;
    int eng;
}STU;                                          //结构体数据类型声明

void modifyMath(STU * sx)                      //自定义函数,将 sx 的高数成绩改为 60
{  sx->math=60;  }
void output(STU stu[])
{
    int i;
    printf("\t 学号\t 高数成绩  英语成绩\n");
    for(i=0;i<N;i++)                           //在屏幕上输出三名学生的初始信息
        printf("%12d%10d%10d\n",stu[i].num,stu[i].math,stu[i].eng);
    return;
}
int main()
{
    STU s[N];                                  //定义一个结构体数组用于存放学生信息
    int i;
    s[0].num=101;s[0].math=87;s[0].eng=80;     //将第一位学生信息存放到 s[0]中
    s[1].num=102;s[1].math=59;s[1].eng=69;     //将第二位学生信息存放到 s[1]中
    s[2].num=103;s[2].math=97;s[2].eng=83;     //将第三位学生信息存放到 s[2]中
    printf("修改前的学生信息为:\n");
    output(s);
    //逐一查找每位同学的高数成绩,若为 59 则调用函数 modifyMath()修改成绩
    for(i=0;i<N;i++)
        if(s[i].math==59)
            modifyMath(&s[i]);
    printf("修改后的学生信息为:\n");
    output(s);
    return 0;
}
```

【运行结果】

程序运行结果如图 9.4 所示。

【代码解析】

本示例用结构体指针作为函数参数,向函数传递结构体变量的地址,属于传地址调用,若改用结构体变量做函数参数,即将自定义函数改为:

```
void modifyMath(STU sx)                        //自定义函数,将 sx 的数学成绩改为 60
{
    sx.math=60;
}
```

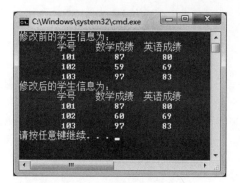

图 9.4　例 9-5 程序运行结果

调用函数时,程序语句改为:

```
modifyMath(s[i]);
```

【运行结果】

程序运行结果如图 9.5 所示。

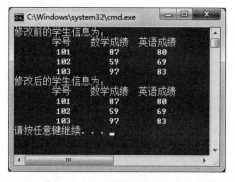

图 9.5　例 9-5 改为传值调用时程序运行结果

【代码解析】

由此运行结果可以看出,此处用结构体变量作为函数参数,是传值调用,调用自定义函数时,只是将 s[i] 的值传给了自定义函数中的 sx,在自定义函数中对 sx 所做的修改不能传回到主函数中,所以此处不能用传值函数来改变结构体成员的值。

9.4　链　　表

本节要介绍的链表是一种常见的线性数据结构。它是动态进行内存分配的一种结构,链表根据需要开辟存储空间。

未学习链表的时候,如果要存储数量比较多的同类型或同结构的数据时,通常会使用数组。比如要存储一个班级学生的某科分数,可以定义一个 float 型数组:

```
float score[30];
```

在使用数组的时候,总有一个问题困扰着我们:数组应该有多大?

在多数情况下,并不能确定要使用多大的数组,比如例9-5,因为不知道该班级的学生人数,所以要把数组定义的足够大。这样,程序在运行时就申请了固定大小的足够大的存储空间。即使知道该班级的学生数,但是如果因为某种特殊原因人数有增加或者减少,又必须重新修改程序,扩大或缩小数组的存储空间。这种分配固定大小的内存分配方法称之为**静态内存分配**。这种内存分配的方法存在比较严重的缺陷:在大多数情况下会浪费大量的内存空间,在少数情况下,当定义的数组不够大时,可能引起下标越界错误,甚至导致严重后果。

本节要介绍的动态分配内存的链表可以解决以上问题。

动态内存分配是指在程序执行的过程中根据需要动态地分配或者回收存储空间的内存分配方法。动态内存分配不像数组等静态内存分配方法那样需要预先分配存储空间,而是由系统根据程序的需要即时分配,且分配的大小就是程序要求的大小。

链表数据集合中的每个数据存储在称为结点的结构体中,一个结点通过该结点中存储的另一个结点的存储地址(指针)来访问另一个结点,如果按照这种方法把所有结点依次串接起来,称为链表。

链表是由结点组成的数据集合,而结点存储空间的建立与撤销是采用动态内存分配与撤销函数在程序运行时完成的。因此,链表是一种动态数据结构。

9.4.1　链表的类型及定义

链表是用一组任意的存储单元存储线性表元素的一种数据结构。

链表又分为单链表、双向链表和循环链表等。

链表一般采用图形方式来形象直观地描述结点之间的连接关系。这种描述链表逻辑结构的图形称为链表图。

1. 单链表

单链表是最简单的一种链表,其数据元素是单向排列的,如图9.6所示。

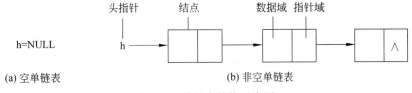

图 9.6　单链表结构示意图

从图9.6可看出,单链表有一个"头指针"变量,图中用h表示,它存放一个地址,该地址指向单链表中的第一个元素。单链表中每个元素称为结点(图中每个结点用一个方框表示),每个结点都包括两部分:一部分是数据域——存放用户要用的实际数据;另一部分是指针域——存放下一个结点的地址,用指针变量表示。单链表中的最后一个结点的指针域为空(NULL),表明单链表到此结束。

空链表表示单链表中没有结点信息,它用一个值为 NULL 的指针变量表示,如图 9.6(a)所示。

单链表中各元素在内存中可以不是连续存放的。要查找某一元素,必须先找到上一个元素,根据它的指针域找到下一个元素的存储地址。如果不提供头指针,则整个单链表都无法访问。

单链表的数据结构可以用结构体来实现。一个结构体变量可包含若干成员,这些成员可以是数值类型、字符类型、数组类型,也可以是指针类型。利用指针类型成员存放下一个结点的指针。例如:

```
struct node
{
    int data;
    struct node * next;
};
```

以上定义实现了一个数据域为 int 型变量的结点类型,成员变量 next 是一个指针变量,一般称为后继指针,该指针所指向的数据类型是该结构体类型。

可以利用 typedef 给该数据类型起一个新名字:

```
typedef struct node Node;
```

一个单链表就是由内存中若干个 Node 类型的结构体变量构成的。在实际应用时,单链表的数据域不限于单个的整型、实型或字符变量,它可能由若干个成员变量组成。在单链表中,知道指向某个结点的指针,很容易得到该结点的后继结点位置,但要得到该结点的直接前驱结点位置,则须从头指针出发进行搜索。

2. 循环单链表

循环单链表如图 9.7 所示,它的特点是最后一个结点的指针域存放着第一个结点的存储地址,这样一来,链表中的所有结点构成一个环,从每个结点都能搜索到其直接前驱和直接后继结点。

循环单链表的优点是从任何一个结点出发,都能到达其他任何结点。

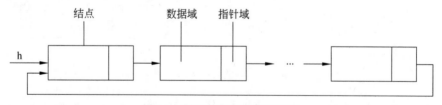

图 9.7　循环单链表结构示意图

3. 双向链表

如果为每个结点增加一个指向直接前驱结点的指针域，就可以构成双向链表。双向链表可以沿着求前驱和求后继两个方向搜索结点。

双向链表的结点数据结构实现如下：

```
struct node
{
    int data;
    struct node * next;                    //next 是后继结点指针
    struct node * previous;                //previous 是前驱结点指针
};
```

下面以单链表为例，介绍链表的基本操作。

9.4.2　处理动态链表的函数

链表结构是动态分配存储空间的，即在需要时才开辟一个结点的存储空间。动态分配和释放存储空间需要用到以下几个库函数。

（1）malloc( )函数。函数原型为：

```
void * malloc(unsigned int size);
```

其作用是在内存的动态存储区中分配一个长度为 size 的连续空间。其参数是一个无符号整型数，返回值是一个指向所分配的连续存储区域的起始地址的指针。还有一点必须注意的是，当函数未能成功分配存储空间（如内存不足）就会返回一个 NULL 指针。所以在调用该函数时应该检测返回值是否为 NULL 并执行相应的操作。

（2）calloc( )函数。函数原型为：

```
void * calloc(unsigned int n,unsigned int size);
```

其作用是在内存的动态区存储中分配 n 个长度为 size 的连续空间。函数返回一个指向分配域起始地址的指针；如果分配不成功（如内存空间不足），返回 NULL。

用 calloc( )函数可以为一维数组开辟动态存储空间，n 为数组元素个数，每个元素长度为 size。

（3）free( )函数。由于内存区域是有限的，不能无限制地分配下去，而且一个程序要尽量节省资源，所以当所分配的内存区域不再需用时，就要释放它，以便其他的变量或者程序使用。这时就要用到 free( )函数。函数原型为：

```
void free(void * p);
```

其作用是释放由 p 指向的内存区,使这部分内存区能被其他变量使用。p 是调用 calloc( )或 malloc( )函数返回的指针值,free( )函数无返回值。

9.4.3　动态链表的基本操作

1. 单链表的建立

建立单链表是在程序执行过程中从无到有的建立起一个链表,即一个一个地开辟结点和输入各结点数据,并建立起前后相连的关系。

【例 9-6】　建立一个包含 N 个整型数的单链表。

【问题分析】

(1)首先确定该单链表结点的数据类型。

```
typedef struct node
{
    int date;                          //单链表中结点的数据域
    struct node * next;                //单链表中结点的指针域
}STU;
```

(2)运用尾插法建立带头结点的单链表。

【程序代码】

```
# include <stdio.h>
# include <malloc.h>                    //包含动态内存分配函数的头文件
# define N 10                           //单链表中结点的个数(不包括头结点)
typedef struct node
{
    int data;
    struct node * next;
}NODE;
NODE * createList(int n)                //尾插法建立单链表,返回值为单链表的头指针
{
    NODE * head;                        //head 为单链表的头指针
    NODE * p;                           //p 指向当前要插入单链表的结点
    NODE * r;                           //r 指向单链表的最后一个结点
    int i=0;
    //为头结点申请存储空间,并检测是否分配成功
    if((head=(NODE  * )malloc(sizeof(NODE)))==NULL){
        printf("error!");
        return 0;
    }
    head->next=NULL;                    //将头结点的指针域置空
    r=head;
    for(i=0;i<n;i++)
```

```
    {   //p 结点总指向当前处理结点
        if((p=(NODE *)malloc(sizeof(NODE)))==NULL)
        {
            printf("error!");
            return 0;
        }
        scanf("%d",&p->data);              //从键盘读入数据,存入当前结点的数据域
        r->next=p;                         //将 r 的指针域指向 p,形成单链表
        r=p;
    }
    r->next=NULL;
    return head;
}
void printList(NODE * L)                   //输出单链表元素
{
    NODE * p;
    p=L->next;
    while(p!=NULL)
    {
        printf("%5d",p->data);
        p=p->next;
    }
    printf("\n");
}
int main()
{
    NODE * h;
    printf("请输入%d个整型数,建立单链表:\n",N);//单链表中元素的个数由 N 决定
    h=createList(N);
    printf("建立的包含%d个元素的单链表如下:\n",N);
    printList(h);
    return 0;
}
```

该程序执行后会在屏幕上出现提示语"请输入 10 个整型数,建立单链表:",从键盘输入 10 个整型数并按回车键后,即可建立一个单链表。

【运行结果】 程序运行结果如图 9.8 所示。

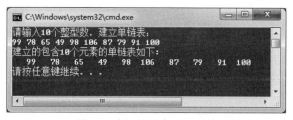

图 9.8　例 9-6 程序运行结果

【代码解析】

单链表的建立过程中需注意以下几点。

（1）该程序在单链表的第一个结点之前添加了一个结点，称为头结点。添加头结点的原因是为了方便操作。如果不添加头结点，单链表的第一个结点的处理与其他结点是不同的，原因是第一个结点加入时链表为空，它没有直接前驱结点，它的地址就是整个链表的指针，需要放在链表的头指针变量中；而其他结点有直接前驱结点，其地址放入直接前驱结点的指针域。第一个结点问题在下面将要介绍的单链表的插入和删除操作中也存在，所以我们引入头结点的概念，头结点的类型与单链表中其他结点的类型完全一致，标识单链表的头指针变量 head 中存放该结点的地址，这样即使是空表，头指针变量 head 也不为空。头结点的加入使得第一个结点的问题不再存在，也使得空表和非空表的处理一致。

头结点的加入完全是为了运算方便，它的数据域无定义，指针域中存放的是第一个数据结点的地址，空表时为空，如图 9.9 所示。

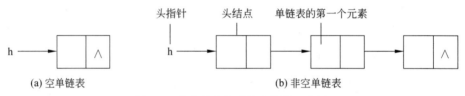

(a) 空单链表   (b) 非空单链表

图 9.9 带头结点的单链表结构示意图

（2）编写动态内存分配的语句应注意尽量对空间分配是否成功进行检测。

2. 单链表的查找运算

对单链表进行查找的思路为：从单链表中第一个结点开始依次向后扫描，检测其数据域是否是所要查找的值，若当前数据域的值是要查找的值则查找成功，否则继续向后找直到单链表的末尾。

因为在单链表的链域中包含了后继结点的存储地址，所以在实现的时候，只要知道该单链表的头指针，即可依次对每个结点的数据域进行检测。

【例 9-7】 在例 9-6 建立的单链表上查找值为 x 的元素在单链表中的位置。

【问题分析】

（1）单链表中根据每个元素的后继指针找到其后继结点，所以在单链表中查找元素时，若当前结点的数据域不满足查找条件，应该接着搜索其后继结点。

（2）定义指针变量 p，初始时 p 指向单链表的第一个元素结点。通过指针 p 遍历单链表，查找值为 x 的元素。

（3）单链表中查找结束的条件有两个，一是找到了要查找的元素，返回其位置；二是到达单链表末尾依然未查找到要找的元素值返回 0，到达末尾的条件是 p 指针为 NULL。

（4）编写自定义函数 locate()，完成查找功能。查找成功，返回该元素是链表中第几个元素，否则返回 0。

【程序代码】

```
#include <stdio.h>
#include <malloc.h>      //包含动态内存分配函数的头文件
#define N 10             //单链表中结点的个数(不包括头结点)
typedef struct node
{
    int data;
    struct node * next;
}NODE;
/*查找运算的实现(返回 int 值,若查找的元素存在返回其是第几个元素,否则返回 0)*/
int locate(NODE * L,int x)
{
    NODE * p=L->next;
    int i=1;
    while(p!=NULL && p->data!=x)
    {
        p=p->next;
        i++;
    }
    if(p==NULL)
        return 0;        //若元素 x 不在链表中,返回 0
    else
        return i;        /*若在链表中找到了要找的元素,返回其位于链表中的第几个位置*/
}
int main()
{
    int x,i;
    NODE * h;
    printf("请输入%d个整型数,建立单链表:\n",N);
    h=createList(N); //该函数在例 9-6 中已定义
    printf("建立的包含%d个元素的单链表如下:\n",N);
    printList(h);       //该函数在例 9-6 中已定义
    printf("请输入要查找的元素:\n");
    scanf("%d",&x);
    i=locate(h,x);
    if(i==0)
        printf("该链表中没有要查找的元素%d。\n",x);
    else
        printf("要查找的元素%d是该链表中的第%d个元素。\n",x,i);
    return 0;
}
```

【运行结果】

执行该程序,按屏幕提示语输入相关数据,若链表中有要查找的元素,得到程序运行结果如图 9.10 所示。

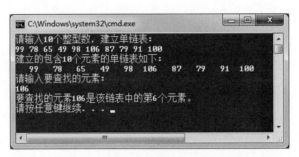

图 9.10 例 9-7 程序运行结果(查找的元素存在时)

若链表中没有要查找的元素,得到程序运行结果如图 9.11 所示。

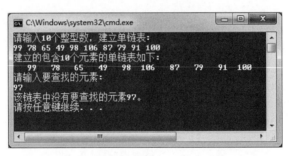

图 9.11 例 9-7 程序运行结果(查找的元素不存在时)

【代码解析】

(1) 由运行结果可看出,以上程序只是进行简单的查找运算,若链表中有多个相同的要查找的元素,则只返回第一个元素的位置。

(2) 此查找运算也可直接返回 p,即返回指向要查找元素的指针。

思考:当存在有多个要查找的元素时,如何将其全部显示出来?如在单链表"9 6 7 8 9 1 9"中查找 9,如何将所有的 9 都找到?

3. 单链表的插入操作

假设例 9-6 中建立的单链表为一个班级中的 10 名学生的学号,如果该班又进入了一名学生,需要将该新学生的学号加入到单链表中,即要对单链表进行插入操作。

设在一个单链表中存在两个连续结点 p、q(其中 p 为 q 的直接前驱),若我们需要在 p 与 q 之间插入一个新结点 s,那么须先为 s 分配存储空间并对数据域赋值,然后使 p 的指针域存储 s 的地址,s 的指针域存储 q 的地址,这样就完成了插入操作。单链表插入操作示意图如图 9.12 所示。

如图 9.12 所示,完成插入操作的主要语句为:

```
s->next=q;
p->next=s;
```

【例 9-8】 建立一个含有 10 个元素的单链表,并在链表的尾部插入一个新元素。

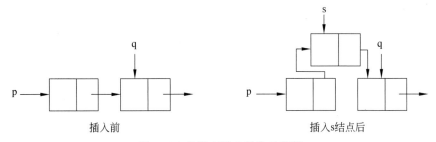

插入前   插入s结点后

图 9.12   单链表插入操作示意图

【问题分析】

（1）在单链表中插入结点，需完成两项操作：①构造要插入的结点；②找到插入位置，这两项操作顺序无要求。

（2）构造要插入的结点，主要是利用 malloc()函数申请存储空间，然后将该结点的数据域设置为要插入的值。

（3）查找插入位置，注意要找到插入位置的前一个结点才能完成插入操作。本示例要在链表尾部插入元素，即若 q—>next==NULL，表示 q 指向的结点为单链表的最后一个结点，则应该将要插入的结点插入到 q 的后面。

【程序代码】

```
#include <stdio.h>
#include <malloc.h>             //包含动态内存分配函数的头文件
#define N 10                    //单链表中结点的个数(不包括头结点)
typedef struct node
{
    int data;
    struct node * next;
}NODE;
int insert(NODE * L, int x)     //将元素 x 插入链表 L 的尾部
{
    NODE * s, * p, * q;         //指针 s 指向要插入的新结点
    if((s=(NODE * ) malloc(sizeof(NODE)))==NULL)
    {
        printf("error!");
        return 0;
    }
    s->data=x;                  //将元素 x 赋给新结点 s 的数据域
    p=L->next;                  //p 指针首先指向单链表中第一个元素
    while(p!=NULL)
    {
        q=p;                    //当 p==NULL 时,q 指向单链表的最后一个元素
        p=p->next;              //p 指针顺着单链表的头指针往后找,直到单链表的末尾
    }
```

```
        s->next=q->next;  //把新结点的指针域指向q结点的后继,此处为NULL
        q->next=s;          //q结点的指针域指向新结点,在单链表末尾插入新结点
    }
    int main()
    {
        int x;
        NODE * h;                      //h为链表头指针
        printf("请输入%d个整型数,建立单链表:\n",N);
        h=createList(N);              //该函数在例9-6中已定义
        printf("建立的包含%d个元素的单链表如下:\n",N);
        printList(h);                  //该函数在例9-6中已定义
        printf("请输入要插入的元素:\n");
        scanf("%d",&x);
        insert(h,x);
        printf("在单链表末尾插入一个元素后的单链表如下:\n");
        printList(h);                  //该函数在例9-6中已定义
        return 0;
    }
```

【运行结果】

运行该程序,按屏幕提示语输入相关数据,得到程序运行结果如图9.13所示。

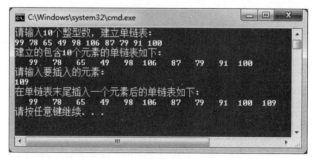

图9.13　例9-8程序运行结果

【代码解析】 此程序中的creatList( )和printList( )函数都是在例9.6中定义过的自定义函数,运行例9-8时需将这2个自定义函数放在此程序中。文件包含和数据类型声明与例9-7的开头部分一致。

思考:如何在单链表的任意位置插入元素?

4. 单链表的删除操作

有时需要使用单链表的删除操作,例如某班级有同学转学了,需要在单链表中删除该同学的信息。

假如已经知道了要删除的结点q的位置,那么要删除q结点时,只要令q结点的前驱结点的指针域由存储q结点的地址改为存储q的后继结点的地址,并回收q结点即可,如图9.14所示。

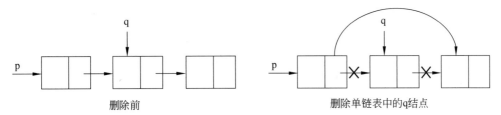

删除前　　　　　　　　　　　　　删除单链表中的q结点

图 9.14　单链表的删除操作示意图

在图 9.14 中,删除操作的主要语句为:

```
p->next=q->next; free(q);
```

【例 9-9】　在前面建立的单链表的基础上,在单链表中找到某一元素,并将其删除。

【问题分析】

(1) 在单链表中删除元素需知道该元素的前驱结点位置。

(2) 本示例要查找并删除一个元素,在查找的时候从单链表的第一个元素开始一个一个地往后找,在后移指针之前需记住当前元素位置,若下一个元素即为要找到的元素,则可通过改变其前驱结点的后继指针来删除该元素。

【程序代码】

```c
#include <stdio.h>
#include <malloc.h>              //包含动态内存分配函数的头文件
#define N 10                     //单链表中结点的个数(不包括头结点)
typedef struct node
{
    int data;
    struct node * next;
}NODE;
void deleteList(NODE * L,int x)
{
    NODE * q, * p;
    p=L;
    q=L->next;
    while(q!=NULL&&q->data!=x)
    {
        p=q;
        q=q->next;
    }
    if(q==NULL)
        printf("链表中没有要删除的元素\n");
    else
    {
        p->next=q->next;
        free(q);
```

```
            printf("删除一个元素后的单链表如下:\n");
            printList(L);
        }
}
int main()
{
        int x;
        NODE * h;                       //h为链表头指针
        printf("请输入%d个整型数,建立单链表:\n",N);
        h=createList(N);
        printf("建立的包含%d个元素的单链表如下:\n",N);
        printList(h);
        printf("请输入要删除的元素:\n");
        scanf("%d",&x);
        deleteList(h,x);
        return 0;
}
```

【运行结果】

程序运行结果如图 9-15 所示。

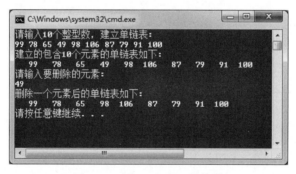

图 9-15　例 9-9 程序运行结果

【代码解析】　单链表的删除操作需注意以下几点。

（1）要删除 q 结点,需要找到 q 的前驱结点,改变 q 的前驱结点的指针域,使其直接指向 q 的后继结点,达到删除 q 结点的目的,所以在单链表的删除操作中需要用到指向 q 结点的前驱结点的指针,例 9-9 中用 p 指向 q 结点的前驱结点。

（2）删除结点的 deleteList( )函数中用到了 free( )函数来释放删除结点占用的内存空间。

9.4.4　栈和队列

栈、队列和链表都属于线性结构。线性结构的特点是,在数据元素的非空有限集中:
（1）存在唯一的一个被称为"第一个"的数据元素。

（2）存在唯一的一个被称为"最后一个"的数据元素。

（3）除第一个之外，集合中的每个数据元素均只有一个前驱。

（4）除最后一个之外，集合中每个数据元素均只有一个后继。

栈和队列都是操作受限制的特殊的线性表。

栈是一种只允许在表头进行插入和删除操作的特殊的线性表，其操作的原则是后进先出（或先进后出），故栈又称为后进先出表，简称 LIFO(Last In First Out)表。

队列是删除操作只在表头进行，插入操作只在表尾进行的特殊的线性表，其操作的原则是先进先出。故队列又称为先进先出表，简称 FIFO(First In First Out)表。

9.5 共 用 体

共用体，有的也称为联合体(Union)，是将不同类型的数据组织在一起共同占用同一段内存的一种构造数据类型。同样都是将不同类型的数据组织在一起，但与结构体不同的是，共用体是从同一起始地址开始存放成员的值，即让所有成员共享同一段存储空间。共用体与结构体的类型定义方法相似，只是关键字变为 union。

声明一个共用体类型的一般形式为：

```
union 共用体名
{
    数据类型 成员 1 的名字;
    数据类型 成员 2 的名字;
    数据类型 成员 3 的名字;
    ……
};
```

例如：

```
union sample
{
    int i;
    char c;
    float f;
};
```

共用体数据类型和结构体数据类型都属于构造数据类型，都可以由程序员根据实际需要来定义，其不同之处在于，共用体的所有成员共同占用一段内存，共用体变量所占内存空间大小取决于其成员中占内存空间最多的那个成员变量；而结构体的每个成员各已占用一段内存，结构体变量所占内存空间大小取决于所有成员占内存空间的大小总和。

下面通过示例来演示共用体所占内存字节数的情况。

【例 9-10】 查看共用体所占内存字节数。

```
1    #include <stdio.h>
2    typedef union sample
3    {
4        short s;
5        char c;
6        float f;
7    }S;
8    int main()
9    {
10       S exp;
11       int a;
12       a=sizeof(exp);
13       printf("本程序中共用体数据类型所占内存字节为:%d\n",a);
14       return 0;
15   }
```

【运行结果】 程序运行结果如图 9.16 所示。

图 9.16 例 9-10 程序运行结果

【运行结果】 若将例 9-10 的第 2 行中的 union 改为 struct,将第 13 行的"共用体"改为"结构体",那么程序的运行结果如图 9.17 所示。

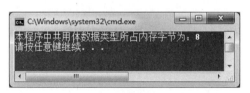

图 9.17 例 9-10 程序修改后的运行结果

【代码解析】
比较以上两个运行结果,发现程序中定义的共用体类型和结构体类型的成员是完全一样的,但共用体变量和结构体变量所占的内存空间却不同。

这是因为共用体是不同类型的数据成员占用同一段内存空间,只要保证占内存空间最大的数据成员有足够的存储空间即可,所以共用体变量所占内存空间的大小取决于其成员中占内存空间最大的那个成员变量。本示例中,float 类型的成员占用的内存字节数最多,为 4 个字节,所以共用体类型占用的内存空间即为 4 个字节。

结构体类型所占内存空间的字节数,理论上为结构体各成员所需内存量的总和,

C语言程序设计

即 2+1+4=7,但利用 sizeof( )函数测得的值并非总是与各成员所占内存字节数的总和完全相等,一般会大于或等于各成员所需内存量的总和。此处利用 sizeof( )函数计算的结构体类型占用的内存空间为 8 个字节。

对共用体变量的定义、引用和初始化都与结构体类似,在这里就不详细论述了。

9.6 枚举类型

枚举,即"一个一个列举"之意,当某些变量仅由有限个数据值组成时,通常使用枚举类型表示。枚举数据类型描述的是一组整型值的集合。声明枚举类型需用关键字enum,例如:

```
enum weekday{sun, mon, tue, wed, thu, fri, sat};
```

在上面语句中,声明了一个枚举数据类型 enum weekday,程序中可以用此数据类型来定义枚举类型的变量,例如:

```
enum weekday a;
```

则枚举变量 a 的取值只有 7 种,即 sun、mon、tue、wed、thu、fri、sat。

9.7 应用举例

【例 9-11】 有 5 名学生,每名学生的信息包括学号、性别、高数成绩、英语成绩、C 语言程序设计成绩,从键盘输入 5 名学生的信息,要求分别使用数组和单链表来存储信息。

(1)输出成绩中有 100 分的学生的所有信息;

(2)求 5 名学生 C 语言程序设计成绩的平均分。

【问题分析】

(1)每名学生的信息包括 5 个部分,所以学生信息需定义为结构体类型,即单链表的数据域中存储的是结构体类型的数据,而单链表的结点结构还是一个结构体类型。

(2)要实现同一功能,但因为要求的存储形式不同,则实现的代码不同。

【程序代码】

方法一:用数组存储学生信息。

```
#include <stdio.h>
#define N 5
#define DATA stu[i].sID,stu[i].sSex,stu[i].sMath,stu[i].sEng,stu[i].sC
typedef struct student
{
    int sID;                //学号
    char sSex[8];           //性别
```

```c
    int sMath;                  //高数成绩
    int sEng;                   //英语成绩
    int sC;                     //C语言程序设计成绩
}STU;
void input(STU stu[])          //输入学生信息的函数
{
    int i;
    for(i=0;i<N;i++)
    {
        printf("请输入第%d个学生的信息(学号、性别及 3 门课程成绩):\n",i+1);
        scanf("%d%s%d%d%d", &stu[i].sID, stu[i].sSex, &stu[i].sMath,
                &stu[i].sEng, &stu[i].sC);
    }
    return;
}
void output(STU stu[])         //输出学生信息的函数
{
    int i;
    printf("学号 性别 高数成绩 英语成绩 C语言程序设计成绩\n");
    for(i=0;i<N;i++)
        printf("%d%5s%8d%8d%8d\n",DATA);
    return;
}


int aveS(STU stu[])            //输出有满分成绩同学的信息并返回 C 语言程序设计的平均分
{
    int i;
    int sum=0;                 //记录 5 名同学 C 语言程序设计成绩的总分
    int ave;                   //记录 C 语言程序设计成绩平均分
    for(i=0;i<N;i++)
    {
        sum=sum+stu[i].sC;
        if(stu[i].sMath==100||stu[i].sEng==100||stu[i].sC==100)
        {
            printf("学号为%d的学生有满分成绩\n",stu[i].sID);
            printf("全部信息为学号:%d,性别:%s,高数成绩:%d,英语成绩:%d,
                    C语言程序设计成绩:%d\n",DATA);
        }
    }
    ave=sum/N;
    return ave;
}


int main()
```

```c
{
    STU s[N];
    int ave;
    input(s);
    printf("所有学生的信息如下:\n");
    output(s);
    ave=aveS(s);
    printf("%d名学生C语言程序设计的平均分为:%d\n",N,ave);
    return 0;
}
```

方法二: 用单链表存储学生信息。

```c
#include <stdio.h>
#include <malloc.h>
#define N 5                    //单链表中结点的个数(不包括头结点)
#define DATA p->data.sID, p->data.sSex, p->data.sMath, p->data.sEng,
              p->data.sC
typedef struct{
    int sID;                   //学号
    char sSex[5];              //性别
    int sMath;                 //高数成绩
    int sEng;                  //英语成绩
    int sC;                    //C语言程序设计成绩
}STU;
typedef struct node{
    STU data;
    struct node * next;
}LNode;

LNode * createList(int n)
{
    LNode * head, * s, * r;
    int i=0;
    if((head=(LNode *)malloc(sizeof(LNode)))==NULL)
    {
        printf("error!");
        return 0;
    }
    head->next=NULL;           //将头结点的指针域置空
    r=head;
    for(i=0;i<n;i++)
    {
        if((s=(LNode *)malloc(sizeof(LNode)))==NULL)
        {
```

```
                printf("error!");
                return 0;
            }
            printf("请输入第%d个学生的信息(学号、高数成绩、英语成绩):\n",i+1);
            scanf("%d%s%d%d%d",&s->data.sID,s->data.sSex, &s->data.sMath,
                    &s->data.sEng, &s->data.sC);
            r->next=s;              //将 r 的指针域指向 s,形成单链表
            r=s;
        }
        r->next=NULL;
        return head;
}


void printList(LNode * L)
{
        LNode * p;
        p=L->next;
        printf("所有同学的信息如下:\n");
        printf("学号 性别 高数成绩 英语成绩 C 语言程序设计成绩 \n");
        while(p!=NULL)
        {
            printf("%d%5s%8d%8d%8d\n",DATA);
            p=p->next;
        }
        printf("\n");
}


int aveS(LNode * L)             //输出有满分成绩同学的信息并返回 C 语言程序设计平均分
{
        int i;
        int sum=0;              //记录 5 名同学 C 语言程序设计成绩的总分
        int ave;                //记录 C 语言程序设计成绩平均分
        LNode * p;
        p=L->next;
        while(p!=NULL)
        {
        sum=sum+p->data.sC;
        if(p->data.sMath==100||p->data.sEng==100||p->data.sC==100)
        {
            printf("学号为%d的学生有满分成绩\n",p->data.sID);
            printf("其信息为:学号:%d,性别:%s,高数成绩:%d,
                    英语成绩:%d, C 语言程序设计成绩:%d\n", DATA);
        }
        p=p->next;
```

```
    }
    ave=sum/N;
    return ave;
}

int main()
{
    int ave;
    LNode * h;
    h=createList(N);
    printList(h);
    ave=aveS(h);
    printf("%d 名学生 C 语言程序设计的平均分为:%d\n",N,ave);
    return 0;
}
```

两种方法得到的运行结果是一样的。

【运行结果】

程序运行结果如图 9.18 所示。

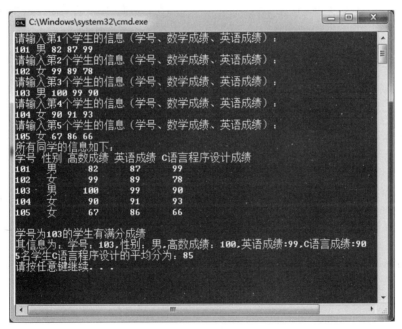

图 9.18　例 9-11 程序运行结果

【代码解析】　因为程序中需要输入多个学生信息,每个学生信息包含 5 个部分,所以逐条输入学生信息,程序运行界面更清晰。

【例 9-12】　编写程序,完成某超市商品库存信息管理,商品库存信息包括商品编号、商品名称、供应商、商品进价、商品库存。

（1）显示全部商品的库存信息。

（2）插入新上商品的库存信息（插入到所有商品信息的最后）。

（3）修改指定编号的商品库存量。

【问题分析】　数据的存储通常可以采用两种存储方式，一种是用数组存储元素，称为顺序存储；另一种是采用链表存储元素，称为链式存储。数据的存储结构决定了算法如何实现，分析例 9-12，主要是建立、输出、插入（未指定位置，可插入到最后）、查找操作，顺序存储很容易实现查找操作，所以例 9-12 采用数组存储元素。

【程序代码】

```c
#include <stdio.h>
#define M 100                              //设置数组的最大长度
typedef struct {
    int id;                                //商品编号
    char name[15];                         //商品名称,最多 14 个字符
    float price;                           //商品价格
    int amount;                            //商品数量
}Commodity;                                //商品信息结构体
void createList(Commodity C[],int n);      //录入所有商品库存信息
void printList(Commodity C[],int n);       //输出所有商品库存信息
void insert(Commodity C[],int * n);        //插入新上商品库存信息
int modify(Commodity C[],int n);           //修改指定编号商品的库存量
int main()
{
    Commodity A[M];
    int n;
    printf("请输入商品类别数:");
    scanf("%d",&n);
    createList(A,n);
    printList(A,n);
    insert(A,&n);
    printf("插入新上商品后");
    printList(A,n);
    if(modify(A,n))        //函数返回 1 表示修改指定商品库存成功,否则无指定商品
    {
        printf("修改指定商品库存后");
        printList(A,n);
    }
    return 0;
}
void createList(Commodity C[],int n)        //创建数组存放所有商品库存信息
{
    int i;
    printf("请输入商品信息(编号、名称、价格、库存量):\n");
```

```c
    for(i=0;i<n;i++)
    {
        scanf("%d%s%f%d",&C[i].id,C[i].name,&C[i].price,&C[i].amount);
    }
    return;
}
void printList(Commodity C[],int n)          //输出所有商品库存信息
{
    int i;
    printf("所有商品库存信息如下:\n");
    printf("编号\t名称\t价格\t库存量\n");
    for(i=0;i<n;i++)
    {
        printf("%3d\t%s\t%.1f\t%d\n", C[i].id, C[i].name,
                C[i].price, C[i].amount);
    }
    return;
}
void insert(Commodity C[],int * n)           //插入新上商品库存信息
{
    int i= * n;
    printf("请输入想插入商品的信息(编号、名称、价格、库存量):\n");
    scanf("%d%s%f%d",&C[i].id,C[i].name,&C[i].price,&C[i].amount);
    * n=i+1;            //数组中实际存放商品的类别数需传回主函数,所以此处用了传址调用
    return;
}
int modify(Commodity C[],int n)              //修改指定编号商品的库存量
{
    int i,t;
    printf("请输入想修改商品的编号:");
    scanf("%d",&t);
    for(i=0;i<n;i++)
    {
        if(C[i].id==t)
        {
            printf("编号为%d的商品当前库存量为:%d\n",t,C[i].amount);
            printf("请输入新的库存量:");
            scanf("%d",&C[i].amount);
            return 1;
        }
    }//若 for 循环结束仍未返回主函数说明没找到指定编号的商品
    printf("未找到编号为%d的商品!\n",t);
    return 0;
}
```

【运行结果】

修改指定编号的商品库存量时,若指定商品编号存在,运行结果如图 9.19 所示。

图 9.19　例 9-12 程序运行结果(指定商品编号存在)

修改指定编号的商品库存量时,若指定商品编号不存在,运行结果如图 9.20 所示。

图 9.20　例 9-12 程序运行结果(指定商品编号不存在)

【代码解析】　程序中可以插入或删除商品库存信息,所以存储商品信息的数组中的有效数据的个数是变化的。数组存储属于静态存储,其大小需要预先设定好,所以程序在自定义函数的参数中另外增设了一个变量 n,用来表示数组中实际有效数据元素的个数。也可以将数组与数组中实际有效元素的个数 n 封装到一起组成一个结构体,为顺序表数据类型。

9.8 常见错误分析

(1) 结构体类型声明时,漏掉了大括号后面的分号。

```
#include <stdio.h>
struct node
{
    int num;
    int score1;
    int score2;
}
struct node n1,n2;
int main()
{
    n1.num=1;
    n2.num=2;
    printf("两个学生的学号分别为:%d,%d\n",n1.num,n2.num);
    return 0;
}
```

【编译报错信息】
编译报错信息如图 9.21 所示。

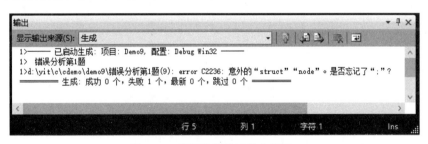

图 9.21　编译错误提示信息截图 1

【错误分析】
编译系统提示语句中意外的"struct""node",编译系统提示后面忘记了添加";",程序中只要在 struct node 结构体数据类型声明的最后加上分号即可修改错误。

(2) 混淆了结构体数据类型和结构体变量,可对结构体变量成员赋值,不能对结构体类型成员进行赋值。

错误一：

```
#include <stdio.h>
struct student
{
    int sID=100;                        //学号
    char sSex='F';                      //性别
    int sMath=90;                       //高数成绩
    int sEng=80;                        //英语成绩
    int sC=89;                          //C语言程序设计成绩
}sx;
int main()
{
    printf("学号为%d的学生的英语成绩为%d",sx.sID,sx.sEng);
    return 0;
}
```

【编译报错信息】

编译报错信息如图9.22所示。

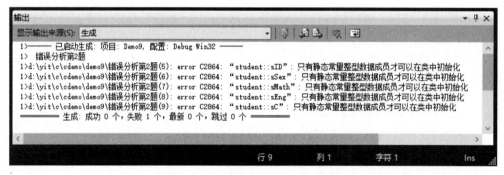

图9.22　编译错误提示信息截图2

错误二：

```
#include <stdio.h>
struct student
{
    int sID;                            //学号
    char sSex;                          //性别
    int sMath;                          //高数成绩
    int sEng;                           //英语成绩
    int sC;                             //C语言程序设计成绩
};
int main()
{
    student.sID=100;
```

——————————— C语言程序设计

```
student.sSex='F';
student.sMath=90;
student.sEng=80;
student.sC=89;
printf("学号为%d的学生的英语成绩为%d\n",student.sID,student.sEng);
return 0;
}
```

【编译报错信息】

编译报错信息如图 9.23 所示。

图 9.23　编译错误提示信息截图 3

【错误分析】

上述两种赋值方法都是错误的,在 C 语言程序中,只能对结构体变量中的成员赋值,而不能对结构体数据类型中的成员赋值。

struct student 是用户自己定义的一种结构体数据类型,其用法相当于基本数据类型 int,struct student 仅是数据类型的名字,不是变量,不占存储单元,所以不能对数据类型的成员直接赋值,而应对定义的结构体变量相应成员赋值,例如:

```
#include <stdio.h>
struct student
{
    int sID;                    //学号
    char sSex;                  //性别
    int sMath;                  //高数成绩
    int sEng;                   //英语成绩
```

```
    int sC;                              //C 语言程序设计成绩
};                                       //定义了结构体数据类型 struct student
int main()
{
    struct student sx;                   //定义了一个结构体类型的变量 sx
    sx.sID=100;
    sx.sSex='F';
    sx.sMath=90;
    sx.sEng=80;
    sx.sC=89;
    printf("学号为%d的学生的英语成绩为%d\n",sx.sID,sx.sEng);
    return 0;
}
```

本 章 小 结

　　本章介绍的结构体、共用体和枚举类型都属于构造类型,这几种构造数据类型与基本数据类型的用法一样——可以使用这些数据类型来定义相应的变量,但在使用这些构造数据类型定义变量之前,需要用户自己声明构造数据类型。初学者需注意区分构造数据类型的声明和相应变量的定义。

　　其中结构体是将不同类型的数据成员组织在一起形成的数据结构,适合于对关系紧密、逻辑相关、具有相同或者不同属性的数据进行处理,声明结构体数据类型的关键字为struct;共用体是将逻辑相关、情形互斥的不同类型的数据组织在一起形成的数据结构,每一时刻只有一个数据成员起作用,声明共用体数据类型的关键字为 union;枚举类型描述的是一组整型值的集合,当某些量仅由有限个数据值组成时,通常用枚举类型表示,声明枚举类型的关键字为 enum。

　　注意上述三种构造数据类型的类型名称都由两个单词构成,如例 9-2 中的 struct student 是用户定义的一种结构体数据类型,若想定义一个这种类型的结构体变量 sx,则定义形式为 struct student sx。

　　本章还介绍了 typedef,可为系统固有的或自定义数据类型定义一个别名。本章中所有的构造数据类型都可以用 typedef 定义一个别名,如 typedef struct student STU,则结构体变量 sx 的定义形式可以为 STU sx。

习　　题

一、选择题

1. 当定义一个结构体变量时系统分配给它的内存是(　　　)。

A. 各成员所需内存量的总和

B. 结构体中第一个成员所需的内存量

C. 成员中内存量最大者所需的容量

D. 结构体中最后一个成员所需的内存量

2. 当声明一个共用体变量时系统分配给它的内存是(　　)。

A. 各成员所需内存量的总和

B. 第一个成员所需的内存量

C. 成员中内存量最大者所需的容量

D. 最后一个成员所需 的内存量

3. 下面对共用体类型的叙述正确的是(　　)。

A. 可以对共用体变量名直接赋值

B. 一个共用体变量中可以同时存放其所有成员

C. 一个共用体变量中不可以同时存放其所有成员

D. 共用体类型定义中不能出现结构体类型的成员

4. 设有以下声明语句

```
typedef struct{
    int n;
    char ch[8];
}PER;
```

则下面叙述正确的是(　　)。

A. PER 是结构体变量名 　　　　 B. PER 是结构体类型名

C. typedef struct 是结构体类型 　　 D. struct 是结构体类型名

5. 以下对结构体类型变量 td 的定义中,错误的是(　　)。

A.

```
typedef struct aa{
    int n;
    float m;
}AA;
AA td;
```

B.

```
struct aa{
    int n;
    float m;
};
struct aa td;
```

C.

```
struct {
```

```
        int n;
        float m;
    }aa;
    struct aa td;

    D.

    struct{
        int n;
        float m;
    }td;
```

6. 有以下程序段

```
typedef struct NODE {
    int num;
    struct NODE  * next;
}OLD;
```

以下叙述中正确的是(   )。

    A. 以上的声明形式非法   B. NODE 是一个结构体类型

    C. OLD 是一个结构体类型   D. OLD 是一个结构体变量

7. 以下关于 typedef 叙述不正确的是(   )。

    A. 用 typedef 可以定义各种类型名，但不能定义变量

    B. 用 typedef 可以增加新的类型

    C. 用 typedef 只是将已经存在的类型用一个新的名字来代表

    D. 使用 typedef 便于程序的通用

8. 设有以下定义：

```
struct complex{
    int real,unreal;
}data1={1,8},data2;
```

则以下赋值语句中错误的是(   )。

    A. data2＝data1;   B. data2＝(2,6);

    C. data2.real＝data1.real;   D. data2.real＝data1.unreal;

9. C 语言静态结构体类型变量在程序执行期间(   )。

    A. 所有成员一直驻留在内存中   B. 只有一个成员驻留在内存中

    C. 部分成员驻留在内存中   D. 没有成员驻留在内存中

10. 以下程序的运行结果是(   )。

```
#include <stdio.h>
int main()
{
    struct date{
```

```
        int year;
        int month;
        int day;
    }today;
    printf("%d\n",sizeof(struct date));
    return 0;
}
```

    A. 6   B. 8   C. 10   D. 12

11. 以下对枚举类型的定义正确的是（   ）。

    A. enum a＝{one，two，three};   B. enum a {a1，a2，a3};

    C. enum a＝{'a'，'2'，'3'};   D. enum a {"one"，"two"，"three"};

12. 若有以下声明和定义

```
typedef int *  INTEGER;
INTEGER p, * q;
```

以下叙述正确的是（   ）。

    A. p 是 int 类型变量

    B. p 是指向 int 类型的指针变量

    C. q 是指向 int 类型的指针变量

    D. 程序中可用 INTEGER 代替 int 类型名

13. C 语言静态共用体类型变量在程序运行期间（   ）。

    A. 所有成员一直驻留在内存中   B. 只有一个成员驻留在内存中

    C. 部分成员驻留在内存中   D. 没有成员驻留在内存中

14. 若有以下定义和语句

```
struct student {
    int num;
    int age;
};
struct student stu[3]={{1001, 20}, {1002, 19}, {1003, 21}};
int main()
{
    struct student * p;
    p=stu;
    ......
    return 0;
}
```

则以下不正确的引用是（   ）。

    A. (p++) -> num   B. p++

    C. (* p).num   D. p=&stu.age

15. 已知学生记录描述为：

```
struct date{
    int year;
    int month;
    int day;
};
struct student{
    int sID;                    //学生学号
    struct date birth;          //学生生日
};
struct student s;
```

设变量 s 所代表的学生生日是"1990 年 8 月 16 日",下列对生日的正确赋值是(   )。

    A. year＝1990； month＝8； day＝16；

    B. birth.year＝1990； birth.month＝8；birth.day＝16；

    C. s.birth.year＝1990； s.birth.month＝8；s.birth.day＝16；

    D. s.year＝1990； s.month＝8；s.day＝16；

16. 根据下面的定义,能打印出字母 M 的语句是(   )。

```
struct p{
    char name[10];
    int age;
};
struct p stu[6]={"Jone",23, "Paul",22, "Mary",20, "adam",21};
```

    A. printf("％c\n",stu[3].name);　　　B. printf("％c\n",stu[3].name[1]);

    C. printf("％c\n",stu[2].name[1]);　　D. printf("％c\n",stu[2].name[0]);

17. 若有如下结构体变量的定义：

```
struct person{
    int id;
    char name[10];
};
struct person per, * s=&per;
```

则以下对结构体成员的引用错误的是(   )。

    A. per.name　　　　　　　　　　　B. s－＞name[0]

    C. (* per).name[6]　　　　　　　　D. (* s).id

18. 下面程序的运行结果是(   )。

```
struct s{
    int x;
    int y;
};
int main()
{
```

```
struct s c[2]={1,3,2,7};
printf("%d\n",c[0].y/c[0].x*c[1].x);
return 0;
}
```

A. 6 B. 1 C. 3 D. 0

二、填空题

1. 现有结构体变量 stu[20]，已存有学生姓名(char name[20])、成绩(int score)，请编写程序将其中最高成绩的学生姓名输出，并计算所有学生的平均成绩。

```
int total = stu[0].score;
char maxs[20];                          //记录当前的最高成绩
int max = stu[0].score;                 //记录当前最高成绩同学的姓名
for (int i = 1; i <20; i++)
{
    _____①_____ ;
    if (stu[i].score >max)
    {
        max = stu[i].score;
        _____②_____ ;
    }
}
printf("最高成绩的同学是:%s\n", maxs);
printf("平均成绩是:%d\n",_____③_____);
```

2. 从键盘输入一个小组的同学信息，包含姓名、学号和出生年份，最后输出所有出生年份为 2002 的学生信息。

```
#include <stdio.h>
#define N 5
int main()
{
    struct stu {
        char name[20];
        char num[20];
        int year;
    }_____①_____ [N];
    int i;
    for (i = 0; i <N; i++)
    {
        printf("Enter no.%d:\n", i +1);
        scanf("%s", class1[i].name);
        scanf("%s", class1[i].num);
        scanf("%d",_____②_____);
```

```
    }
    for (i = 0; i < N; i++)
    {
        if(_____③_____)
        {
            printf("%s(%s)\n", class1[i].name, class1[i].num);
        }
    }
    return 0;
}
```

3. 有以下程序

```
#include <stdio.h>
struct stu{
    int num;
    char name[10];
    int age;
};
void fun(struct stu * p)
{
    printf("%s\n",(*p).name);
}
int main()
{
    struct stu student[3]={{1,"Za",20},{2,"Wa",19},{3,"Zhao",18}};
    fun(student+2);
    return 0;
}
```

执行以上程序输出结果是：_____。

4. 调用自定义函数 complex( )，完成复数相加程序：

```
#include <stdio.h>
struct complex{
    float r;
    float i;
};
_____①_____                          //自定义函数的函数头
{
    _____②_____;
    c.r = a.r +b.r;
    c.i = a.i +b.i;
    return c;
}
int main()
```

```
{
    struct complex a, b, c;
    printf("1st complex:\n");
    scanf("%f%f", &a.r, &a.i);
    printf("2nd complex:\n");
    scanf("%f%f", &b.r, &b.i);
    _____③_____ ;                    //调用自定义函数
    printf("%f +%fi\n", c.r, c.i);
    return 0;
}
```

5. 以下定义的结构体类型拟包含两个成员,其中成员变量 info 用来存入整型数据,成员变量 link 是指向自身结构体的指针。请将定义补充完整。

```
struct node{
    int info;
    _____;
};
```

三、编程题

1. 现有 5 位学生,每位学生信息包括学号(int num)、姓名(char name[20])、性别(char sex)、成绩(float score),要求:

(1) 用数组存储这 5 位同学的信息。

(2) 屏幕上输出 5 位同学的所有信息。

(3) 计算这些学生的成绩平均分。

(4) 查找并输出姓名为"柯南"的学生的所有信息。

(5) 输出所有不及格学生的信息。

2. 现有 5 位学生,每位学生信息包括学号(char num[10])、成绩(float sc),要求用户从键盘输入 5 位同学信息,用单链表存储这 5 位同学的信息,并从屏幕输出这些信息,然后删除所有不及格学生的信息。

3. 假设有两个有序(按从小到大排序)的单链表 A 和 B,试编写程序将 A,B 合并成一个链表 C 并保证其有序性。

第 *10* 章 文 件

程序中数据的输入可以从键盘读入,但数据量大时,用户工作量将会很大,而且每次运行时都需要重复工作,而每次输出都用人来记录的话,更大大增加了工作量。如果将数据保存在文件中,每次程序对文件进行读取,并且将结果保存在另一个文件中,则可以大大减轻工作量。

实际上文件的概念是较广泛的,作为程序输入/输出存储对象的通常称为数据文件,也是本章所阐述的对象。本章介绍文件的概念及分类、文件类型指针、文件基本操作(包括文件的打开、读写、关闭、文件位置指针的定位)。

学习目标:

- 正确理解文件的概念,了解文件的分类。
- 掌握文件指针的概念和定义方法。
- 熟练使用文件读写函数,学会正确定位文件位置指针。
- 能够正确使用文件,实现数据的持久化存取。

10.1 文 件 概 述

1. 文件的定义

文件指存储在外部存储介质(如磁盘等)中的有序的数据集合,如系统头文件 stdio.h、math.h,程序所生成的源文件.c 文件,编译后生成的.obj 目标文件,连接后生成的.exe 执行文件等。

2. 文件的分类

(1) 从用户角度来看,文件可分为普通文件与设备文件。

普通文件是指驻留在磁盘或其他外部存储介质上的有序数据集。普通文件依据其存储内容亦可分为程序文件,如源文件、头文件、目标文件、可执行文件等,以及数据文件,存储待输入的原始数据或输出结果数据的文件。

C 语言将所有外部设备都看作文件,这就是设备文件,如显示器、打印机、键盘等,将它们对系统的输入、输出等同于对磁盘文件的读和写。通常将显示器作为标准输出文件,在屏幕上的显示即是向标准输出文件输出,printf()、putchar()称为标准输出函数即这个原因。键盘则作为标准输入文件,从键盘上输入即从标准输入文件读入数据,因此 scanf()、getchar()称为标准输入函数。

(2) 虽然文件在计算机中皆是用二进制 0、1 来表达与存储,但从文件的编码方式来看,文件可分为 ASCII 码文件和二进制码文件。一般文件的最基本存储单位为字节(8 位二进制),文件即是由一个个字节按一定顺序构成的,但每个字节表达含义不同,则文件编码方式也不同。

ASCII 码文件:也称为文本文件。在磁盘中存放的文件的每个字节是对应字符的 ASCII 码。例如,对数值 5678 存储为对应字符 5、6、7、8 的 ASCII 码,形式为:

ASCII 码:　00110101　00110110　00110111　00111000　共占用 4 个字节

ASCII 码文件可在屏幕上按字符显示,因此方便阅读,如源程序文件、头文件便是 ASCII 码文件。

二进制文件:文件在磁盘中存放的是对应数值的二进制形式。如数值 5678 存储的二进制表示为 00010110 00101110。二进制文件的优点在于节省存储空间,但可读性较差。

C 语言在处理文件时,并不区分类型,都按字节处理,看成是字符流。输入/输出字符流的开始和结束也只由程序控制而不受物理符号(如回车符)的控制。因此也将这种文件称为流式文件或流文件,这是文件较重要的一个概念。

10.2　文件类型指针

在 C 语言中,对文件的所有操作都是通过文件类型指针来进行的。文件类型指针是指向文件结构体变量的指针。所谓文件结构体变量是指文件处理时,在缓冲区开辟的文件信息描述区,而该信息描述区是以一个结构体变量来描述和记录文件的当前状态(如文件名、文件大小、有效性等)。描述和记录文件状态的结构体变量即称为文件结构体变量,其结构体类型由系统定义,名为 FILE,包含在头文件 stdio.h 中,因此文件操作必须使用 #include<stdio.h>命令。C 语言便是通过操作指向文件结构体变量的指针来进行文件处理,有时也简略称为指向文件的指针或文件指针。

FILE 结构体类型的形式大致如下:

```
typedef struct
{
    short _level              //缓冲区满空的程度
    unsigned int _flag;       //文件号
    char _fd;                 //文件描述符
    short _size;              //缓冲区的大小
    char * _buffer;           //数据缓冲区首地址
```

```
        int _cleft;                        //缓冲区中剩下的字符
        int _mode;                         //文件的操作模式
        char * _curp;                      //指针当前位置(下一个待处理字节地址)
        char * _nextc;                     //下一个字符的位置
        unsigned int _istemp;              //临时文件指示
        short _token                       //有效性标记
    }FILE;
```

不同 C 语言系统 FILE 类型的定义会有少许不同。文件指针的定义如下：

```
 FILE * 指针变量标识符;
```

一般习惯写成：

```
FILE * fp;
```

通过指针 fp 指向某个具体文件来对文件进行操作。

10.3　文件的打开、读写和关闭

在进行文件的读写之前需要先打开文件,读写完毕之后必须关闭文件,打开与关闭是文件必不可少的操作。打开文件即是建立文件指针与文件的关系,关闭则是释放指针与文件的联系,同时保证缓冲区中的数据写入文件。

10.3.1　文件的打开函数 fopen( )

fopen( )函数原型如下：

```
 FILE * fopen(const char * filename,const char * mode);
```

利用 fopen( )函数打开文件方式：

```
FILE * fp;
fp=fopen("文件名","文件操作方式表示符");
```

例如：

```
fp=fopen("myfile","w");
```

含义为以只写的方式打开文件 myfile。调用函数时,系统会在缓冲区为文件开辟一个文件信息描述区,获得该文件信息描述区(文件结构体变量)的地址,并把它赋给指针 fp,从而 fp 与文件联系起来,通过 fp 便可以实现对文件的各种操作。如文件不能打开(打开失败),则 fopen( )函数返回空指针 NULL(其值为 0)。

文件名亦可包含文件路径,例如:

```
fp=fopen("c:\\documents\\myfile","w");
```

上述的打开文件方式,为 ANSIC 标准规定方式。

文件操作方式表示符具体如表 10-1 所示。

表 10-1 文件操作方式

文件操作方式表示符	意　　义
"r"	以只读方式打开一个文本文件,只允许读数据
"w"	以只写方式打开或建立一个文本文件,只允许写数据
"a"	以追加方式打开一个文本文件,并在文件末尾增加数据
"rb"	以只读方式打开一个二进制文件,只允许读数据
"wb"	以只写方式打开或建立一个二进制文件,只允许写数据
"ab"	以追加方式打开一个二进制文件,并在文件末尾写数据
"r+"	以读写方式打开一个文本文件,允许读和写
"w+"	以读写方式打开或建立一个文本文件,允许读和写
"a+"	以读写方式打开一个文本文件,允许读,或在文件末追加数据
"rb+"	以读写方式打开一个二进制文件,允许读和写
"wb+"	以读写方式打开或建立一个二进制文件,允许读和写
"ab+"	以读写方式打开一个二进制文件,允许读,或在文件末追加数据

(1) 以只读方式("r")打开文件时,该文件必须已经存在,否则出错,且只能进行读取操作。

(2) 以只写方式("w")打开的文件,如文件不存在,则以指定的文件名新建文件,若打开的文件已经存在,则原文件内容消失,重写写入内容且只能进行写操作。

(3) 以追加方式("a")打开文件,若文件不存在则出错,若文件存在则向文件末尾追加新的信息。

(4) 如一个文件无法打开,或者打开出错,将无法进行正确读写操作,如不对文件打开加以判断,则用户无法了解是否可以进行下一步操作,因此文件操作除打开、关闭这两个动作要素外,还需打开判断。如果打开出错,fopen()函数将返回一个空指针值 NULL,因此在程序中可用下列语句来判别是否打开成功:

```
if((fp=fopen("myfile","w"))==NULL)
{
    printf("\nerror:fail in opening myfile!");
    getch();
    exit(1);
}
```

即打开的同时判断是否打开成功,如打开失败则显示提示,并在键盘上敲任意键后退出程序。getch( )函数即不回显地从键盘输入一个字符,等价于"Press any key to continue"的功能。exit(1)为退出程序语句。

(5)"r+"、"w+"和"a+"都是既可读亦可写,区别在于"r+"与"r"一样,文件必须已经存在;"w+"与"w"一样,如文件不存在则新建文件,写后可以读;"a+"则是打开文件后可以在文件末尾增加新数据,也可以读取文件。

(6)文本文件读入内存时,需将 ASCII 码转换成二进制码,写入磁盘时,再把二进制码转换成 ASCII 码,因此文本文件的读写相比二进制文件,需要多花费转换时间。

10.3.2 文件的关闭函数 fclose( )

文件打开成功并操作完毕后,如不关闭文件,文件读写的数据可能丢失。因为文件的操作是通过缓冲区进行的,读写数据是先放入缓冲区,满时才写入文件,如操作后缓冲区未满,又未关闭文件,则缓冲区中的数据将丢失,因此必须使用文件关闭命令,将缓冲区的数据写入文件。文件关闭函数 fclose( )原型为:

```
int fclose(FILE * fpoint);
```

文件关闭语句为:

```
fclose(fp);
```

fp 为前面定义过的文件指针。如关闭成功,则 fclose( )函数返回 0,否则返回 EOF(−1)。通过判断 fclose( )函数的返回值可考察文件是否正常关闭。

```
if((fp=fclose(fp))!=0)
    printf("\nerror:fail in file close!");
```

文件关闭不仅可以保存数据,同时还会释放文件结构体变量所占存储空间,可节省系统资源。

10.3.3 文件的读写

除打开、打开判断、关闭这三个文件操作要素外,对文件实际的改变操作是中间对文件的读和写。C 语言提供多种文件读写函数,也包含在头文件 stdio.h 中,主要有:
- 文件字符读/写函数:fgetc( )/fputc( )。
- 文件字符串读/写函数:fgets( )/fputs( )。
- 文件格式化读/写函数:fprintf( )/fscanf( )。
- 文件数据块读/写函数:fread( )/fwrite( )。

所有读函数,都必须是读或读写方式打开文件;所有写函数,都必须是写或读写的方式,或追加的方式打开文件。如希望重建文件,则采用只写或读写的方式打开文件,如希望保留原文件内容,从后面开始增加新内容,则用追加或追加式读写方式打开文件。

1. 文件字符读写函数

(1) 文件读字符函数 fgetc( ),函数原型:

```
int fgetc(FILE * fpoint);
```

fgetc( )函数调用形式如下:

```
c=fgetc(fp);
```

其中 c 为字符变量,也可为数组字符元素等。fgetc( )函数每次从文件中读取一个字符,返回值为该字符的 ASCII 码,如返回值为 EOF,则表示已至文件结束位置(文件结束标志为 EOF)。

打开文件后,fgetc( )函数读取的是第一个字符,再调用 fgetc( )函数则依次读取下一个字符,如读至结束则返回 EOF。实际上,读写位置是由文件内部的位置指针控制的,打开时,位置指针指向第一个字节,并随函数的调用后移,该位置指针由系统自动设置,不需用户定义,这与文件指针不同,文件指针需定义且定义后不变。

(2) 文件写字符函数 fputc( ),函数原型:

```
int fputc(FILE * fpoint);
```

fputc( )函数调用形式如下:

```
fputc(字符量, 文件 fp);
```

字符量可以是字符常量也可以是字符变量,例如:

```
char c='a';
fputc(c, fp);
```

或

```
fputc('a', fp);
```

fputc( )函数每次向文件写入一个字符,写入成功则返回字符的 ASCII 码值,写入失败则返回 EOF。

【例 10-1】 显示文件 myfile.txt 中内容,然后从键盘输入一段字符,以换行符为结束符,将这些字符写入文件 myfile 之后,再将文件内容读出并显示在屏幕上。

```
#include <stdio.h>
#include <conio.h>
#include <stdlib.h>
int main()
{
```

```c
    FILE * fp;                                     //定义文件指针 fp
    char c;                                        //定义字符型变量 C
    if((fp=fopen("myfile.txt","a+"))==NULL)        //判断文件是否打开成功
    {
        printf("\nerror:fail in opening myfile!"); //打印失败信息
        getch();                                   //从键盘任意输入一个字符
        exit(1);                                   //退出程序
    }
    do
    {
        c=fgetc(fp);                               //从文件读取一个字符
        putchar(c);                                //在屏幕上显示该字符
    }while(c!=EOF);                                //文件未到末尾则循环进行
    printf("\nPlease enter the words:\n");         //打印提示信息
    c=getchar();                                   //从键盘输入一个字符
    while(c!='\n')                                 //如未碰到换行符则循环进行
    {
        fputc(c,fp);                               //将字符写入文件
        c=getchar();                               //从键盘输入一个字符
    }
    rewind(fp);                 //rewind()函数将 fp 所指的文件的内部指针移至文件头
    c=fgetc(fp);                                   //从文件读取一个字符
    while(c!=EOF)                                  //文件未到末尾则循环进行
    {
        putchar(c);                                //在屏幕上显示该字符
        c=fgetc(fp);                               //从文件读取一个字符
    }
    printf("\n");                                  //输出回车符
    fclose(fp);                                    //关闭文件
    return 0;
}
```

【运行结果】

假设 myfile.txt 中原有字符串 china,则程序运行结果如图 10.1 所示。

图 10.1　例 10-1 程序运行结果

程序运行完成后 myfile.txt 文件中的内容截图如图 10.2 所示。

C语言程序设计

图 10.2　例 10-1 myfile.txt 文件内容

【代码解析】

（1）fp＝fopen("myfile.txt","a＋")以追加读写方式打开 myfile.txt。myfile.txt 文件名没有路径,所以该文件必须与程序文件在同一个目录下。

（2）getchar( )/putchar( )是字符输入/输出函数,每次只能输入/输出一个字符;
getchar( )函数为字符输入函数,函数调用格式如下:

```
字符变量名=getchar();
```

putchar( )函数为字符输出函数,函数调用格式如下:

```
putchar(字符变量名);
```

main( )函数中的 do-while 循环,通过 fgetc( )函数调用逐个字符读取 myfile.text 文件内容,每读取一个字符,就调用 putchar( )函数输出到屏幕。

（3）main( )函数中的第一个 while 循环,通过 getchar( )函数调用逐个字符读取从键盘输入的字符串,每读取一个字符,就调用 fputc( )函数写入 myfile.txt 文件中。

（4）main( )函数中的第二个 while 循环读取追加内容后的 myfile.txt 文件,在 while 循环前,先调用 rewind( )函数把将 fp 所指向的文件的内部指针移至文件头。

（5）while 循环和 do-while 循环之间是有区别的,while 循环先判断条件再执行循环体,而 do-while 是先执行循环体后判断条件。

（6）程序中 getch( )函数包含在头文件 conio.h 中,exit( )函数包含在头文件 stdlib.h 中,所以程序开头必须包含这两个头文件。

2. 文件字符串读写函数

（1）文件字符串读函数 fgets( ),函数原型:

```
char * fgets(char * s, int n, FILE * fpoint);
```

调用形式为:

fgets(字符数组名, n, 文件指针);

其功能是从文件指针所指文件中读取一个长度为 n−1 的字符串,在最后一个字符之

后加上字符串结束标志'\0'后,存入一个字符数组中。例如:

```
char str[20];
```

或

```
char * str;
int n=9;
fgets(str,n,fp);
```

说明:如果在读取完 n−1 个字符之前遇到换行符"\n"或者文件结束符 EOF,读取即结束,但将所遇到的换行符"\n"也作为一个字符读入。若执行 fgets( )函数成功,则返回值为字符数组首元素的地址,如果一开始就遇到文件尾或者读数据出错,则返回 NULL。

(2) 文件字符串写函数 fputs( ),函数原型:

```
int fputs(char * string, FILE * fpoint);
```

调用形式为:

```
fputs(字符串, 文件指针);
```

其功能是往文件中写入一个字符串,其中字符串可以是字符串常量,也可以是有赋值的字符数组。例如:

```
fputs("china",fp);
```

或

```
fputs(str,fp);
```

说明:字符串末尾的'\0'不输出。若输出成功,函数值为 0,失败时,函数值为 EOF (即−1)。

【例 10-2】 读取文件 myfile.txt 中前 10 个字符并显示,然后从键盘输入一个字符串,写入文件 myfile.txt,再将文件中前 20 个字符读出并显示在屏幕上。

```
#include<stdio.h>
#include<string.h>
#include<conio.h>
#include<stdlib.h>
int main()
{
    FILE * fp;                                    //定义文件指针 fp
    char str[50];                                 //定义字符型数组 str[50]
    if((fp=fopen("myfile.txt","r+"))==NULL)       //判断文件是否打开成功
    {
        printf("\nerror:fail in opening myfile!"); //打印失败信息
```

```
    getch();                               //从键盘任意输入一个字符
    exit(1);                               //退出程序
}
fgets(str,11,fp);//从 fp 指向的文件读取一个长度为 10(11-1=10)的字符串存入 str
puts(str);                                 //输出字符串
printf("Please enter less than 14 words:\n");  //输出屏幕提示语
gets(str);                                 //输入字符串
rewind(fp);                  //rewind()函数将 fp 所指的文件的内部指针移至文件头
fputs(str,fp);               //将 str 字符串写入到文件中
rewind(fp);                  //rewind()函数将 fp 所指的文件的内部指针移至文件头
fgets(str,21,fp);            //从 fp 指向的文件读取一个长度为 20 的字符串存入 str
puts(str);                   //输出字符串
fclose(fp);                  //关闭文件
return 0;
}
```

【运行结果】

假设 myfile.tx 中原有字符串 chinagood,则程序运行结果如图 10.3 所示。

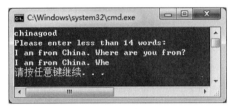

图 10.3　例 10-2 程序运行结果

【代码解析】

(1) gets( )与 puts( )函数包含在头文件 string.h 中,因此程序开头必须包含该头文件。

(2) fgets(字符数组名,n,文件指针)的功能是从文件指针所指文件中读一个长度为 n−1 的字符串,所以上述程序中要读取 10 个字符时,使用函数调用 fgets(str,11,fp)。

3. 文件格式化读写函数

(1) 文件格式化读函数 fscanf( )。

fscanf( )函数与 scanf( )函数功能类似,区别只在于 scanf( )函数从标准输入文件(即键盘)读取,fscanf( )函数则从文件中读取。函数原型为:

```
int fscanf(FILE * fpoint,char * format,[argument...]);
```

调用形式为:

```
fscanf(文件指针,格式控制字符串,输入项列表);
```

例如：

```
fscanf(fp,"%c%d",&c,&a);
```

（2）文件格式化写函数 fprintf( )。

fprintf( )函数与 printf( )函数功能类似，区别只在于 printf( )函数输出到标准输出文件（即显示器），fprintf( )函数则输出到磁盘文件。函数原型为：

```
 int fprintf(FILE * fpoint,char * format,[argument...]);
```

调用形式为：

```
fprintf(文件指针,格式控制字符串,输出项列表);
```

例如：

```
fprintf(fp,"%c%d",c,a);
```

【例 10-3】 从文件 myfile.txt 中读取两个字符并赋给字符变量 a、b，然后分别计算两者 ASCII 码值的和与差，并写入文件 myfile 中，最后读取该文件并显示在屏幕上。

```
#include<stdio.h>
#include<string.h>
#include<conio.h>
#include<stdlib.h>
int main()
{
    FILE * fp;                               //定义文件指针 fp
    char a,b;                                //定义字符型变量 a 和 b
    int sum,sub;                             //定义存放 ASCII 码的和与差的变量
    char str[10];                            //定义字符数组
    if((fp=fopen("myfile.txt","r+"))==NULL)  //判断文件是否打开成功
    {
        printf("\nerror:fail in opening myfile!"); //打印失败信息
        getch();                             //从键盘任意输入一个字符
        exit(1);                             //退出程序
    }
    fscanf(fp,"%c%c",&a,&b);   //从文件中读取两个字符赋值给 a 和 b
    sum=a+b;                   //计算 a 和 b 的 ASCII 码的和
    sub=a-b;                   //计算 a 和 b 的 ASCII 码的差
    rewind(fp);                //rewind()函数将 fp 所指的文件的内部指针移至文件头
    fprintf(fp,"%d %d",sum,sub);   //将和与差的结果写入到文件中
    rewind(fp);                //rewind()函数将 fp 所指的文件的内部指针移至文件头
    fgets(str,7,fp);           //从 fp 指向的文件读取一个长度为 6 的字符串存入 str
    puts(str);                 //输出字符串
```

```
    fclose(fp);                        //关闭文件
    return 0;
}
```

【运行结果】

假设 myfile 中原有字符串 lovechina,则程序运行结果如图 10.4 所示。

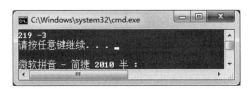

图 10.4   例 10-3 程序运行结果

【代码解析】 每次读取文件时,都需要使用 rewind() 函数将 fp 所指的文件的内部指针移至文件头。

注意:用 fprintf( )和 fscanf( )函数对磁盘读写,使用方便,容易理解,但由于在输入时要将文件中的 ASCII 码转换为二进制形式再保存在内存变量中,在输出时又要将内存中的二进制形式转换为字符,花费较多时间。因此,在内存与磁盘频繁交换数据的情况下,最好不用 fprintf( )和 fscanf( )函数,而用下面介绍的 fread( )和 fwrite( )函数直接读写二进制文件。

4. 文件数据块读写函数

所谓数据块读写是指一次读取一组数据,如数组、结构体变量等。数据块读写函数调用形式如下:

```
fread(buffer,size,count,fp);
fwrite(buffer,size,count,fp);
```

其中 buffer 为输入或输出数据首地址,为指针变量,size 为数据块长度(字节数),count 表示要读写的数据块的个数,fp 为文件指针。例如:

```
char str[20];
fread(str,3,5,fp);
```

即从 fp 所指的文件中每次读取 3 个字节,读 5 次,存入数组 str 中。

fread( )及 fwrite( )函数的返回值都是整型,如果该整数和 count 相等,则表示读写是成功的,否则表示读写不正确。

【例 10-4】 把某超市以下 4 种库存商品的信息写入 commodity.dat 文件中,并读出来进行检测。

表 10-2　商品信息表

商 品 编 号	商 品 名 称	商 品 价 格	商品库存量
1001	电视	4500	10
1002	空调	8000	15
1003	冰箱	5000	6
1004	洗衣机	6000	30

【问题分析】

(1) 这里需要用到结构体,该结构体类型中要包含 4 个成员:商品编号、商品名称、商品价格、商品数量。定义结构体数组,存放本示例中给出的 4 种商品的具体信息。

(2) 以 wb＋方式打开 commodity.dat 文件时,将新创建一个文件,先往此文件写数据,然后读取该文件中的数据。

(3) 使用 fwrite( )函数把 4 种商品信息写入磁盘文件 commodity.dat 中。

(4) 使用 fread( )函数从磁盘文件 commodity.dat 中读取数据,并显示到屏幕,对写入文件中的数据的正确性进行验证。

```
#include <stdio.h>
#include <conio.h>
#include <stdlib.h>
struct Commodity{                                    //定义商品结构体
    int id;                                          //商品编号
    char name[15];                                   //商品名称,最多 14 个字符
    float price;                                     //商品价格
    int amount;                                      //商品数量
};
int main( )
{       //定义结构体数组
    struct Commodity commodities1[4]={1001,"电视",4500,10,1002,"空调",
    8000,15,1003,"冰箱",5000,6,1004,"洗衣机",6000,30};
    struct Commodity commodities2[4];
    FILE * fp;                                       //定义文件指针 fp
    int i;                                           //定义循环变量 i
    if((fp=fopen("commodity.dat","wb+"))==NULL)      //判断文件是否打开成功
    {
        printf("\nerror:fail in opening myfile!");   //打印失败信息
        getch();                                     //从键盘任意输入一个字符
        exit(1);                                     //退出程序
    }
    //将数组 commodities1 中的 4 种商品信息写入文件中
    fwrite(commodities1,sizeof(struct Commodity),4,fp);
    rewind(fp);                  //rewind( )函数将 fp 所指的文件的内部指针移至文件头
```

```
//将文件中的 4 种商品信息读出赋值给数组 commodities2
fread(commodities2,sizeof(struct Commodity),4,fp);
for(i=0;i<4;i++)          //循环 4 次,输出 commodities2 的每个元素的值
    printf ("%d\t%s\t%.2f\t%d\n", commodities2[i].id, commodities2
            [i].name, commodities2[i].price, commodities2[i].amount);
fclose(fp);               //关闭文件
return 0;
```
}

【运行结果】

程序运行结果如图 10.5 所示。

图 10.5　例 10-4 程序运行结果

【代码解析】

(1) 由于本例中的商品数据较少,只有 4 条,故采用在定义结构体数组时进行初始化的方式,把 4 种商品的具体信息存入结构体数组 commodities1 中。

(2) 使用语句:

```
fwrite(commodities1,sizeof(struct Commodity),4,fp);
```

把 4 种商品信息写入磁盘文件 commodity.dat 中。当然,也可以采用如下的 for 循环:

```
for(i = 0; i < 4; i++)
    fwrite(&commodities1[i],sizeof(struct Commodity),1,fp);
```

(3) 使用语句:

```
fread(commodities2,sizeof(struct Commodity),4,fp);
```

从磁盘文件 commodity.dat 中读取 4 种商品数据并赋值给 commodities2。当然,也可以采用如下的 while 循环,语句中的 commodity 需要定义为 Commodity 结构体变量。

```
while(fread(&commodity,sizeof(struct Commodity),1,fp)==1)
    printf ("%d\t%s\t%.2f\t%d\n", commodity.id, commodity.name,  commodity.
        price,  commodity.amount);
```

注意:在使用 fread( )函数前,需要先使用 rewind( )函数将 fp 所指文件的内部指针移至文件头。

10.3.4　文件读写函数的选择

上面介绍了几种常用的文件读写函数,这几种函数的主要区别在于读写内容的形式不同,虽然都可以完成文件的读写,但方便程度还是有所差别,如 fgetc( )与 fputc( )函数每次只能处理一个字符,处理多个字符须反复调用函数,适用于逐字符处理的场合;fgets( )与 fputs( )函数每次可读取一个字符串,处理字符效率较高,适用于处理一段字符或字符数组的情况。但 fgetc( )、fputc( )、fgets( )及 fputs( )函数都无格式规定,如要以规定格式进行读写,则须使用 fscanf( )与 fprintf( )函数,这两个函数适用于对格式有要求的场合。前三类函数不能自动识别构造类型,需在读写时人为设定数据之间的联系,而 fread( )及 fwrite( )函数可以对具有内在联系的数据块进行处理,且可以一次性读取多个数据块,数据处理效率高,适用于构造类型数据(如数组、结构体)及大量数据的处理。用户可以根据所处理数据的特点及目的来选取合适的文件读写函数。

10.4　文件的定位

前面的例子程序中都用到了 rewind( )函数,用来将文件位置指针返回文件开头。所谓文件位置指针,是系统设置的用来指向文件当前读写位置的指针,不需要用户定义,但会随着操作的进行而移动,文件的操作也同时跟随文件位置指针,因此在实行操作前,应先清楚当前文件位置指针在什么位置,需要在不同位置进行操作时,需要将文件位置指针定位在相应地方。文件定位函数便是操作文件位置指针用于判断及指定其位置的函数。

文件定位函数皆包含在头文件 stdio.h 中。

1. rewind( )函数

函数原型如下:

```
void rewind(FILE * fpoint);
```

调用形式:

```
rewind(fp);
```

不论当前位置指针在哪,rewind 函数的功能都将文件位置指针返回文件开头,该函数适用于需要从头开始读写的场合。该函数没有返回值。

2. fseek( )函数

函数原型如下:

```
int fseek(FILE * fpoint, long offset, int origin);
```

调用形式：

```
fseek(fp,位移量,起始点);
```

fseek( )函数用于把文件位置指针移动到指定位置上。起始点有 3 个取值：0(SEEK_SET)，文件开始；1(SEEK_CUR)，当前位置；2(SEEK_END)，文件末尾。起始点指定位移量的参考点。位移量表示从起始点开始移动的字节数，为长整型。位移量为正表示文件位置指针向文件末尾移动，位移量为负表示向文件头方向移动。例如：

```
fseek(fp,50L,0);
```

语句含义为将 fp 所指文件的位置指针从文件头开始向末尾的方向移动 50 个字节。后缀 L 表示长整型。

fseek( )函数适用于二进制文件，文本文件因为需进行字符转换，计算字节时容易发生混乱，不利于定位。

3. ftell( )函数

函数原型如下：

```
long ftell(FILE * fpoint);
```

调用形式如下：

```
long n;
n=ftell(fp);
```

ftell( )函数用于寻找位置指针的当前位置。其返回值为位置指针的当前位置相对于文件首的偏移字节数。

文件操作会使文件位置指针经常移动，难以知道其具体位置，可使用 ftell( )函数来得到此时文件位置指针的位置。如函数调用出错(如不存在 fp 指向的文件)，则返回 —1L。

4. feof( )函数

feof( )函数用于判断文件位置指针是否在文件结束位置。
函数原型如下：

```
int feof(FILE * stream);
```

调用形式如下：

```
feof(fp);
```

feof( )函数返回值为 1 表示位置指针在文件末尾，否则返回 0。例如：

```
if(feof(fp)==1)
```

```
        printf("It's the end of the file.\n");
    else
        printf("It isn't the end of the file.\n");
```

【例 10-5】 对例 10-4 中的库存商品数据文件 commodity.dat,实现如下操作:

(1) 往该文件追加任意多条记录,商品编号输入-1 时,结束输入。

(2) 从该文件中读取第 2、4、6、8 等序号为偶数的商品信息,并显示到屏幕。

【问题分析】

(1) 以 ab+方式打开 commodity.dat 文件,既可往该文件中追加数据,也可以随机读写该文件。

(2) 使用 fseek( )函数指定读取位置,有选择地读取 commodity.dat 中的商品信息。

【参考代码】

```
#include <stdio.h>
#include <conio.h>
#include <stdlib.h>
struct Commodity{                               //商品结构体
    int id;                                     //商品编号
    char name[15];                              //商品名称,最多 14 个字符
    float price;                                //商品价格
    int amount;                                 //商品数量
};
int main()
{
        struct Commodity commodities[4],commodity;   //定义结构体数组
        FILE * fp;                                   //定义文件指针 fp
        int i;                                       //定义循环变量 i
        if((fp=fopen("commodity.dat","ab+"))==NULL)  //判断文件是否打开成功
        {
            printf("\nerror:fail in opening myfile!");  //打印失败信息
            getch();                                 //从键盘任意输入一个字符
            exit(1);                                 //退出程序
        }
        printf("下面将输入商品的信息(商品编号输入-1 时,结束输入)\n");
        i=0;
        while(1)
        {   printf("请输入第%d 种商品的信息\n",i+1);       //输出屏幕提示语
            printf("----------------------\n");
            printf("商品编号:");
            scanf("%d", &commodities[i].id);
            if(commodities[i].id==-1) break;//商品编号为-1 时,退出循环,结束输入
            printf("商品名称:");
            scanf("%s", commodities[i].name);
            printf("商品价格:");
```

```
        scanf("%f", &commodities[i].price);
        printf("商品数量:");
        scanf("%d", &commodities[i].amount);
        //将products[i]写入文件中
        fwrite(&commodities[i],sizeof(struct Commodity),1,fp);
        i++;
    }
    //从文件中将编号为偶数的商品信息读出赋值给commodity
    i=1;
    fseek(fp,i*sizeof(struct Commodity),0);
    while(fread(&commodity,sizeof(struct Commodity),1,fp)==1)
    {
        printf("%d\t%s\t%.2f\t%d\n", commodity.id, commodity.name,
        commodity.price, commodity.amount);
        i+=2;
        fseek(fp,i*sizeof(struct Commodity),0);
    }
    fclose(fp);                              //关闭文件
    return 0;
}
```

【运行结果】

程序运行结果如图10.6所示。

图 10.6   例 10-5 程序运行结果

【代码解析】

在 fseek( )函数调用中,指定"起始点"为 0,即以文件开头为参照点,位移量为 i *

sizeof(struct Commodity),i 初始值为 1,文件位置指针定位到第 2 种商品信息,while 循环的第一次循环读取的是第 2 种商品的商品信息,i 增量为 2,while 循环的第二次循环读取的是第 4 种商品的商品信息,如此继续下去,直到文件尾。

10.5　应用举例

【例 10-6】　有一段明文存放在文本文件 text.txt 中,请使用凯撒加密对该明文进行加密处理成密文。明文中的每个字符替换为其后面第 k 个字符,k 的值从键盘输入。密文保存到文本文件 encrypt.txt 中。

【问题分析】

以 r 方式打开明文文件,以 w 方式打开密文文件,逐字符读取明文文件,转换该字符为密文字符,写入密文文件。

【程序代码】

```c
#define _CRT_SECURE_NO_WARNINGS            //忽略警告信息
#include <stdio.h>
#include <stdlib.h>
#include <string.h>
void Encrypt(int k){                       //加密函数
    FILE * fpr;                            //定义读取 text.txt 的文件指针
    FILE * fpw;                            //定义写入 encrypt.txt 的文件指针
    fpr = fopen("text.txt", "r");          //读的模式打开需要加密的明文文件
    fpw = fopen("encrypt.txt", "w");       //写的模式打开要写入的密文文件
    if (fpr ==NULL || fpw ==NULL)
    {
        printf("文件打开失败!\n");
        return;
    }
    while(!feof(fpr))                      //一直读到明文文件末尾
    {
        char ch = fgetc(fpr);              //读取文本
        if ((ch>='A') && (ch<='Z') )       //若为大写英文字母
            ch=(ch-'A'+k)%26+'A';          //密文字符
        else if ((ch>='a') && (ch<='z'))   //若为小写字母
            ch=(ch-'a'+k)%26+'a';          //密文字符
        fputc(ch, fpw);                    //写入文件
    }
    fclose(fpr);
    fclose(fpw);
}
int main(){
```

```
        int k;
        printf("Please enter k:");
        scanf("%d",&k);
        printf("Encryption begin.\n");
        Encrypt(k);
        printf("Encryption is complete.\n");
        return 0;
}
```

【运行结果】

程序运行结果如图 10.7 所示。

图 10.7   例 10-6 程序运行结果

图 10.8   例 10-6 程序运行前后的明文和密文

【例 10-7】   编写程序,实现把某超市商品库存信息写入到文件、从文件读的操作。商品库存信息包括商品编号、商品名称、供货商、商品进价、商品库存量。

【问题分析】

(1) 这里需要用到结构体,所定义的结构体类型包含 5 个成员:商品编号、商品名称、供货商、商品进价、商品库存量。定义结构体数组存放商品库存信息。

(2) 定义函数 writeFile( ),该函数的功能:创建文件,把结构体数组中的商品信息写入到文件。

(3) 定义函数 readFile( ),该函数的功能:从文件中读取商品信息,存放到结构体数组中。

(4) 定义函数 display( ),该函数的功能:显示结构体数组中的商品信息。

【程序代码】

```
#include <stdio.h>                    //标准输入/输出函数库头文件
#include <stdlib.h>                   //标准函数库头文件
#include <string.h>                   //字符串函数库头文件
#include <conio.h>                    //控制台输入/输出函数库头文件
```

```c
//定义商品结构体
typedef struct commodity{                      //标记为 commodity
    int id;                                    //商品编号
    char name[15];                             //商品名称,最多 14 个字符
    float price;                               //商品价格
    int amount;                                //商品数量
}Commodity;

//定义宏
#define MAXSIZE 100                            //商品结构体数组的大小,可自行设置

int inputData(Commodity c[]);                  //录入商品信息
int readFile(char* fileName,Commodity c[]);              //读商品信息文件
void writeFile(char* fileName,Commodity c[],int n);      //写商品信息文件
void display(Commodity c[],int n);             //显示商品信息

//主函数 main()
int main()
{
    Commodity commodity[MAXSIZE],commodity2[MAXSIZE];    //定义结构体数组
    int counter=0;                             //商品数组实际存放的商品个数
    counter=inputData(commodity);
    printf("\n写文件...\n");
    writeFile("commodity.dat",commodity,counter);
    printf("\n读文件...\n");
    counter=readFile("commodity.dat",commodity2);
    printf("\n显示读取的文件内容...\n");
    display(commodity2,counter);
    return 0;
}//main()函数结束

int inputData(Commodity c[])                   //录入商品信息
{   int i=0;
    printf("下面将输入商品的信息(商品编号输入-1时,结束输入)\n");
    while(1)
    {   printf("请输入第%d种商品的信息\n",i+1);   //输出屏幕提示语
        printf("----------------------\n");
        printf("商品编号:");
        scanf("%d", &c[i].id);
        if(c[i].id==-1) break;                 //商品编号为-1时,退出循环,结束输入
        printf("商品名称:");
        scanf("%s", c[i].name);
        printf("商品价格:");
        scanf("%f", &c[i].price);
```

```
            printf("商品数量:");
            scanf("%d", &c[i].amount);
            i++;
        }
        printf("录入商品总数为:%d\n", i);
        return i;
}


void writeFile(char * fileName, Commodity c[],int n)         //写商品信息文件
{    FILE * fp;
     int i;
     if((fp=fopen(fileName, "wb"))==NULL)
     {    printf("文件%s 打开失败!", fileName);
          printf("商品信息无法保存!\n");
          printf("按任意键退出系统!"); _getch(); exit(1);
          exit(1);
     }
     for(i=0; i<n; i++)
     {    if(fwrite(&c[i], sizeof(Commodity), 1, fp)!=1)
               printf("file write error!\n");
     }
     fclose(fp);
     printf("写入%s 文件成功!\n 商品信息已保存!\n",fileName);
     printf("按任意键继续......");_getch();
}


int readFile(char * fileName,Commodity c[])                  //读商品信息文件
{    FILE * fp;
     int i;
     if((fp=fopen(fileName, "rb"))==NULL)
     {    printf("打开%s 文件失败!!!\n", fileName);
          printf("商品无库存!!!\n");
          printf("按任意键退出系统......"); _getch(); exit(1);
     }
     else
     {    i=0;
          while(!feof(fp))
          {    if(fread(&c[i], sizeof(Commodity), 1, fp)==1)
                  i++;
          }
          fclose(fp);
          printf("读取%s 文件成功!\n 商品信息已导入!\n",fileName);
          printf("按任意键继续......");_getch();
          return i;
```

```
        }
    }

void display(Commodity c[],int n)
{   int i;
    printf("\n 显示商品信息:\n");
    printf("商品编号\t 商品名称\t 商品价格\t 商品数量\n");
    for(i=0;i<n;i++)
        printf ("%d\t\t%s\t\t%.2f\t\t%d\n", c[i].id, c[i].name, c[i].price, c
                [i].amount);
    printf("共计:%d 条记录\n",n);
}
```

【运行结果】

程序运行结果如图 10.9 所示。

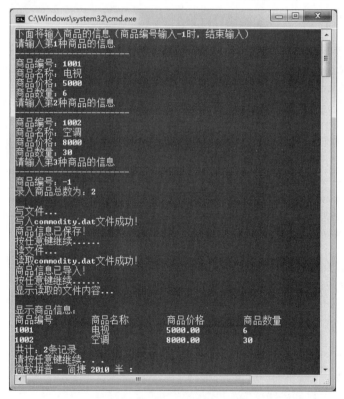

图 10.9　例 10-7 程序运行结果

【代码解析】

(1) 该程序代码体现了模块化程序设计的思想,定义了 4 个自定义函数:

- inputData()函数:实现从键盘录入商品信息并存储到内存结构体数组。
- writeFile()函数:把内存结构体数组中的内容写入到文件。

- readFile()函数：读取文件内容到内存结构体数组。
- display()函数：显示内存结构体数组中的内容到屏幕。

(2) 为了提高自定义函数的通用性,自定义函数 inputData( )、writeFile( )、readFile( ) 和 display( ) 都设置了数组形参。inputData( ) 和 readFile( ) 函数的返回值为数组元素的 实际个数。

10.6　常见错误分析

(1) 要素不全。文件操作三要素为打开、打开判断、关闭。初学者常犯的错误为要素 不全,通常忘记判断打开是否成功或者是否关闭文件,而且由于这类错误在程序编译及连 接时并不报错,很容易被忽略。因此在写文件操作程序时可先把三要素写好,然后再添加 其他操作程序段。

(2) 打开方式有误。要注意几种打开方式的差别,只写方式是只可写不可读,只读方 式是只可读不可写。另外,写方式(只写、读写)会新建文件,如果想保留原文件内容,则应 选择追加方式,否则原内容会丢掉。如果是处理二进制文件,可选用二进制读写方式(后 缀为字母 b),对文件操作更准确。

(3) 文件位置指针混乱。编程时应了解当前位置指针在什么位置,如需要从文件首 操作时,应保证此时位置指针在文件首,或用 rewind( ) 函数将指针强制定位。如不了解 当前位置指针所在,可以使用 ftell( ) 函数查找,然后再进行合适的定位。不做好位置指 针定位就执行文件写操作,会导致文件内容的混乱。

本 章 小 结

本章介绍了文件的概念、分类,以及文件的打开、关闭、读写及定位等常见操作函数。

(1) C 语言中,按用户使用角度文件可分为普通文件与设备文件,也可按编码方式分 为文本文件与二进制文件,后两者为重点讨论对象。文本文件、二进制文件都有逻辑数据 流组成,也称为流文件。

文本文件：数据以字符方式(ASCII 码)存储到文件中。如整数 10,在文本文件中占 2 个字节,而不是 4 个字节。以文本形式保存的数据便于阅读。

二进制文件：数据按在内存中的存储状态原封不动地复制到文件中。如整数 10,在 二进制文件和在内存中一样占 4 个字节。

(2) 文件操作三要素：打开、打开判断、关闭,三要素不可少。文件操作通过指向文 件的文件指针来完成。文件打开方式如下：

文本方式：不带 b 的方式,读写文件时对换行符进行转换。写文件时把"\n"或者"\r" 自动替换为"\r\n"写入文件,即使是连着的\r\n,也会被替换成\r\n\r\n。读文件时把文 件中的"\r\n"自动替换为"\n"存放到缓冲区里,"\r"不会被替换。

二进制方式：带 b 的方式,读写文件时对换行符不进行转换。

（3）文本文件读写函数：字符读写函数 fgetc( )/fputc( ),字符串读写函数 fgets( )/fputs( ),格式读写函数 fscanf( )/fprintf( )。

二进制文件读写函数：数据块读写函数 fread( )/fwrite( )。

如果用 wb 的方式使用文件,并不意味着在文件输出时把内存中按 ASCII 码形式保存的数据自动转换为二进制存储。输出的数据形式是由程序中采用什么读写函数决定的。例如,用 fscanf( )和 fprintf( )函数是按 ASCII 码形式进行输入/输出,而 fread( )和 fwrite( )函数是按二进制方式进行输入/输出。

在打开一个输出文件时,是使用 w 还是 wb,完全根据实际需要：如果需要对回车符进行转换,就选 w;如果不需要转换,就选 wb。一般情况下,带 b 的用于二进制文件,不带 b 的用于文本文件。

（4）文件读写位置由文件位置指针确定,文件位置指针由系统设置,不需用户定义,但会随操作发生改变。可通过文件定位函数来查找和定位位置指针。

习　　题

一、选择题

1. 系统的标准输入文件是指（　　　）。

    A. 键盘　　　　　　　B. 显示器　　　　　　C. 软盘　　　　　　D. 硬盘

2. 若要打开 D 盘根目录下 user 子目录中名为 abc.txt 的文本文件进行读、写操作,下面符合此要求的函数调用是（　　　）。

    A. fopen("D:\user\abc.txt","r")　　　　　　B. fopen("D:\\user\\abc.txt","rt＋")

    C. fopen("D:\user\abc.txt","rb")　　　　　　D. fopen("D:\user\abc.txt","w")

3. 在 C 语言中,下面对文件的叙述正确的是（　　　）。

    A. 用"r"方式打开的文件只能向文件写数据

    B. 用"R"方式也可以打开文件

    C. 用"w"方式打开的文件只能用于向文件写数据,且该文件可以不存在

    D. 用"a"方式可以打开不存在的文件

4. 若要用 fopen( )函数打开一个新的二进制文件,该文件要既能读也能写,则文件方式字符串应是（　　　）。

    A. "ab＋"　　　　　B. "wb＋"　　　　　C. "rb＋"　　　　　D. "ab"

5. 利用 fopen (fname, mode)函数实现的操作不正确的为（　　　）。

    A. 正常返回被打开文件的文件指针,若执行 fopen( )函数时发生错误则函数的返回 NULL

    B. 若找不到由 pname 指定的相应文件,则按指定的名字建立一个新文件

    C. 若找不到由 pname 指定的相应文件,且 mode 规定按读方式打开文件则产生

错误

    D. 为 pname 指定的相应文件开辟一个缓冲区,调用操作系统提供的打开或建立新文件功能

6. fscanf( )函数的正确调用形式是( )。

    A. fscanf(fp,格式字符串,输出表列);

    B. fscanf(格式字符串,输出表列,fp);

    C. fscanf(格式字符串,文件指针,输出表列);

    D. fscanf(文件指针,格式字符串,输入表列);

7. 函数调用语句 fseek(fp,-20L,2)的含义是( )。

    A. 将文件位置指针移到距离文件头 20 个字节处

    B. 将文件位置指针从当前位置向后移动 20 个字节

    C. 将文件位置指针从文件末尾处后退 20 个字节

    D. 将文件位置指针移到离当前位置 20 个字节处

8. 在 C 语言中,若按照数据的格式划分,文件可分为( )。

    A. 程序文件和数据文件   B. 磁盘文件和设备文件

    C. 二进制文件和文本文件   D. 顺序文件和随机文件

9. 如果要将存放在双精度型数组 a[10]中的 10 个双精度型实数写入文件型指针 fp1 指向的文件中,正确的语句是( )。

    A. for(i=0;i<80;i++) fputc(a[i],fp1);

    B. for(i=0;i<10;i++) fputc(&a[i],fp1);

    C. for(i=0;i<10;i++) fwrite(&a[i],8,1,fp1);

    D. fwrite(fp1,8,10,a);

10. 检查由 fp 指定的文件在读写时是否出错的函数是( )。

    A. feof( )   B. ferror( )   C. clearer(fp)   D. ferror(fp)

11. 读取二进制文件的函数调用形式为 fread(buffer,size,count,fp),其中 buffer 代表的是( )。

    A. 一个文件指针,指向待读取的文件

    B. 一个整型变量,代表待读取的数据的字节数

    C. 一个内存块的首地址,代表读入数据存放的地址

    D. 一个内存块的字节数

12. fseek 函数的正确调用形式是( )。

    A. fseek(文件指针,起始点,位移量)   B. fseek(文件指针,位移量,起始点)

    C. fseek(位移量,起始点,文件指针)   D. fseek(起始点,位移量,文件指针)

13. 若 fp 是指向某文件的指针,且已读到文件末尾,则函数 feof(fp)的返回值是( )。

    A. EOF   B. −1   C. 1   D. NULL

14. 有以下程序

```
#include <stdio.h>
int main()
```

```
{
    FILE * fp; int i=20,j=30,k,n;
    fp=fopen("d1.dat","w");
    fprintf(fp,"%d\n",i);fprintf(fp,"%d\n",j);
    fclose(fp);
    fp=fopen("d1.dat","r");
    fscanf(fp,"%d%d",&k,&n); printf("%d %d\n",k,n);
    fclose(fp);
    return 0;
}
```

程序运行后的输出结果是

    A. 20 30   B. 20 50   C. 30 50   D. 30 20

15. 下列程序的主要功能是(　　　)。

```
#include <stdio.h>
int main(){
    FILE * fp;
    long count=0;
    fp=fopen("q1.c","r");
    while(!feof(fp))
    {
        fgetc(fp);
        count++;
    }
    printf("count=%ld\n",count);
    fclose(fp);
    return 0;
}
```

    A. 读文件中的字符   B. 统计文件中的字符数并输出
    C. 打开文件   D. 关闭文件

二、填空题

1. 当调函数 fread( )从磁盘文件中读取数据时,若函数数的返回时为 5,则表明＿＿＿＿ ① ＿＿＿；若函数的返回值为 0,则表明＿＿＿＿ ② ＿＿＿。

2. 下面程序把从终端读入的文本(用@作为文本结束标志)输出到一个名为 bi.dat 的新文件中,请填空。

```
#include <stdio.h>
#include <stdlib.h>
int main(){
    FILE * fp;char ch;
    if((fp=fopen(＿＿＿① ＿＿＿))==NULL)  exit(1);
```

```
    while((ch=getchar())!='@') fputc(_____②_____);
    fclose(fp);
    return 0;
}
```

3. 以下程序将数组 a 的 4 个元素和数组 b 的 6 个元素写到名为 lett.dat 的二进制文件中，请填空。

```
#include <stdio.h>
int main(){
    FILE * fp;
    char a[4]="1234", b[6]="abcedf";
    if((fp=fopen("____①____","wb"))==NULL) exit(1);
    fwrite(a,sizeof(char),4,fp);
    fwrite(b,____②____,1,fp);
    fclose(fp);
    return 0;
}
```

4. 给定程序中，函数 fun( )的功能是将形参给定的字符串、整数、浮点数写到文本文件中，再用字符方式从此文本文件中逐个读入并显示在终端屏幕上。请在程序的下画线处填入正确的内容，使程序得出正确的结果。

```
#include  <stdio.h>
void fun(char   * s, int   a, double   f)
{
  /**********found**********/
    _____①_____ fp;
  char   ch;
  fp = fopen("file1.txt", "w");
  fprintf(fp, "%s %d %f\n", s, a, f);
  fclose(fp);
  fp = fopen("file1.txt", "r");
  printf("\nThe result :\n\n");
  ch = fgetc(fp);
  /**********found**********/
  while(!feof(_____②_____))
  {
    /**********found**********/
    putchar(_____③_____);
    ch = fgetc(fp);
  }
  putchar('\n');
  fclose(fp);
}
```

```c
int main()
{
    char  a[10]="Hello!";
    int   b=12345;
    double  c=98.76;
    fun(a,b,c);
    return 0;
}
```

5. 在此程序中,通过定义学生结构体变量,存储了学生的学号、姓名和三门课的成绩。所有学生数据均以二进制方式输出到文件中。函数 fun( )函数的功能是重写形参 filename 所指文件中最后一个学生的数据,即用新的覆盖旧的,其他的不变。请在程序的下画线处填入正确的内容,使程序得出正确的结果。

```c
#include <stdio.h>
#define  N 5
typedef struct   student{
    long   sno;
    char   name[10];
    float   score[3];
}STU;
void fun(char   * filename, STU   n)
{
    FILE   * fp;
    /**********found**********/
    _____①_____
    /**********found**********/
    _____②_____
    /**********found**********/
    _____③_____
    fclose(fp);
}
int main()
{
    STU  t[N]={ {10001,"MaChao", 91, 92, 77}, {10002,"CaoKai", 75, 60, 88},
                {10003,"LiSi", 85, 70, 78}, {10004,"FangFang", 90, 82, 87},
                {10005,"ZhangSan", 95, 80, 88} };
    STU  n={10006,"ZhaoSi", 55, 70, 68}, ss[N];
    int  i,j;
    FILE  * fp;
    fp = fopen("student.dat", "wb");
    fwrite(t, sizeof(STU), N, fp);
    fclose(fp);
```

```
fp = fopen("student.dat", "rb");
fread(ss, sizeof(STU), N, fp);
fclose(fp);
printf("\nThe original data :\n\n");
for (j=0; j<N; j++)        //双层 for 循环进行结构体数据的遍历输出。
{
    printf("\nNo: %ld  Name: %-8s Scores: ", ss[j].sno, ss[j].name);
    for (i=0; i<3; i++)  printf("%6.2f ", ss[j].score[i]);
    printf("\n");
}
fun("student.dat", n);
printf("\nThe data after modifing :\n\n");
fp = fopen("student.dat", "rb");
fread(ss, sizeof(STU), N, fp);
fclose(fp);
for (j=0; j<N; j++)
{
    printf("\nNo: %ld  Name: %-8s  Scores:  ",ss[j].sno, ss[j].name);
    for (i=0; i<3; i++)  printf("%6.2f ", ss[j].score[i]);
    printf("\n");
}
return 0;
}
```

三、编程题

1. 编程实现把两个文本文件 file1.txt 和 file2.txt 的内容合并后存入第 3 个文件 file3.txt。

2. 编程实现把两个二进制文件 file1.dat 和 file2.dat 的内容合并后存入第 3 个文件 data3.txt。

3. 统计文本文件中字母、数字、汉字的个数。

4. 编程求 100 以内的所有素数。将所得数据存入文本文件 prime.txt 和二进制文件 prime.dat。对写入文本文件中的素数,要求存放格式是每行 10 个素数,每个数占 6 个字符宽度,左对齐;可用任一文本编辑器将它打开阅读。二进制文件整型数的长度请用 sizeof( )函数来获得,要求可以正序读出,也可以逆序读出(利用文件定位指针移动实现),读出数据按文本文件中的格式输出显示。

5. 有某公司 n 位职工的工资信息,包括职工编号(id)、姓名(name)、基本工资(basicSalary)、岗位工资(postSalary)、绩效奖金(PRP)、保险(insurance)、个税(individualIncomeTax)、应发工资(salary)、实发工资(actualSalary)、发放时间(payDay),应发工资和实发工资由计算得出,将原有的数据和计算出的应发工资和实发工资存放在磁盘文件 employee.dat 中。

6. 设有 10 名歌手(编号为 1~10)参加歌咏比赛,另有 6 名评委打分,每位歌手的得分从键盘输入:先提示"Please enter singer's score:",再依次输入第 1 个歌手的 6 位评委打分(满分 10 分,分数为实数,分数之间使用空格分隔),第 2 个歌手的 6 位评委打分,……以此类推。计算出每位歌手的最终得分(扣除一个最高分和一个最低分后的平均分,最终得分保留 2 位小数),最后按最终得分由高到低的顺序显示每位歌手的编号、姓名及最终得分,并把每位歌手的得分数据写入文件 singerScore.dat 中。

第 11 章 项目实战：学生成绩管理系统

本章设计一个实用的学生成绩管理系统。该系统能够实现学生成绩的添加、删除、查询、修改、指定位置插入及统计排序。其中,学生成绩信息的查询、删除、修改、指定位置的插入等都要依靠输入的学生学号或姓名来实现,学生成绩排序是根据学生总成绩由高到低进行排序的。

本程序中涉及结构体、单链表、文件等方面的知识,旨在训练读者的基本编程能力。通过本程序的训练,使读者掌握利用单链表存储结构实现对学生成绩管理的原理,同时能对 C 语言的文件操作有一个更深刻的了解,为进一步开发出高质量的信息管理系统打下坚实的基础。

学习目标:

- 了解管理信息系统的开发流程。
- 掌握单链表的建立、插入、删除、查找等操作。
- 掌握 C 语言文件的基本操作。
- 结合实际应用的要求,能够综合应用 C 语言知识完成系统设计与实现。

11.1 系 统 设 计

11.1.1 需求分析

学生成绩管理系统主要用于对学生的相关信息进行管理,包括学生信息的录入、修改、删除、查询等,其基本要求如下:

(1) 学生信息主要包括学生的学号、姓名、C 语言成绩、高数成绩、英语成绩、总分、平均分和名次。

(2) 学生信息以文件形式保存,在显示时应遵循一定的规范格式。

(3) 逐一录入学生的学号、姓名和三门课的成绩。

(4) 按照学生的学号修改指定学生除学号外的姓名和三门课的成绩信息。

(5) 按照学号和姓名查询指定学生的信息。

(6) 按照学号和姓名删除指定学生的信息。

(7) 在指定学号后插入新学生信息。

（8）显示所有学生的信息。

（9）统计所有学生中总分第一名、单科第一名和各科不及格人数。

（10）可以按照课程总成绩进行降序排序。

（11）系统应以菜单方式工作，并提供清晰的操作提示。

（12）系统应具有一定的容错能力，可适当处理用户的操作错误。

11.1.2　总体设计

学生成绩管理系统的功能模块如图 11.1 所示。

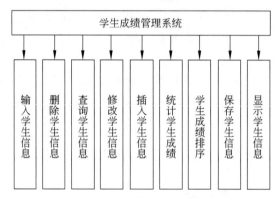

图 11.1　学生成绩管理系统功能模块图

本系统要实现的功能主要有：

（1）输入学生信息：主要完成将数据存入单链表中的工作。在本学生成绩管理系统中，记录可以从以二进制形式存储的数据文件中读入，也可从键盘逐个输入学生记录。学生记录由学生的基本信息和成绩信息字段构成。当从数据文件中读取记录时，它就是从以记录为单位存储的数据文件中，将记录逐条复制到单链表中。

（2）删除学生信息：主要完成在单链表中删除满足相关条件的学生记录。在本学生成绩管理系统中，用户可以按照学生的学号或姓名在单链表中删除学生信息。

（3）查询学生信息：主要完成在单链表中查找满足相关条件的学生记录。在本学生成绩管理系统中，用户可以按照学生的学号或姓名在单链表中进行查找。若找到该学生的记录，它将返回指向该学生记录的指针；否则，它返回一个值为 NULL 的空指针，并打印出未找到该学生记录的提示信息。

（4）修改学生信息：主要完成从键盘输入要修改信息的学生学号，查询到该学生后，按提示信息用户可修改学号之外的值，学号不能修改。

（5）插入学生信息：主要完成按学号查询到要插入的学生结点，然后在该学号之后插入一个新学生结点，要插入学生的信息从键盘输入。

（6）统计学生成绩：主要完成对全班学生的总分第一名、单科第一和各科不及格人数的统计。

（7）学生成绩排序：主要完成利用插入排序法实现学生按总分降序排序。

（8）保存学生信息：主要完成数据存盘工作。若用户没有专门进行此操作且对数据有修改，在退出系统时，会提示用户存盘。

（9）显示学生信息：主要完成将单链表中存储的学生信息以表格的形式在屏幕上打印出来。

11.1.3　数据结构设计

1. 学生成绩信息结构体

```
typedef struct student          //结构体 student
{
    char num[10];               //学号
    char name[15];              //姓名
    int cgrade;                 //C 语言成绩
    int mgrade;                 //高数成绩
    int egrade;                 //英语成绩
    int total;                  //总分
    float ave;                  //平均分
    int mingci;                 //名次
};
```

结构体 student 将用于存储学生的基本信息和成绩信息，它将作为单链表的数据域。为了简化程序，我们只取了三门成绩。

2. 单链表结构体

```
typedef struct node
{
    struct student data;        //数据域
    struct node * next;         //指针域
}Node, * Link;                  //Node 为结构体类型名, * Link 为结构体指针类型名
```

这样定义了单链表的结点结构体，其中的 data 为 student 结构体类型的数据，作为单链表结点结构中的数据域，next 为单链表结点结构中的指针域，用来存储其直接后继结点的地址。Node 为结构体类型名，* Link 为结构体指针类型名。

11.2　功　能　设　计

11.2.1　主控模块

【功能描述】

主控模块功能是学生成绩管理系统调度的核心，负责检查用户所选功能编号，以及调

用相应函数。

【问题分析】

main()函数主要实现了对这个程序的运行控制,及对相关功能模块的调用。执行主流程时先以可读写的方式打开二进制文件 student.dat,此文件默认路径为 d:\,若该文件不存在,则新建此文件。当打开文件操作成功后,从数据文件中读出记录时,调用 fread(p,sizeof(Node),1,fp)文件读取函数,执行一次从文件中读取一条学生记录信息存入指针变量 p 所指的结点中的操作,然后调用 menu()函数,显示主菜单,提示用户进行选择,并进入主循环操作,进行按键判断。

在判断键值时,有效的输入为 0~9 中的任意数值,其他输入都被视为错误按键。若输入为 0(即变量 select=0),它会继续判断在对记录进行了更新操作之后是否进行了存盘操作,若未存盘,且全局变量 saveFlag=1,系统会提示用户是否需要进行数据存盘操作,用户输入 Y 或 y 系统会进行存盘操作。最后,系统执行退出成绩管理系统的操作。

当输入的值为除了 0 外的其他整数(即变量 select≠0),则调用相应函数并完成功能,如表 11.1 所示。

表 11.1　select 变量取值与调用函数表

变量 select	调 用 函 数	功　　　能
1	append()	增加学生记录操作
2	delete()	删除学生记录操作
3	query()	查询学生记录操作
4	modify()	修改学生记录操作
5	insert()	插入学生记录操作
6	total()	统计学生记录操作
7	sort()	按降序进行排序学生记录的操作
8	save()	将学生记录存入磁盘中的数据文件的操作
9	display()	将学生记录以表格形式打印输出至屏幕的操作
0~9 之外的值	wrong()	给出按键错误的提示

【程序代码】

int main()函数定义如下:

```
int main()
{
    Link l;                        //定义链表
    FILE * fp;                     //文件指针
```

```c
int select;                          //保存选择结果变量
char ch;                             //保存(y,Y,n,N)
int count=0;                         //保存文件中的记录条数(或结点个数)
Node * p, * r;                       //定义记录指针变量
l=(Node * )malloc(sizeof(Node));
if(!l)
{
    printf("\n 申请存储空间失败! ");   //如没有申请到,打印提示信息
    exit(0);                         //退出程序
}
l->next=NULL;
r=l;
//以追加方式打开一个二进制文件,可读可写,若此文件不存在,会创建此文件
fp=fopen("d:\\student.dat","ab+");
if(fp==NULL)
{
    printf("\n=====>指定文件无法打开!\n");
    exit(0);
}
while(!feof(fp))
{
    p=(Node * )malloc(sizeof(Node));
    if(!p)
    {
        printf(" 申请存储空间失败!\n");   //没有申请成功
        exit(0);                        //退出
    }
    //一次从文件中读取一条学生成绩记录
    if(fread(p,sizeof(Node),1,fp)==1)
    {
        p->next=NULL;
        r->next=p;
        r=p;                            //r 指针向后移一个位置
        count++;
    }
}
fclose(fp);                             //关闭文件
printf("\n=====>文件打开成功,一共有记录: %d 条.\n",count);
menu();
while(1)
{
    system("cls");
```

```
        menu();
        p=r;
        printf("\n               请输入您的选择(0~9):");        //显示提示信息
        scanf("%d",&select);
        if(select==0)
        {
            if(saveFlag==1)      //若对链表的数据有修改且未进行存盘操作,则此标志为1
            {
                getchar();
                printf("\n=====>是否将修改的学生信息保存到文件中?(y/n):");
                scanf("%c",&ch);
                if(ch=='y'||ch=='Y')
                    save(l);
            }
            printf("\n");
            printf("***********************************************");
            printf("\n");
            printf("*************   谢谢使用本系统!   ***************\n");
            printf("***********************************************");
            printf("\n");
            getchar();
            break;
        }
        switch(select)
        {
            case 1: append(l);                //增加学生记录
                    break;
            case 2: delete(l);                //删除学生记录
                    break;
            case 3: query(l);                 //查询学生记录
                    break;
            case 4: modify(l);                //修改学生记录
                    break;
            case 5: insert(l);                //插入学生记录
                    break;
            case 6: total(l);                 //统计学生记录
                    break;
            case 7: sort(l);                  //排序学生记录
                    break;
            case 8: save(l);                  //保存学生记录
                    break;
            case 9: system("cls");            //显示学生记录
```

```
                display(1);
                printf("按任意键返回菜单!\n");
                getchar();
                break;
            default: wrong();                    //按键有误,必须为数值 0~9
                getchar();
                break;
        }
    }
    return 0;
}
```

void menu()函数定义如下：

```
void menu()                           //主菜单
{
    system("cls");                        //调用 DOS 命令,清屏
    //显示系统功能菜单
    printf("\n****************************************************\n");
    printf("************** 学生成绩管理系统 ******************\n");
    printf(" ***************************************************\n");
    printf("***********   1.输入学生信息       ****************\n");
    printf("***********   2.删除学生信息       ****************\n");
    printf("***********   3.查询学生信息       ****************\n");
    printf("***********   4.修改学生信息       ****************\n");
    printf("***********   5.插入学生信息       ****************\n");
    printf("***********   6.统计学生成绩       ****************\n");
    printf("***********   7.学生成绩排序       ****************\n");
    printf("***********   8.保存学生信息       ****************\n");
    printf("***********   9.显示学生信息       ****************\n");
    printf("***********   0.退出系统           ****************\n");
    printf(" ***************************************************\n");
}
```

void wrong()函数定义如下：

```
void wrong()                          //输出按键错误信息
{
    printf("\n\n\n\n\n**********错误:输入有误! 按任意键继续*********\n");
    getchar();
}
```

【运行结果】

系统主控模块运行结果如图 11.2 所示。

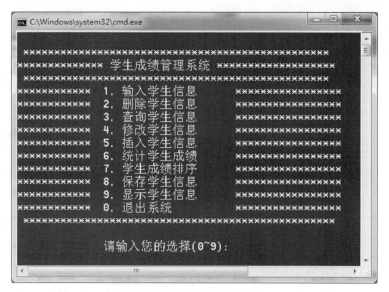

图 11.2　系统主控模块运行结果

11.2.2　显示学生信息模块

【功能描述】

输出单链表中的学生个人信息。

【问题分析】

本模块主要实现将单链表中存储的学生信息以表格的形式显示在屏幕上。为了方便输出时按表格形式输出,在程序开头进行了宏定义。void printHeader()函数主要实现了格式化输出表头。在此函数中使用了程序开始处定义的宏。void printData()函数主要实现了将单链表中一个结点的值按格式输出在表格中。在此函数中使用了程序开始定义的宏。void display(Link l)函数主要实现了显示单链表中存储的学生信息。在此函数中调用了上面声明的两个函数 void printHeader()和 void printData()。

【程序代码】

宏定义如下:

```
#define HEADER1 "  ---------------------STUDENT--------------------n"
#define HEADER2 " | 学号  | 姓名   |C语言|高数|英语| 总分  | 平均分 |名次| \n"
#define HEADER3 " |-------|------|-----|----|---|------|-----|---| \n"
#define FORMAT  "  |   %-10s |%-15s|%5d|%4d|%4d| %4d  | %.2f |%4d | \n"
#define DATA   p->data.num,p->data.name,p->data.cgrade,p->data.mgrade,
            p->data.egrade,p->data.total,p->data.ave,p->data.mingci
#define END    "  --------------------------------------\n"
```

void printHeader()函数定义如下:

```
void printHeader()                          //格式化输出表头
{
    printf(HEADER1);
    printf(HEADER2);
    printf(HEADER3);
}
```

void printData()函数定义如下：

```
void printData(Node * pp)                    //格式化输出单链表中的数据
{
    Node * p;
    p=pp;
    printf(FORMAT,DATA);
}
```

void display(Link l)函数定义如下：

```
//显示单链表 l 中存储的学生记录,l 存储的是单链表中头结点的指针
void display(Link l)
{
    Node * p;
    p=l->next;
    if(!p)                                   //p==NULL
    {
        printf("\n=====>无学生记录!\n");
        getchar();
        return;
    }
    printf("\n");
    printHeader();                           //输出表格头部
    while(p)                                 //逐条输出链表中存储的学生信息
    {
        printData(p);
        p=p->next;                           //移动指针到下一个结点
        printf(HEADER3);
    }
    getchar();
}
```

【运行结果】

显示学生信息模块运行结果如图 11.3 所示。

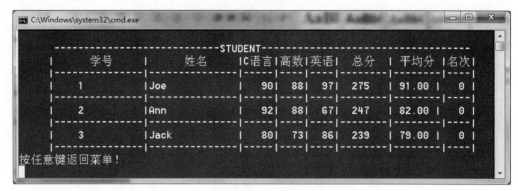

图 11.3　显示学生信息模块运行结果

11.2.3　输入学生信息模块

【功能描述】

（1）显示单链表中的已有学生信息。

（2）从键盘输入新的学生信息，并存入链表的末尾。

【问题分析】

（1）若数据文件为空，则给出提示信息，新增的学生记录结点将从单链表的头部开始添加；否则，显示链表中的学生信息，将此学生记录结点添加在单链表的尾部。

（2）从键盘输入新的学生信息。在本学生成绩管理系统中，要求用户输入的只有字符串和数值型数据，所以设计了两个函数来单独进行处理，并对输出的数据进行检验。void stringInput(char * t,int lens,char * notice)函数首先显示提示信息 notice，然后用户根据提示信息从键盘输入字符串到 t 中，并对字符串的长度根据给定值 lens 进行校验。int numberInput(char * notice)函数首先显示提示信息 notice，然后用户根据提示信息从键盘输入整数存入变量 t 中，并循环对 t 的值进行校验，直到满足要求。值得一提的是，这里的字符串和数值的输入分别采用了函数来实现，在函数中完成输入数据任务，并对数据进行条件判断，直到满足条件为止，这样大大减少了代码的重复和冗余，符合模块化程序设计的特点。

【程序代码】

void stringInput(char * t,int lens,char * notice)函数定义如下：

```
//输入字符串,并进行长度验证(长度<lens)
void stringInput(char * t,int lens,char * notice)
{
    char n[255];
    do
    {
        printf(notice);                      //显示提示信息
        scanf("%s",n);                       //输入字符串
```

```
        if(strlen(n)>lens)
            printf("\n 超出要求的长度！\n");     //进行长度校验,超过 lens 值重新输入
    }while(strlen(n)>lens);
    strcpy(t,n);                                   //将输入的字符串复制到字符串 t 中
}
```

int numberInput(char * notice)函数定义如下：

```
//输入分数,0<=分数<=100)
int numberInput(char  * notice)
{
    int t=0;
    do
    {
        printf(notice);                         //显示提示信息
        scanf("%d",&t);                         //输入分数
        if(t>100 || t<0)
            printf("\n 成绩必须在[0,100]之间！\n");     //进行分数校验
    }while(t>100 || t<0);
    return t;
}
```

void append(Link l)函数定义如下：

```
void append(Link l)        //增加学生记录
{
    Node * p,* r,* s;      //实现添加操作的临时的结构体指针变量
    char ch,flag=0,num[10];
    r=l;
    s=l->next;
    system("cls");
    display(l);            //先打印出已有的学生信息
    while(r->next!=NULL)
        r=r->next;         //将指针移至于链表最末尾,准备添加记录
    while(1)               //一次可输入多条记录,直至输入学号为 0 的记录结束添加操作
    {
        //输入学号,保证该学号没有被使用,若输入学号为 0,则退出添加记录操作
        while(1)
        {
            //格式化输入学号并检验
            stringInput(num,10,"请输入学号:(按'0'返回菜单):");
            flag=0;
            if(strcmp(num,"0")==0) //输入为 0,则退出添加操作,返回主界面
            {
                return;
            }
```

```
        s=l->next;
        //查询该学号是否已经存在,若存在则要求重新输入一个未被占用的学号
        while(s)
        {
            if(strcmp(s->data.num,num)==0)
            {
                flag=1;
                break;
            }
            s=s->next;
        }
        if(flag==1)                    //提示用户是否重新输入
        {
            getchar();
            printf("=====>您所输入的学号 %s 已经存在,重新输入吗?(y/n):",
            num);
            scanf("%c",&ch);
            if(ch=='y'||ch=='Y')
                continue;
            else
                return;
        }
        else
        {
            break;
        }
    }
    p=(Node *)malloc(sizeof(Node));            //申请内存空间
    if(!p)
    {
        printf("\n allocate memory failure ");    //如没有申请到,打印提示信息
        return ;                                   //返回主界面
    }
    //将字符串 num 拷贝到 p->data.num 中
    strcpy(p->data.num,num);
    stringInput(p->data.name,15,"请输入姓名:");
    //输入并检验分数,分数必须在 0~100 之间
    p->data.cgrade=numberInput("请输入 C 语言成绩,成绩应在[0-100]之间:");
    //输入并检验分数,分数必须在 0-100 之间
    p->data.mgrade=numberInput("请输入高数成绩,成绩应在[0-100]之间:");
    //输入并检验分数,分数必须在 0-100 之间
    p->data.egrade=numberInput("请输入英语成绩,成绩应在[0-100]之间:");
    //计算总分
    p->data.total=p->data.egrade+p->data.cgrade+p->data.mgrade;
```

```
        p->data.ave=(float)(p->data.total/3);    //计算平均分
        p->data.mingci=0;
        p->next=NULL;                              //表明这是链表的尾部结点
        r->next=p;                                 //将新建的结点加入链表尾部中
        r=p;
        saveFlag=1;
    }
    return ;
}
```

【运行结果】

输入学生信息模块运行结果如图 11.4 和图 11.5 所示。

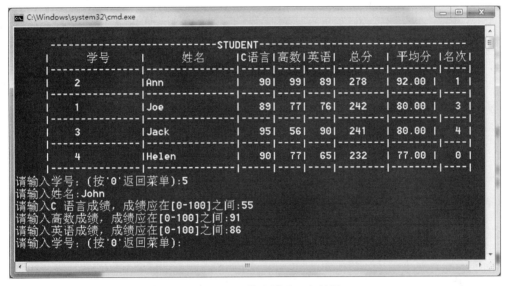

图 11.4　输入学生信息模块运行结果(1)

若该文件中没有数据时,系统会提示单链表为空,没有任何学生记录可操作,运行结果如图 11.5 所示。然后进行学生记录的输入,即完成在单链表中添加结点的操作。

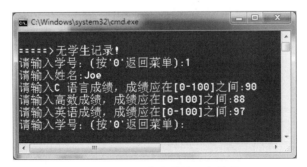

图 11.5　输入学生信息模块运行结果(2)

11.2.4　删除学生信息模块

【功能描述】

实现按照输入学生的学号或姓名删除该生的信息。

【问题分析】

(1) 显示单链表中所有学生的信息。

(2) 根据提示输入要删除的方式,即按学号或姓名删除。

(3) 输入要删除的学号或姓名,输入后调用定位函数 locate() 在单链表中逐个对结点数据域中的学号或姓名字段的值进行比较,直到找到该学号或姓名的学生记录,返回指向该学生记录的结点指针。

(4) 若找到该学生记录,将该学生记录所在结点的前驱结点的指针域指向目标结点的后继结点。

【程序代码】

Node * locate(Link l,char findmess[],char nameornum[]) 函数完成定位链表中符合要求的结点,并返回指向该结点的指针。该函数定义如下:

```
Node * locate(Link l,char findmess[],char nameornum[])
{
    Node * r;
    if(strcmp(nameornum,"num")==0)              //按学号查询
    {
        r=l->next;
        while(r)
        {
            if(strcmp(r->data.num,findmess)==0) //若找到 findmess 值的学号
                return r;
            r=r->next;
        }
    }
    else
        if(strcmp(nameornum,"name")==0)          //按姓名查询
        {
            r=l->next;
            while(r)
            {
                //若找到 findmess 值的学生姓名
                if(strcmp(r->data.name,findmess)==0)
                        return r;
                r=r->next;
            }
        }
```

```
        return NULL;                          //若未找到,返回一个空指针
}
```

void delete(Link l)函数中调用了 display(l)函数来显示所有学生信息,display(l)函数在 11.2.2 节已进行了介绍,这里不再赘述。void delete(Link l)函数定义如下:

```
//删除学生记录:先找到保存该学生记录的结点,然后删除该结点
void delete(Link l)
{
    int sel;
    Node * p, * r;
    char findmess[20];
    if(!l->next)
    {
        system("cls");
        printf("\n=====>文件中没有学生记录!\n");
        getchar();
        return;
    }
    system("cls");
    display(l);
    printf("\n 警告!学生信息一旦删除,将不可恢复。请小心使用此操作!\n");
    printf("\n                删除学生信息 \n");
    printf("  *****************************************\n");
    printf("**************    1. 按学号删除    ************\n");
    printf("**************    2. 按姓名删除    ************\n");
    printf("**************    0. 返回上一级    ************\n");
    printf("  *****************************************\n");
    printf("        请输入选择[0,1,2]:");
    scanf("%d",&sel);
    if(sel==1)
    {
        stringInput(findmess,10,"请输入要删除学生的学号:");
        p=locate(l,findmess,"num");
        if(p)                                 //p!=NULL
        {
            r=l;
            while(r->next!=p)
                r=r->next;
            r->next=p->next;                  //将 p 所指结点从链表中去除
            free(p);                          //释放内存空间
            printf("\n=====>删除成功!\n");
            getchar();
            saveFlag=1;
        }
```

```
        else
            noFind();
        getchar();
    }
    else
        if(sel==2)                          //先按姓名查询到该记录所在的结点
        {
            stringInput(findmess,15,"请输入要删除学生的姓名");
            p=locate(l,findmess,"name");
            if(p)
            {
                r=l;
                while(r->next!=p)
                    r=r->next;
                r->next=p->next;
                free(p);
                printf("\n=====>删除成功!\n");
                getchar();
                saveFlag=1;
            }
            else
                noFind();
            getchar();
        }
        else
            if(sel==0)
                return;
            else
                wrong();
    getchar();
}
```

【运行结果】

如图 11.6 所示为按学号删除了学号为"2"的学生信息,本系统还可以按姓名进行删除,这里不再赘述。

11.2.5　查询学生信息模块

【功能描述】

实现按照输入学生的学号或姓名查询学生的相关信息并显示。

【问题分析】

在本学生成绩管理系统中,用户可以按照学生的学号或姓名在单链表中进行查找。若找到该学生的记录,则打印输出学生的信息;否则,调用 noFind( )函数,打印出未找到

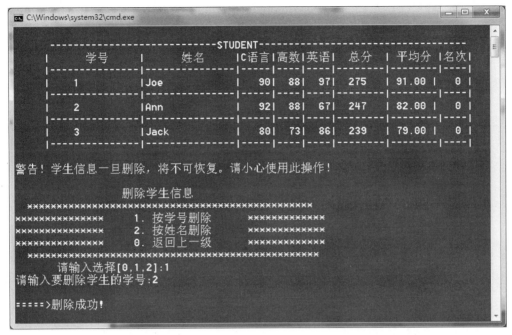

图 11.6　删除学生信息模块运行结果

该学生记录的提示信息。

【程序代码】

void noFind()函数定义如下：

```
void noFind()                          //输出未查找此学生的信息
{
    printf("\n=====>没有发现这个学生的信息!\n");
}
```

void query(Link l)函数中会调用定位函数 locate( )，该函数已在 11.2.4 节中介绍，这里不再赘述。void query(Link l)函数定义如下：

```
void query(Link l)                  //按学号或姓名,查询学生记录
{
    int select;                     //1:按学号查询,2:按姓名查询,0:返回主界面(菜单)
    char searchinput[20];           //保存用户输入的查询内容
    Node * p;
    if(!l->next)                    //若链表为空
    {
        system("cls");
        printf("\n=====>文件中没有学生记录!\n");
        getchar();
        return;
    }
```

```c
    system("cls");
    printf("\n                        查询学生信息\n");
    printf("   **************************************************\n");
    printf("**************      1.按学号查询       **************\n");
    printf("**************      2.按姓名查询       **************\n");
    printf("**************      0.返回上一级       **************\n");
    printf("   **************************************************\n");
    printf("                    请输入选择[0,1,2]:");
    scanf("%d",&select);
    if(select==1)                   //按学号查询
    {
        stringInput(searchinput,10,"请输入要查询学生的学号:");
        //在 l 中查找学号为 searchinput 值的结点,并返回结点的指针
        p=locate(l,searchinput,"num");
        if(p)                       //若 p!=NULL
        {
            printHeader();
            printData(p);
            printf(END);
            printf("按任意键返回!");
            getchar();
        }
        else
            noFind();
        getchar();
    }
    else if(select==2)            //按姓名查询
    {
        stringInput(searchinput,15,"请输入要查询学生的姓名:");
        p=locate(l,searchinput,"name");
        if(p)
        {
            printHeader();
            printData(p);
            printf(END);
            printf("按任意键返回!");
            getchar();
        }
        else
            noFind();
        getchar();
    }
    else if(select==0)
        return;
```

```
else
    wrong();
getchar();
}
```

【运行结果】

查询学生信息模块运行结果如图 11.7 所示。

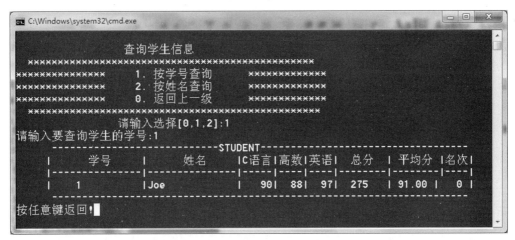

图 11.7 查询学生信息模块运行结果

11.2.6 修改学生信息模块

【功能描述】

实现输入学号修改该学生除学号外的其他信息。

【问题分析】

(1) 显示链表中所有学生的信息。

(2) 根据提示输入要修改的学号,输入后调用定位函数 locate() 在单链表中逐个对结点数据域中的学号字段的值进行比较,直到找到该学号的学生记录。

(3) 若找到该学生记录,修改除学号之外的各字段的值,并将存盘标记变量 saveFlag 置为 1,表示已经对记录进行了修改,但还未执行存盘操作。

【程序代码】

void modify(Link l) 函数中调用了 display(l) 函数来显示所有学生信息,调用了 locate( ) 函数完成查找指定学生位置,display(l) 函数已在 11.2.2 节进行了介绍,locate( ) 函数已在 11.2.4 节进行了介绍,这里不再赘述。void modify(Link l) 函数定义如下:

```
/*修改学生记录。先按输入的学号查询到该记录,然后提示用户修改学号之外的值,学号不能
  修改*/
void modify(Link l)
{
```

```
    Node  * p;

    char findmess[20];

    if(!l->next)

    {

        system("cls");

        printf("\n=====>文件中没有学生记录!\n");

        getchar();

        return;

    }

    system("cls");

    printf("修改学生信息");

    display(l);

    stringInput(findmess,10,"请输入要修改信息学生的学号:");  //输入并检验该学号

    p=locate(l,findmess,"num");                              //按学号查询结点

    if(p)                                    //若 p!=NULL,表明已经找到该结点

    {

        printf("学号:%s,\n",p->data.num);

        printf("姓名:%s,",p->data.name);

        stringInput(p->data.name,15,"请输入学生新的姓名:");

        printf("C 语言成绩:%d,",p->data.cgrade);

        p->data.cgrade=numberInput("请输入 C 语言成绩在[0-100]之间:");

        printf("高数成绩:%d,",p->data.mgrade);

        p->data.mgrade=numberInput("请输入高数成绩在[0-100]之间:");

        printf("英语成绩:%d,",p->data.egrade);

        p->data.egrade=numberInput("请输入英语成绩在[0-100]之间:");

        p->data.total=p->data.egrade+p->data.cgrade+p->data.mgrade;

        p->data.ave=(float)(p->data.total/3);

        p->data.mingci=0;

        printf("\n=====>修改成功!\n");

        printf("\n ----------------修改后学生信息---------------\n");

        display(l);

        printf("\n 按任意键返回菜单!\n");

        saveFlag=1;

    }

    else

        noFind();

    getchar();

}
```

【运行结果】

修改学生信息模块运行结果如图 11.8 所示。

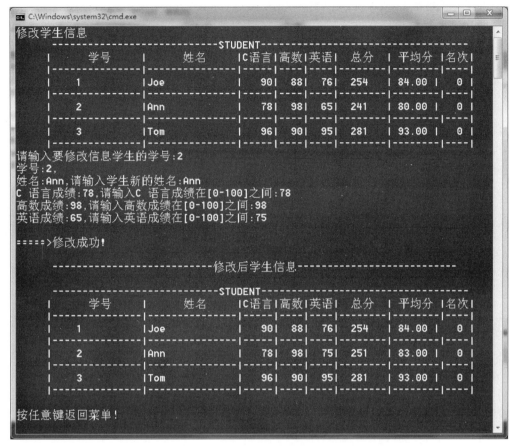

图 11.8　修改学生信息模块运行结果

11.2.7　插入学生信息模块

【功能描述】

实现在指定学号的后面插入新的学生信息。

【问题分析】

（1）显示链表中所有学生的信息。

（2）用户根据提示输入某个学生的学号，新的记录将插入在该学生记录之后，在单链表中查找此学生，找到后，指针 p 指向这个结点。

（3）提示用户输入一个新的学生信息，信息保存在新结点的数据域中，并将新结点插入到结点 p 之后。

【程序代码】

void insert(Link l) 函数中调用了 display(l) 函数来显示所有学生信息，display(l) 函数在 11.2.2 节进行了介绍，这里不再赘述。void insert(Link l) 函数定义如下：

```
//插入记录:按学号查询到要插入的结点的位置,然后在该学号之后插入一个新结点。
void insert(Link l)
{
    Link p,v,newinfo;                    //p指向插入位置,newinfo指新插入记录
    //s[]保存插入点位置之前的学号,num[]保存输入的新记录的学号
    char ch,num[10],s[10];
    int flag=0;
    v=l->next;
    system("cls");
    display(l);
    while(1)
    {
        stringInput(s,10,"请输入一个学号,将把新的学生记录插入到该学生之后:");
        flag=0;
        v=l->next;
        while(v)                         //查询该学号是否存在,flag=1表示该学号存在
        {
            if(strcmp(v->data.num,s)==0)
            {
                flag=1;
                break;
            }
            v=v->next;
        }
        if(flag==1)
            break;                       //若学号存在,则进行插入之前的新记录的输入操作
        else
        {
            getchar();
            printf("\n=====>您输入的学号 %s 是不存在的,重新输入吗?(y/n):",s);
            scanf("%c",&ch);
            if(ch=='y'||ch=='Y')
            {
                continue;
            }
            else
            {
                return;
            }
        }
    }
    //以下新记录的输入操作与append()相同
    stringInput(num,10,"请输入一个新的学号:");
    v=l->next;
```

```
while(v)
{
    if(strcmp(v->data.num,num)==0)
    {
        printf("=====>很遗憾,您输入的学号:'%s' 已经存在 !\n",num);
        printHeader();
        printData(v);
        printf("\n");
        getchar();
        return;
    }
    v=v->next;
}
newinfo=(Node *)malloc(sizeof(Node));
if(!newinfo)
{
    printf("\n 申请存储空间失败! ");    //如没有申请到,打印提示信息
    return ;                            //返回主界面
}
strcpy(newinfo->data.num,num);
stringInput(newinfo->data.name,15,"姓名:");
newinfo->data.cgrade=numberInput("C 语言成绩应在[0-100]之间:");
newinfo->data.mgrade=numberInput("高数成绩应在[0-100]之间:");
newinfo->data.egrade=numberInput("英语成绩应在[0-100]之间:");
newinfo->data.total=newinfo->data.egrade+newinfo->data.cgrade
                    +newinfo->data.mgrade;
newinfo->data.ave=(float)(newinfo->data.total/3);
newinfo->data.mingci=0;
newinfo->next=NULL;
saveFlag=1;                //在 main()有对该全局变量的判断,若为 1,则进行存盘操作
//将指针赋值给 p,因为 l 中的头结点的下一个结点才实际保存着学生的记录
p=l->next;
while(1)
{
    if(strcmp(p->data.num,s)==0)     //在链表中插入一个结点
    {
        newinfo->next=p->next;
        p->next=newinfo;
        break;
    }
    p=p->next;
}
printf("\n 插入成功!\n");
printf("------------------插入后学生信息------------------\n");
```

```
        display(l);
        printf("\n\n");
        printf("按任意键返回菜单!\n");
        getchar();
    }
```

【运行结果】

插入学生信息模块运行结果如图 11.9 所示。

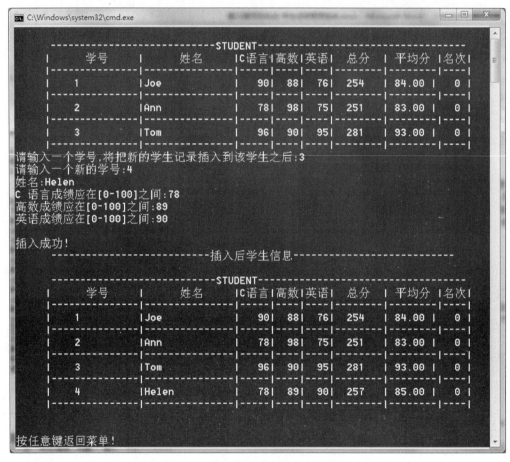

图 11.9　插入学生信息模块运行结果

11.2.8　统计学生成绩模块

【功能描述】

实现统计所有学生中总分第一名、单科第一名的学生以及各科不及格人数。

【问题分析】

主要完成通过循环读取指针变量 p 所指的当前结点的数据域中的各字段的值,并对各个成绩字段进行逐个判断的方法,完成单科最高分学生和总分第一名学生的查找及各科不及格人数的统计。

【程序代码】

void total(Link l) 函数中调用了 display(l) 函数来显示所有学生信息,display(l) 函数在 11.2.2 节进行了介绍,这里不再赘述。void total(Link l) 函数定义如下:

```
//统计该班的总分第一名和单科第一的学生以及各科不及格人数
void total(Link l)
{
    Node * pm, * pe, * pc, * pt;            //用于指向分数最高的结点
    Node * r=l->next;
    int countc=0,countm=0,counte=0;         //保存三门成绩中不及格的人数
    if(!r)
    {
        system("cls");
        printf("\n=====>没有要统计的学生信息!\n");
        getchar();
        return ;
    }
    system("cls");
    display(l);
    pm=pe=pc=pt=r;
    while(r)
    {
        if(r->data.cgrade<60)
            countc++;
        if(r->data.mgrade<60)
            countm++;
        if(r->data.egrade<60)
            counte++;
        if(r->data.cgrade>=pc->data.cgrade)
            pc=r;
        if(r->data.mgrade>=pm->data.mgrade)
            pm=r;
        if(r->data.egrade>=pe->data.egrade)
            pe=r;
        if(r->data.total>=pt->data.total)
            pt=r;
        r=r->next;
    }
    printf("\n----------------统计结果--------------------\n");
    printf("C 语言<60:%d (人) \n",countc);
```

```
printf("高数    <60:%d (人) \n",countm);
printf("英语    <60:%d (人) \n",counte);
printf("---------------------------------------------------\n");
printf("总分成绩最高的学生信息:   姓名:%s 总分 :%d\n",
        pt->data.name,pt->data.total);
printf("英语成绩最高的学生信息:   姓名:%s 英语 :%d\n",
        pe->data.name,pe->data.egrade);
printf("高数成绩最高的学生信息:   姓名:%s 高数 :%d\n",
        pm->data.name,pm->data.mgrade);
printf("C语言成绩最高的学生信息:  姓名:%s C语言:%d\n",
        pc->data.name,pc->data.cgrade);
printf("\n\n 按任意键返回!");
getchar();
}
```

【运行结果】

统计学生成绩模块运行结果如图 11.10 所示。

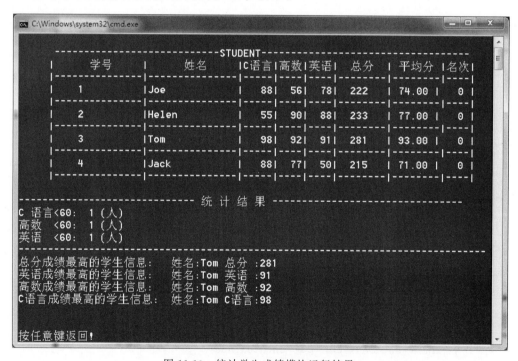

图 11.10　统计学生成绩模块运行结果

11.2.9　学生成绩排序模块

【功能描述】

实现按照课程总成绩进行降序排序。

【问题分析】

有关排序的算法有很多,如冒泡排序、插入排序等。针对单链表结构的特点,采用插入排序算法实现按总分从高到低对学生记录进行排序,排序完成之后,即可按顺序给名次字段赋值。在单链表中,实现插入排序的基本步骤如下:

(1) 新建一个单链表 ll,用来保存排序结果,其初始值为只包含头结点的空链表。

(2) 从待排序链表中取出下一个结点,将其总分字段值与单链表 ll 中的各结点中总分字段的值进行比较,直到在链表 ll 中找到总分小于它的结点。若找到此结点,系统将待排序链表中取出的结点插入此结点前,作为其前驱。否则,将取出的结点放在单链表 ll 的尾部。

(3) 重复第(2)步,直到从待排序链表取出的结点的指针域为 NULL,即链表中所有结点处理完毕,排序完成。

【程序代码】

void sort(Link l) 函数中调用了 display(l) 函数来显示所有学生信息,display(l) 函数在 11.2.2 节进行了介绍,这里不再赘述。void sort(Link l) 函数定义如下:

```c
//利用插入排序法实现单链表的按总分字段的降序排序,从高到低
void sort(Link l)
{
    Link ll;
    Node * p, * rr, * s;
    int i=0;
    if(l->next==NULL)
    {
        system("cls");
        printf("\n=====>没有待排序的学生信息!\n");
        getchar();
        return ;
    }
    ll=(Node * )malloc(sizeof(Node));        //用于创建新的结点
    if(!ll)
    {
        printf("\n 申请存储空间失败! ");       //如没有申请到,打印提示信息
        return ;                             //返回主界面
    }
    ll->next=NULL;
    system("cls");
    printf("--------------排序前学生信息----------------------\n");
    display(l);                              //显示排序前的所有学生记录
    p=l->next;
    while(p)                                 //p!=NULL
    {
```

```
                    //新建结点用于保存从原链表中取出的结点信息
    s=(Node*)malloc(sizeof(Node));
    if(!s)                                 //s==NULL
    {
        printf("\n申请存储空间失败！");        //如没有申请到,打印提示信息
        return ;                           //返回主界面
    }
    s->data=p->data;                       //填数据域
    s->next=NULL;                          //指针域为空
    rr=ll;
    //rr用于遍历存储插入单个结点后保持排序的链表
    //ll是这个链表的头指针,每次从头开始查找插入位置
    while(rr->next!=NULL && rr->next->data.total>=p->data.total)
    {
        rr=rr->next;          //指针移至总分比p所指的结点的总分小的结点位置
    }
    //若新链表ll中的所有结点的总分值都比p->data.total大时,
    //就将p所指结点加入链表尾部
    if(rr->next==NULL)
        rr->next=s;
    else                      //否则将该结点插入至第一个总分字段比它小的结点的前面
    {
        s->next=rr->next;
        rr->next=s;
    }
    p=p->next;                //原链表中的指针下移一个结点
}
l->next=ll->next;             //ll中存储的是已排序的链表的头指针
p=l->next;                    //已排好序的头指针赋给p,准备填写名次
while(p!=NULL)                //当p不为空时,进行下列操作
{
    i++;                      //结点序号
    p->data.mingci=i;         //将名次赋值
    p=p->next;                //指针后移
}
printf("----------------排序后学生信息----------------\n");
display(l);
saveFlag=1;
printf("\n    =====>排序完成!\n");
}
```

【运行结果】

学生成绩排序模块运行结果如图 11.11 所示。

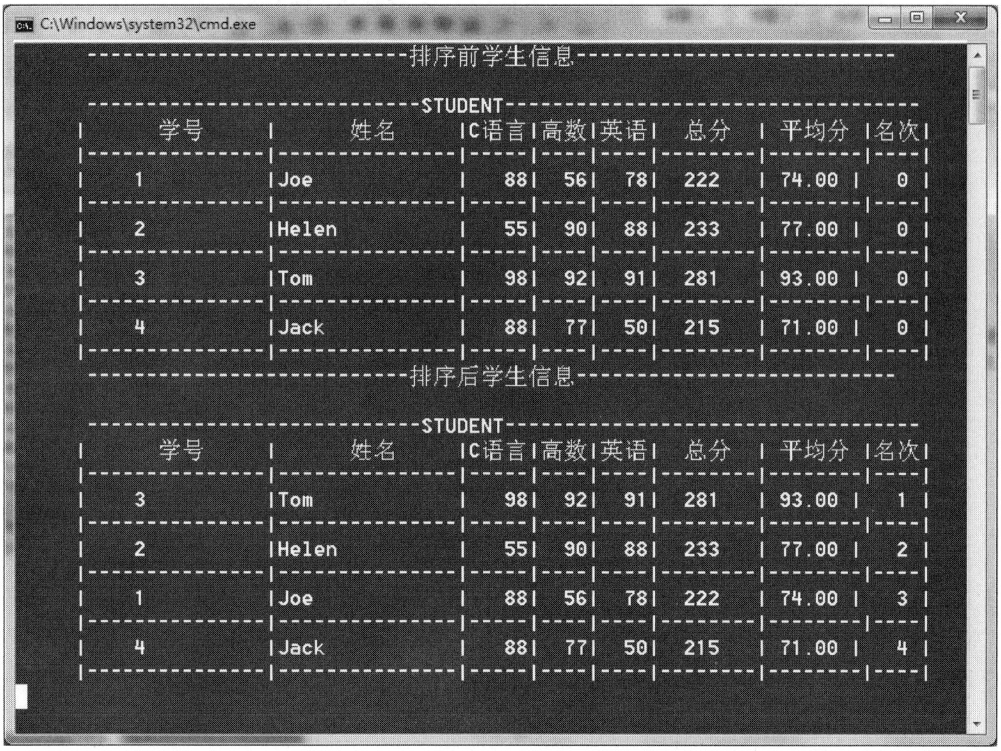

图 11.11 学生成绩排序模块运行结果

11.2.10 保存学生信息模块

【功能描述】

实现将单链表中所有学生信息保存到文件中。

【问题分析】

在实现过程中,调用 fwrite(p,sizeof(Node),1,fp) 函数,将 p 指针所指结点中的各字段值写入文件指针 fp 所指的文件。若用户对数据修改之后没有专门进行此操作,那么在退出系统时,系统会提示用户是否存盘。

【程序代码】

void save(Link l)函数定义如下:

```
//数据存盘,若用户没有专门进行此操作且对数据有修改,在退出系统时,会提示用户存盘
void save(Link l)
{
    FILE * fp;
    Node * p;
    int count=0;
    fp=fopen("d:\\student.dat","wb");      //以只写方式打开二进制文件
```

```
    if(fp==NULL)                                    //打开文件失败
    {
        printf("\n=====>文件打开失败!\n");
        getchar();
        return ;
    }
    p=l->next;
    while(p)
    {
        if(fwrite(p,sizeof(Node),1,fp)==1)    //每次写一条记录或一个结点信息至文件
        {
            p=p->next;
            count++;
        }
        else
        {
            break;
        }
    }
    if(count>0)
    {
        getchar();
        printf("\n\n\n\n\n =====>保存文件结束,
                        一共保存学生信息记录:%d 条.\n",count);
        getchar();
        saveFlag=0;
    }
    else
    {
        system("cls");
        printf("当前链表是空的,没有学生记录可以保存!\n");
        getchar();
    }
    fclose(fp);                                     //关闭此文件
}
```

【运行结果】

保存学生信息模块运行结果如图 11.12 所示。

图 11.12　保存学生信息模块运行结果

11.3　本 章 小 结

本章介绍了学生成绩管理系统的设计思路及其编码实现,重点介绍了各功能模块的设计原理和利用单链表存储结构实现对学生成绩管理的过程,旨在引导读者熟悉 C 语言中的文件和单链表操作。

利用本学生成绩管理系统可以对学生成绩进行日常维护和管理,希望有兴趣的读者,可以对此程序进行扩展或者使用不同方法来实现,使程序更加优化、功能更加完善。

附录 A 常用字符与 ASCII 代码对照表

码值	字符	码值	字符	码值	字符	码值	字符	码值	字符	码值	字符	码值	字符	码值	字符
0	NUL	16	DLE	32	SP	48	0	64	@	80	P	96	'	112	p
1	SOH	17	DC1	33	!	49	1	65	A	81	Q	97	a	113	q
2	STX	18	DC2	34	"	50	2	66	B	82	R	98	b	114	r
3	ETX	19	DC3	35	#	51	3	67	C	83	S	99	c	115	s
4	EOT	20	DC4	36	$	52	4	68	D	84	T	100	d	116	t
5	ENQ	21	NAK	37	%	53	5	69	E	85	U	101	e	117	u
6	ACK	22	SYN	38	&	54	6	70	F	86	V	102	f	118	v
7	BEL	23	ETB	39	`	55	7	71	G	87	W	103	g	119	w
8	BS	24	CAN	40	(	56	8	72	H	88	X	104	h	120	x
9	HT	25	EM	41	)	57	9	73	I	89	Y	105	i	121	y
10	LF	26	SUB	42	*	58	:	74	J	90	Z	106	j	122	z
11	VT	27	ESC	43	+	59	;	75	K	91	[	107	k	123	{
12	FF	28	FS	44	,	60	<	76	L	92	\	108	l	124	|
13	CR	29	GS	45	-	61	=	77	M	93	]	109	m	125	}
14	SO	30	RS	46	.	62	>	78	N	94	^	110	n	126	~
15	SI	31	US	47	/	63	?	79	O	95	_	111	o	127	DEL

附录 B 运算符的优先级和结合性表

优先级	运算符	含　义	运算符类型	结合方向
1	( ) [ ] −> .	小括号、函数形参表 数组元素下标 指向结构体成员 结构体成员	单目运算符	从左到右
2	! ~ ++ −− - (类型名) * & siziof( )	逻辑非 按位取反 自增1 自减1 求负数 强制类型转换 取内容运算符 取地址运算符 计算字节数运算符	单目运算符	从右到左
3	* / %	乘法 除法 整除求余	双目算术运算符	从左到右
4	+ -	加法 减法	双目算术运算符	从左到右
5	<< >>	左移位 右移位	双目位运算符	从左到右
6	< <= > >=	小于 小于或等于 大于 大于或等于	双目关系运算符	从左到右
7	== ! =	等于 不等于	双目关系运算符	从左到右
8	&	按位与	双目位运算符	从左到右
9	^	按位异或	双目位运算符	从左到右
10	|	按位或	双目位运算符	从左到右
11	&&	逻辑与	双目逻辑运算符	从左到右
12	||	逻辑或	双目逻辑运算符	从左到右
13	?:	条件运算符	三目运算符	从右到左
14	= += 、-= 、* = /= 、%= &= 、^= 、|= 、<<= 、>>=	赋值运算符 算术复合赋值运算符 位复合运算符	双目运算符	从右到左
15	,	逗号运算符	顺序求值运算符	从左到右

附录 C　C 语言的关键字

auto	break	case	char	const
continue	default	do	double	else
enum	extern	float	for	goto
if	inline	int	long	register
restrict	return	short	signed	sizeof
static	struct	switch	typedef	union
unsigned	void	volatile	while	bool
_Complex	_Imaginary			

附录 D　常用标准库函数

库函数并不是 C 语言的一部分,它是由编译程序根据一般用户的需要编制并提供给用户使用的一组程序。每一种 C 编译系统都提供了一批库函数,不同的编译系统所提供的库函数的数目和函数名以及函数功能是不完全相同的。ANSIC 标准提出了一批建议提供的标准库函数。它包括了目前多数 C 编译系统所提供的库函数,但也有一些是某些 C 编译系统未曾实现的。考虑到通用性,本书列出 ANSIC 标准建议提供的、常用的部分库函数。对于多数 C 编译系统,可以使用这些函数的绝大部分。限于篇幅,本附录不能全部介绍,只列出教学中最基本的库函数,读者在编写 C 程序时,可能要用到更多的函数,请查阅所用系统的手册。

1. 数学函数

使用数学函数时,应该在源文件中使用命令:

```
#include <math.h>
```

函数名	函数原型	功　　能	返　回　值
abs()	int abs(int x)	求整数 x 的绝对值	计算结果
acos()	double acos(double x)	计算 $\cos^{-1}(x)$ 的值 $-1<=x<=1$	计算结果
asin()	double asin(double x)	计算 $\sin^{-1}(x)$ 的值 $-1<=x<=1$	计算结果
atan()	double atan(double x)	计算 $\tan^{-1}(x)$ 的值	计算结果
atan2()	double atan2(double x, double y)	计算 $\tan^{-1}(x/y)$ 的值	计算结果
cos()	double cos(double x)	计算 $\cos(x)$ 的值 x 的单位为弧度	计算结果
cosh()	double cosh(double x)	计算 x 的双曲余弦 $\cosh(x)$ 的值	计算结果
exp()	double exp(double x)	求 e^x 的值	计算结果
fabs()	double fabs(double　x)	求 x 的绝对值	计算结果
floor()	double floor(double　x)	求出不大于 x 的最大整数	该整数的双精度实数
fmod()	double fmod(double x, double y)	求整除 x/y 的余数	返回余数的双精度实数
frexp()	double frexp (double val, int * eptr)	把双精度数 val 分解成数字部分(尾数) x 和以 2 为底的指数 n,即 val=x * 2^n,n 存放在 eptr 指向的变量中	数字部分 x $0.5<=x<1$

函数名	函 数 原 型	功　　能	返 回 值
log()	double log(double x)	求 $\log_e x$ 即 lnx	计算结果
log10()	doublelog10(double x)	求 $\log_{10} x$	计算结果
modf()	double modf(double val, double * iptr)	把双精度数 val 分解成整数部分和小数部分,把整数部分存放在 iptr 指向的变量中	val 的小数部分
pow()	double pow(double x, double y)	求 x^y 的值	计算结果
rand()	int rand(void)	产生－90～32767 的随机整数	随机整数
sin()	double sin(double x)	求 sin(x)的值 x 的单位为弧度	计算结果
sinh()	double sinh(double x)	计算 x 的双曲正弦函数 sinh(x)的值	计算结果
sqrt()	double sqrt (double x)	计算 $\sqrt{x}$,x≥0	计算结果
tan()	double tan(double x)	计算 tan(x)的值 x 的单位为弧度	计算结果
tanh()	double tanh(double x)	计算 x 的双曲正切函数 tanh(x)的值	计算结果

2. 字符函数

在使用字符函数时,应该在源文件中使用命令:

```
#include <ctype.h>
```

函数名	函 数 原 型	功　　能	返 回 值
isalnum	int isalnum(int ch)	检查 ch 是否字母或数字	是字母或数字返回 1;否则返回 0
isalpha	int isalpha(int ch)	检查 ch 是否字母	是字母返回 1;否则返回 0
iscntrl	int iscntrl(int ch)	检查 ch 是否控制字符(其 ASCⅡ码在 0 和 0xlF 之间)	是控制字符返回 1;否则返回 0
isdigit	int isdigit(int ch)	检查 ch 是否数字	是数字返回 1;否则返回 0
isgraph	int isgraph(int ch)	检查 ch 是否是可打印字符(其 ASCⅡ码在 0x21 和 0x7e 之间),不包括空格	是可打印字符返回 1;否则返回 0
islower	int islower(int ch)	检查 ch 是否是小写字母(a～z)	是小字母返回 1;否则返回 0
isprint	int isprint(ch) int ch	检查 ch 是否是可打印字符(其 ASCⅡ码在 0x21 和 0x7e 之间),不包括空格	是可打印字符返回 1;否则返回 0

函数名	函 数 原 型	功　　能	返 回 值
ispunct	int ispunct(int ch)	检查 ch 是否是标点字符(不包括空格)即除字母、数字和空格以外的所有可打印字符	是标点返回 1;否则返回 0
isspace	int isspace(int ch)	检查 ch 是否空格、跳格符(制表符)或换行符	是,返回 1;否则返回 0
issupper	int issupper(int ch)	检查 ch 是否大写字母(A~Z)	是大写字母返回 1;否则返回 0
isxdigit	int isxdigit(int ch)	检查 ch 是否一个 16 进制数字(即 0~9,A~F,或 a~f)	是,返回 1;否则返回 0
tolower	int tolower(int ch)	将 ch 字符转换为小写字母	返回 ch 对应的小写字母
toupper	int toupper(int ch)	将 ch 字符转换为大写字母	返回 ch 对应的大写字母

3. 字符串函数

使用字符串中函数时,应该在源文件中使用命令:

```
#include <string.h>
```

函数名	函 数 原 型	功　　能	返 回 值
memchr	void * memchr(void * buf, char ch, unsigned int count)	在 buf 的前 count 个字符里搜索字符 ch 首次出现的位置	返回指向 buf 中 ch 的第一次出现的位置指针;若没有找到 ch,返回 NULL
memcmp	int memcmp (void * buf1, void * buf2, unsigned count)	按字典顺序比较由 buf1 和 buf2 指向的数组的前 count 个字符	buf1<buf2,为负数 buf1=buf2,返回 0 buf1>buf2,为正数
memcpy	void * memcpy (void * to, void * from, unsigned count)	将 from 指向的数组中的前 count 个字符拷贝到 to 指向的数组中。from 和 to 指向的数组不允许重叠	返回指向 to 的指针
memove	void * memove (void * to, void * from, unsigned count)	将 from 指向的数组中的前 count 个字符拷贝到 to 指向的数组中。from 和 to 指向的数组允许重叠	返回指向 to 的指针
memset	void * memset (void * buf, char ch, unsigned count)	将字符 ch 拷贝到 buf 指向的数组前 count 个字符中	返回 buf
strcat	char * strcat (char * str1, char * str2)	把字符 str2 接到 str1 后面,取消原来 str1 最后面的串结束符'\0'	返回 str1

函数名	函数原型	功能	返回值
strchr	char * strchr(char * str1, int ch)	找出 str 指向的字符串中第一次出现字符 ch 的位置	返回指向该位置的指针,如找不到,则应返回 NULL
strcmp	int * strcmp(char * str1, char * str2)	比较字符串 str1 和 str2	str1<str2,为负数 str1=str2,返回 0 str1>str2,为正数
strcpy	char * strcpy(char * str1, char * str2)	把 str2 指向的字符串复制到 str1 中去	返回 str1
strlen	unsigned int strlen(char * str)	统计字符串 str 中字符的个数(不包括终止符'\0')	返回字符个数
strncat	char * strncat(char * str1, char * str2, unsigned count)	把字符串 str2 指向的字符串中最多 count 个字符连到串 str1 后面,并以'\0'结尾	返回 str1
strncmp	int strncmp(char * str1, char * str2, unsigned count)	比较字符串 str1 和 str2 中至多前 count 个字符	str1<str2,为负数 str1=str2,返回 0 str1>str2,为正数
strncpy	char * strncpy(char * str1, char * str2, unsigned count)	把 str2 指向的字符串中最多前 count 个字符复制到串 str1 中去	返回 str1
strnset	void * setnset(char * buf, char ch, unsigned count)	将字符 ch 复制到 buf 指向的数组前 count 个字符中。	返回 buf
strset	void * setset(void * buf, char ch)	将 buf 所指向的字符串中的全部字符都变为字符 ch	返回 buf
strstr	char * strstr(char * str1,char * str2)	寻找 str2 指向的字符串在 str1 指向的字符串中首次出现的位置	返回 str2 指向的字符串首次出现的地址。否则返回 NULL

4. 输入输出函数

在使用输入输出函数时,应该在源文件中使用命令:

```
#include <stdio.h>
```

函数名	函数原型	功能	返回值
clearerr	void clearer(FILE * fp)	清除文件指针错误指示器	无
close	int close(int fp)	关闭文件(非 ANSI 标准)	关闭成功返回 0,不成功返回—1
creat	int creat(char * filename, int mode)	以 mode 所指定的方式建立文件(非 ANSI 标准)	成功返回正数,否则返回—1

函数名	函 数 原 型	功 能	返 回 值
eof	int eof(int fp)	判断 fp 所指的文件是否结束	文件结束返回 1,否则返回 0
fclose	int fclose(FILE * fp)	关闭 fp 所指的文件,释放文件缓冲区	关闭成功返回 0,不成功返回非 0
feof	int feof(FILE * fp)	检查文件是否结束	文件结束返回非 0,否则返回 0
ferror	int ferror(FILE * fp)	测试 fp 所指的文件是否有错误	无错返回 0;否则返回非 0
fflush	int fflush(FILE * fp)	将 fp 所指的文件的全部控制信息和数据存盘	存盘正确返回 0;否则返回非 0
fgets	char * fgets(char * buf, int n, FILE * fp)	从 fp 所指的文件读取一个长度为(n−1)的字符串,存入起始地址为 buf 的空间	返回地址 buf;若遇文件结束或出错则返回 NULL
fgetc	int fgetc(FILE * fp)	从 fp 所指的文件中取得下一个字符	返回所得到的字符;出错返回 EOF
fopen	FILE * fopen(char * filename, char * mode)	以 mode 指定的方式打开名为 filename 的文件	成功,则返回一个文件指针;否则返回 0
fprintf	int fprintf(FILE * fp, char * format, args,…)	把 args 的值以 format 指定的格式输出到 fp 所指的文件中	实际输出的字符数
fputc	int fputc(char ch, FILE * fp)	将字符 ch 输出到 fp 所指的文件中	成功则返回该字符;出错返回 EOF
fputs	int fputs(char str, FILE * fp)	将 str 指定的字符串输出到 fp 所指的文件中	成功则返回 0;出错返回 EOF
fread	int fread(char * pt, unsigned size, unsigned n, FILE * fp)	从 fp 所指定文件中读取长度为 size 的 n 个数据项,存到 pt 所指向的内存区	返回所读的数据项个数,若文件结束或出错返回 0
fscanf	int fscanf(FILE * fp, char * format, args,…)	从 fp 指定的文件中按给定的 format 格式将读入的数据送到 args 所指向的内存变量中(args 是指针)	已输入的数据个数
fseek	int fseek(FILE * fp, long offset, int base)	将 fp 指定的文件的位置指针移到 base 所指出的位置为基准、以 offset 为位移量的位置	返回当前位置;否则,返回−1
ftell	long ftell(FILE * fp)	返回 fp 所指定的文件中的读写位置	返回文件中的读写位置;否则,返回 0
fwrite	int fwrite(char * ptr, unsigned size, unsigned n, FILE * fp)	把 ptr 所指向的 n * size 个字节输出到 fp 所指向的文件中	写到 fp 文件中的数据项的个数
getc	int getc(FILE * fp)	从 fp 所指向的文件中读出下一个字符	返回读出的字符;若文件出错或结束返回 EOF

函数名	函 数 原 型	功 能	返 回 值
getchar	int getchat(void)	从标准输入设备中读取下一个字符	返回字符;若文件出错或结束返回−1
gets	char * gets(char * str)	从标准输入设备中读取字符串存入 str 指向的数组	成功返回 str,否则返回 NULL
open	int open (char * filename, int mode)	以 mode 指定的方式打开已存在的名为 filename 的文件(非 ANSI 标准)	返回文件号(正数);如打开失败返回−1
printf	int printf (char * format, args, …)	在 format 指定的字符串的控制下,将输出列表 args 的值输出到标准设备	输出字符的个数;若出错返回负数
putc	int putc(int ch, FILE * fp)	把一个字符 ch 输出到 fp 所值的文件中	输出字符 ch;若出错返回 EOF
putchar	int putchar(char ch)	把字符 ch 输出到标准输出设备	返回换行符;若失败返回 EOF
puts	int puts(char * str)	把 str 指向的字符串输出到标准输出设备;将'\0'转换为回车行	返回换行符;若失败返回 EOF
putw	int putw(int w, FILE * fp)	将一个整数 w(即一个字)写到 fp 所指的文件中(非 ANSI 标准)	返回输出的整数;若出错返回 EOF
read	int read (int fd, char * buf, unsigned count)	从文件号 fp 所指定文件中读 count 个字节到由 buf 指示的缓冲区(非 ANSI 标准)	返回真正读出的字节个数,如文件结束返回 0,出错返回−1
remove	int remove(char * fname)	删除以 fname 为文件名的文件	成功返回 0;出错返回−1
rename	int remove (char * oname, char * nname)	把 oname 所指的文件名改为由 nname 所指的文件名	成功返回 0;出错返回−1
rewind	void rewind(FILE * fp)	将 fp 指定的文件指针置于文件头,并清除文件结束标志和错误标志	无
scanf	int scanf (char * format, args, …)	从标准输入设备按 format 指示的格式字符串规定的格式,输入数据给 args 所指示的单元。args 为指针	读入并赋给 args 的数据个数。如文件结束返回 EOF;若出错返回 0
write	int write (int fd, char * buf, unsigned count)	从 buf 指示的缓冲区输出 count 个字符到 fd 所指的文件中(非 ANSI 标准)	返回实际写入的字节数,如出错返回−1

5. 动态存储分配函数

在使用动态存储分配函数时,应该在源文件中使用命令:

`#include <stdlib.h>`

函数名	函数原型	功　能	返　回　值
callloc	void ＊ calloc (unsigned n, unsigned size)	分配 n 个数据项的内存连续空间,每个数据项的大小为 size	分配存储空间的起始地址。如不成功,返回 0
free	void free(void ＊ p)	释放 p 所指内存区	无
malloc	void ＊ malloc(unsigned size)	分配 size 字节的内存区	所分配的内存区起始地址,如内存不够,返回 0
realloc	void ＊ reallod(void ＊ p, unsigned size)	将 p 所指的已分配的内存区的大小改为 size。size 可以比原来分配的空间大或小	返回指向该内存区的指针。若重新分配失败,返回 NULL

参 考 文 献

［1］ 李丽芬，马睿，孙丽云，等. C 语言程序设计教程［M］. 2 版. 北京：北京化工大学出版社，2015.

［2］ 马睿，孙丽云，李丽芬，等. C 语言程序设计实验指导与习题解答［M］. 北京：北京化工大学出版社，2015.

［3］ 谭浩强. C 程序设计［M］. 5 版. 北京：清华大学出版社，2017.

［4］ 谭浩强. C 程序设计学习辅导［M］. 5 版. 北京：清华大学出版社，2017.

［5］ 许真珍，蒋光远，田琳琳. C 语言课程设计指导教程［M］. 北京：清华大学出版社，2016.

［6］ 叶安胜，鄢涛. C 语言综合项目实战［M］. 北京：科学出版社，2016.

［7］ 谭浩强. C 程序设计试题汇编［M］. 2 版. 北京：清华大学出版社，2010.

图 书 资 源 支 持

感谢您一直以来对清华版图书的支持和爱护。为了配合本书的使用,本书提供配套的资源,有需求的读者请扫描下方的"书圈"微信公众号二维码,在图书专区下载,也可以拨打电话或发送电子邮件咨询。

如果您在使用本书的过程中遇到了什么问题,或者有相关图书出版计划,也请您发邮件告诉我们,以便我们更好地为您服务。

我们的联系方式:

地　　　址:北京市海淀区双清路学研大厦 A 座 714

邮　　　编:100084

电　　　话:010-83470236　　010-83470237

客服邮箱:2301891038@qq.com

QQ:2301891038（请写明您的单位和姓名）

资源下载: 关注公众号"书圈"下载配套资源。

资源下载、样书申请

书圈

获取最新书目

观看课程直播